電子部品用エポキシ樹脂
—半導体実装材料の最先端技術—

Epoxy Resin for Electronic Devices
— State-of-the-art Technologies for Semiconductor Packaging Materials —

監修：高橋昭雄
Supervisor：Akio Takahashi

シーエムシー出版

刊行にあたって

エポキシ樹脂は半導体実装材料の重要な構成部材として，現在に至るまで多くの研究が行われてきた。かつては主にDRAM等の半導体封止材やプリント配線板のマトリックスとして用いられていたものが大半であり，機械特性，電気特性そして耐熱性など，要求物性も比較的シンプルなものが主流であった。その後，電子機器の多様化と高機能化に伴い，各メーカーは，更なる高性能材料の研究開発を推進してきた。具体的には，ビルドアップ基板，アンダーフィル，導電性接着剤のマトリックス等，高性能かつ高品質が要求されるエポキシ材料である。さらに，昨今ではLEDの爆発的な普及により，光素子用の透明封止材や光導波路材など光半導体実装材料においても研究開発を拡大してきている。そして，求められる要求物性も使用される用途によって，年々複雑化していることが現状である。

今後，エポキシ樹脂に求められる機能は，高品質化を含めこれまでにない付加価値を生み出すことである。環境配慮型の材料やパワーデバイス用の実装材料は，まさに時代のニーズに特化したエポキシ材料であるといえよう。このような背景から，本書で電子部品用のエポキシ樹脂の最新技術をまとめることにより，エレクトロニクス分野の発展に大きく貢献することが期待される。

本書は，「第Ⅰ編　エポキシ樹脂の物理的性質」，「第Ⅱ編　機能性封止材」，「第Ⅲ編　プリント配線基板材料」，「第Ⅳ編　半導体実装材料」，「第Ⅴ編　光素子・光半導体実装材料」，「第Ⅵ編　環境対応型エポキシ樹脂」の全6編で構成されている。第Ⅰ編では，エポキシ樹脂の種類や基本的な性質を解説した。第Ⅱ編では，封止材に使用されるフィラーやカップリング剤などの技術内容を解説した。第Ⅲ編では，従来のプリント基板の性質から最新の研究技術についての内容を解説した。第Ⅳ編では，現在注目されているパワーデバイス材料におけるエポキシ樹脂の活用や，種々の半導体実装材料について解説した。第Ⅴ編では，LEDの普及から今後も多くの需要が見込まれる光素子・光半導体実装材料についての内容を解説した。第Ⅵ編では，エポキシ樹脂のリサイクルや分解性能，資源回収等，環境対応技術を解説した。本書が読者にとってエポキシ樹脂開発の一助となれば幸いである。

最後に本書を製作するうえで，執筆に携わっていただいた各企業の研究者の方々や，公的研究機関，大学の先生方に深く感謝の意を表する。

2015年3月

横浜国立大学
高橋昭雄

執筆者一覧（執筆順）

高橋昭雄　横浜国立大学　安心・安全の科学研究教育センター　客員教授

有田和郎　DIC ㈱　総合研究所　コア機能開発センター　機能材料１グループ　主任研究員

中島信哉　㈱龍森　先端材料研究エレクトロニクス実装フィラーグループ　開発研究情報部長　執行役員

中村吉伸　大阪工業大学　工学部　応用化学科　教授

中屋敷哲千　㈱ ADEKA　情報化学品開発研究所　応用材料研究室　主任研究員

有光晃二　東京理科大学　理工学部　准教授

古谷昌大　東京理科大学　理工学部　助教

平井孝好　三菱化学㈱　四日市事業所　開発研究所　機能化学研究室　電子光学材料Ｇ　グループマネジャー

西　泰久　電気化学工業㈱　大牟田工場　第四製造部　課長

今井隆浩　㈱東芝　電力・社会システム技術開発センター　高機能・絶縁材料開発部　主務

垣谷　稔　日立化成㈱　機能材料事業本部　基盤材料事業部　配線板材料開発部　主任研究員

小迫雅裕　九州工業大学大学院　工学研究院　電気電子工学研究系　准教授

山岸正憲　リンテック㈱　研究所　製品研究部　電子材料研究室

北村太郎　太陽インキ製造㈱　技術開発本部　開発部　開発二課

石井利昭　㈱日立製作所　日立研究所　材料研究センタ　主管研究員
井上雅博　群馬大学　先端科学研究指導者育成ユニット　講師
中西政隆　日本化薬㈱　研究開発本部　機能化学品研究所　第一グループ　研究員
越部　茂　㈲アイパック　代表取締役
鈴木弘世　㈱ダイセル　有機合成カンパニー研究開発センター　研究員
疋田　真　NTT アドバンステクノロジ㈱　先端プロダクツ事業本部　営業 SE 部門　担当部長
村越　裕　NTT アドバンステクノロジ㈱　先端プロダクツ事業本部　光プロダクツビジネスユニット　担当課長
都丸　暁　NTT アドバンステクノロジ㈱　先端プロダクツ事業本部　光プロダクツビジネスユニット　担当部長
加茂　徹　㈱産業技術総合研究所　環境管理技術研究部門　吸着分解研究グループ　研究グループ長
久保内昌敏　東京工業大学　大学院理工学研究科　化学工学専攻　教授
山口綾香　福井大学　工学部技術部　技術職員
橋本　保　福井大学　大学院工学研究科　材料開発工学専攻　教授
三村研史　三菱電機㈱　先端技術総合研究所　パワーモジュール開発プロジェクトグループ　主席研究員

目　次

【第Ⅰ編　エポキシ樹脂の物理的性質】

第1章　エポキシ樹脂の種類と特徴　高橋昭雄

第2章　電子部材におけるエポキシ樹脂の役割　有田和郎

【第Ⅱ編　機能性封止材】

第3章　封止材用途におけるフィラー　中島信哉

第4章　カップリング剤と離型剤　中村吉伸

第5章　光カチオン重合開始剤と光硬化性材料への展開　中屋敷哲千

第6章　光塩基発生剤および塩基増殖剤　有光晃二，古谷昌大

【第Ⅲ編　プリント配線基板材料】

第7章　プリント配線板用耐熱性エポキシ樹脂　平井孝好

第８章　フィラーによる封止材の高熱伝導化・低熱膨張化技術　西　泰久

第９章　エポキシ樹脂の高耐電圧性　今井隆浩

第10章　プリント配線板用基板材料の環境対応　垣谷　稔

第11章　ナノコンポジット技術を利用した高熱伝導性エポキシ絶縁材料　小迫雅裕

【第Ⅳ編 半導体実装材料】

第12章 ダイシング・ダイボンディングテープ 山岸正憲

第13章 ソルダーレジスト材料 北村太郎

第14章 パワーデバイス用実装材料 石井利昭

第 15 章　導電性接着剤　**井上雅博**

第 16 章　パワーデバイス用エポキシ樹脂の開発　**中西政隆**

【第Ⅴ編　光素子・光半導体実装材料】

第 17 章　LED 用封止材料およびフィルム　**越部　茂**

第18章　LED用封止材　鈴木弘世

第19章　エポキシ系光導波路　疋田　真，村越　裕，都丸　暁

【第Ⅵ編　環境対応型エポキシ樹脂】

第20章　エポキシ系基板からの資源回収技術　加茂　徹

第21章　リサイクル技術　久保内昌敏

第22章 分解・リサイクル性材料の開発 山口綾香，橋本 保

第23章 分解性電気絶縁材料 三村研史

第Ⅰ編　エポキシ樹脂の物理的性質

第1章　エポキシ樹脂の種類と特徴

高橋昭雄*

1　エポキシ樹脂とは

エポキシ樹脂はフェノール基を2個以上有するオリゴマーのフェノール性水酸基にオキシラン環部位を導入したもので，それをアミン，酸無水物，ポリフェノール，ポリメルカプトン，イソシアナート，有機酸などの硬化剤・架橋剤と組み合わせ三次元架橋構造を形成することで物理的特性，化学的特性，電気的特性などに優れた樹脂硬化物となる[1]。ビスフェノールA型エポキシ樹脂の合成について図1を用いて説明する。ビスフェノールAとエピクロロヒドリンを塩基触媒の存在下，反応させることにより得られる[2]。この反応は，ビスフェノールAにエピクロロヒドリンが付加反応した後，環化によりエポキシ基が形成される2段階反応である。

エポキシ樹脂は，電子部品，塗料・接着剤，土木・建築，複合材料へと幅広く応用が進んでいる。エポキシ樹脂は優れた電気絶縁性を有するため，重電用の注型トランスに当初から用いられてきた。ポリ塩化ビフェニル（PCB）を使わない変圧器として，50年の歴史をもっている。その後，プリント配線板や半導体封止材のような電子部品に使用され，その優れた性能から現在も主役の座を保っている。塗料・接着剤の分野では，自動車の防食用電着塗料，家庭電化製品や事務用スチール家具等の水系または粉体塗料，ビールや清涼飲料の缶用水系塗料などとして私たちの生活の身近にある。また船舶やプラント用にもエポキシ系塗料は広く用いられている。さらに，工業用接着剤は生産ラインに組み込まれ，いろんな製品，組立部品の耐久信頼性の向上，生産性の向上に寄与している。土木建築分野には防食用の塗料としてはもちろん，耐久性を向上するためのライニング，コンクリートのひび割れ等による劣化を防ぐための注入用，構造用の接着剤等

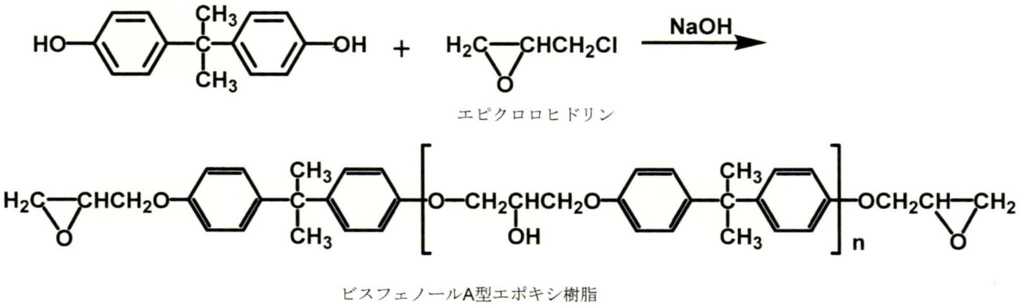

図1　エポキシ樹脂の合成

＊ Akio Takahashi　横浜国立大学　安心・安全の科学研究教育センター　客員教授

としていろんなエポキシ樹脂が用いられている。航空機，鉄道車両等の部品材料は，高強度，高耐久性でかつ軽量であることが要求されている。軽量・高強度のカーボンファイバーやアラミド繊維等が開発されてきたが，その接着マトリックスとしてエポキシ樹脂が重要な役割を果たしている。これらのコンポジットは民生用（レジャー）としての用途開発がなされ，大きく生産量が伸びた。テニスラケット，ゴルフクラブシャフト，釣り竿，スキーやスノーボード，アーチェリー等，数多くのカーボンファイバーコンポジットにエポキシ樹脂が使用されている[3)]。

2 電子材料用エポキシ樹脂

発電機，変圧器やモーターの電気絶縁材料として使用されていたエポキシ樹脂が大型計算機や交換機を代表とするエレクトロニクス機器の高性能化と共に半導体封止材やプリント配線板などの電子材料として展開されてきた。当初は，図２にその化学構造を示すビスフェノールＡ型，あるいはノボラック型のエポキシ樹脂が主体であったが，難燃性付与の観点から臭素化ビスフェノールＡや臭素化ノボラック型エポキシ樹脂が適用された。最近は，スマートフォンを中心にした携帯端末用として誘電特性とくに誘電正接（$\tan\delta$）の小さい材料への要求が高い。また，耐環境性の観点から鉛を使用しない部品実装へ移行しており，高い耐熱性が必要となっている。さらに，実装密度向上あるいはカーエレクトロニクス用として高熱伝導性材料が望まれており，新たな機能を有するエポキシ樹脂が開発されている。

半導体部品が実装される際に，230～260℃の高温にさらされる。エポキシ樹脂は，封止材ではシリカを主体とした充填剤，半導体チップ，リードフレームなどの無機，金属材料との複合材料として使用される。プリント配線板も同様に，補強用のガラスクロス，配線用の銅箔と組み合わせて使用される。従って，高温暴露化での熱膨張差によって発生するストレス対策は重要課題である。このような観点から，動的粘弾性や熱膨張率の測定から求められるガラス転移温度（T_g）

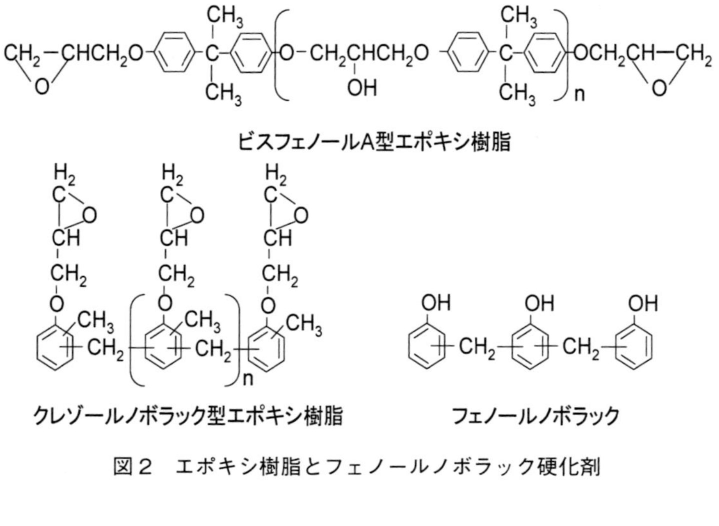

ビスフェノールA型エポキシ樹脂

クレゾールノボラック型エポキシ樹脂

フェノールノボラック

図２　エポキシ樹脂とフェノールノボラック硬化剤

が物理的耐熱性の重要な目安となる。因みに，エポキシ樹脂硬化物の T_g をさかいに弾性率は1桁近く低下し，熱膨張率は3倍近く大きくなる。

200℃に達する高温まで機械的物性が安定していることが必要でありそのための工夫がなされている。これまでは多官能型のエポキシ樹脂，たとえば化学構造を図2に示したクレゾールノボラック型エポキシ樹脂を，やはり多官能型のフェノール樹脂であるフェノールノボラックで硬化させる，いわゆる，高い架橋密度により高い T_g を実現してきた。架橋密度の増加に伴い自由体積も大きくなり，その結果，熱膨張率や吸水率の増加といった電子材料として重要な特性が低下する課題があった[4,5]。これに対して，図3に示すようにエポキシ樹脂の主骨格にナフタレンやアントラセンのような多環芳香族を導入する，あるいはビフェニルのような液晶構造を導入する方法である。いずれも，主骨格の芳香環多核体のスタッキング効果を利用したパッキングによる主鎖の束縛で高い T_g が実現されている[6~12]。

スタッキング効果を有するナフタレンやジヒドロアントラセンを主骨格とするエポキシ樹脂を芳香族ジアミンである4,4'-ジアミノジフェニルスルホン（DDS）で硬化させることによりベスト値ではあるが236℃の高い T_g を有し，49.8 ppm/K の低い熱膨張率（CTE）を示す硬化物が得られている[13]。DDS硬化のビスフェノールA型エポキシ樹脂（DGEBA）と比較してCTEで11 ppm/K 低く，T_g で19℃高い。また，クレゾールノボラック硬化のDGEBAエポキシ樹脂硬化物との比較では，CTEが17.0 ppm/K 低く，T_g が78℃高い値である。エポキシ樹脂硬化物のエポキシ樹脂硬化物の諸特性を表1，密度と熱膨張率の関係を図4に示す。

密度と熱膨張率の間には明らかな相関関係があり，スタッキング効果を示すナフタレンやジヒドロアントラセンを主骨格とするエポキシ樹脂のDDS硬化物は，密度が高く熱膨張率が小さい値を示している。一般にエポキシ樹脂硬化物は架橋密度が高くなると主鎖のミクロブラウン運動が制限されるので，T_g が高くなる傾向を示す。しかし，表1，図4に示すように，DDSで硬化された多環芳香族型エポキシ樹脂硬化物の架橋密度は2.7 kmol/m^3 であり，クレゾールノボラック（CN）硬化の3.7～4.2 kmol/m^3 と比べ低いにも関わらず，T_g は235～242℃と高く，このときCTEも51.8～52.6 ppm/K の低い値を示す。これは芳香環のスタッキングによる影響と思われ

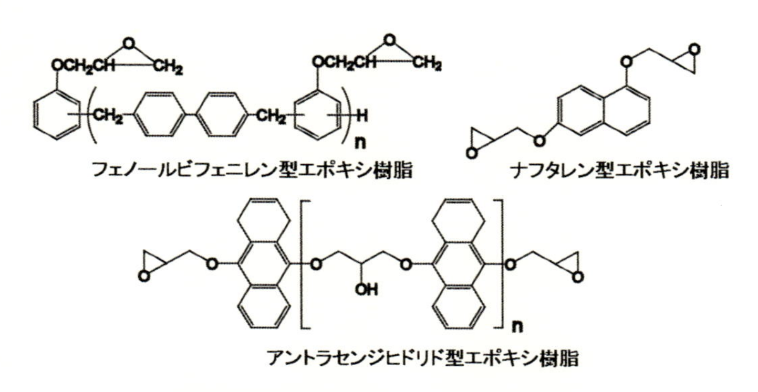

図3　多環芳香族骨格エポキシ樹脂の一例とその化学構造

表1　エポキシ樹脂硬化物の特性[a)]

No.	エポキシ樹脂骨格	硬化剤	熱膨張率[b)] (ppm/K)	T_g[c)] (℃)	架橋密度[c)] (kmol/m^3)
1	ビスフェノールA型	DDS	60.6	214	3.0
2	ビスフェノールA型	クレゾールノボラック	67.0	158	2.9
3	ナフタレン型	DDS	52.8	229	2.5
4	ナフタレン型	クレゾールノボラック	61.0	181	4.0
5	アントラセンジヒドリド型	DDS	54.4	237	2.5
6	アントラセンジヒドリド型	クレゾールノボラック	61.0	190	4.2

a）硬化条件：120℃/1 h＋180℃/2 h＋220℃/2 h
b）TMAにより測定，測定範囲：50℃～100℃
c）動的粘弾性試験により測定

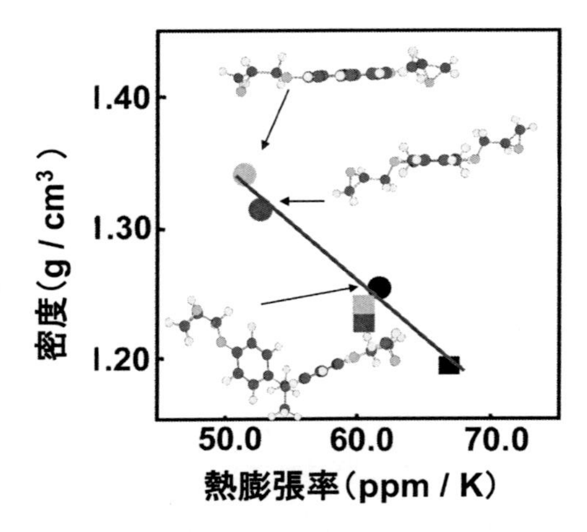

図4　エポキシ樹脂硬化物の熱膨張率と密度

る。硬化物中の芳香環がスタッキングにより密な構造をとるため，自由体積が減少するとともに分子の動きが制限されることによると推定される。また，DDSの場合，スルホン基による強い分子間相互作用もパッキング向上に寄与していると考えられる。この結果から，多環芳香族型エポキシ樹脂のスタッキング効果を引き出すためには，当然のことながら硬化剤の役割も重要でありDDSが有効であることが明らかにされている。

3　エポキシ樹脂の高耐熱化

エポキシ樹脂の更なる耐熱性向上を目指し，T_gを300℃以上に設定した研究開発が進められている。耐熱性エポキシ樹脂の重要な特性として上述した物理的耐熱性，化学的耐熱性に加えて成形加工性がある。耐熱性の尺度から耐熱骨格であるフェニル基，ビフェニル基，ターフェニル基，ナフタレン，アントラセンの多環芳香族基，複素環を主骨格に有し，結合解離エネルギーの大きい結合で構成されている構造は，比較的容易に分子設計される。しかし，成形加工性との両立となるとそう簡単ではない。エポキシ樹脂の主骨格および多官能化による耐熱性向上については，別章で詳述される。

エポキシ樹脂をベンゾオキサジン，シアネートエステルやビスマレイミドで変性することによる高耐熱化も，もう一つの方法である。シアネートエステルやビスマレイミドはエポキシ樹脂より1ランク高い耐熱性を有し T_g が250～300℃に達する硬化物が得られる。成形加工性が劣る，硬化温度に高温，長時間を要する等の欠点があるが，これをエポキシ樹脂で補う発想である。

ベンゾオキサジンは加熱による開環反応でフェノール基を有する耐熱性高分子となる。ベンゾオキサジンの開環重合により生じたフェノール基をエポキシ基と反応させることによる低熱膨張率の耐熱性熱硬化性樹脂としての検討がなされている[14]。図5に示すように，ベンゾオキサジンとして3,3'-(メチレンジ-1,4-フェニレン) ビス (3,4-ジヒドロ-2H-1,3-ベンゾオキサジン) (Pd)，エポキシ樹脂としてビスフェノールAジグリシジルエーテル (DGEBA)，液晶性エポキシ樹脂 (GEBN)，多環芳香族型エポキシ樹脂 (DGEND) を用い，フェノール当量に対するエポキシ当量の比を1：1，1：0.5，1：0.3とし，200℃/4hで硬化された。ベンゾオキサジンとして，2,2-ビス(3,4-ジヒドロ-3-フェニル-1,3-ベンゾオキサジン) (Fa) も検討されたが単独硬化物の耐熱性の評価から，前述のPdが選定されている。硬化物は動的粘弾性試験 (DMA)，熱機械分析 (TMA)，熱重量分析 (TGA)，曲げ試験により物性が評価されている。

ビスフェノールA型エポキシ樹脂DGEBA変性ベンゾオキサジンの特性を表2に示す。Pdの単独硬化物 (PPd) は T_g 195℃，熱膨張率43.2 ppm/Kという良好な熱的特性を示した。これは剛直な構造により架橋されていることから自由体積が小さくなったためと考えられる。PdとエポキシDGEBAを反応させた硬化物 (PdBA) はPPdでみられた200℃付近からの軟化がな

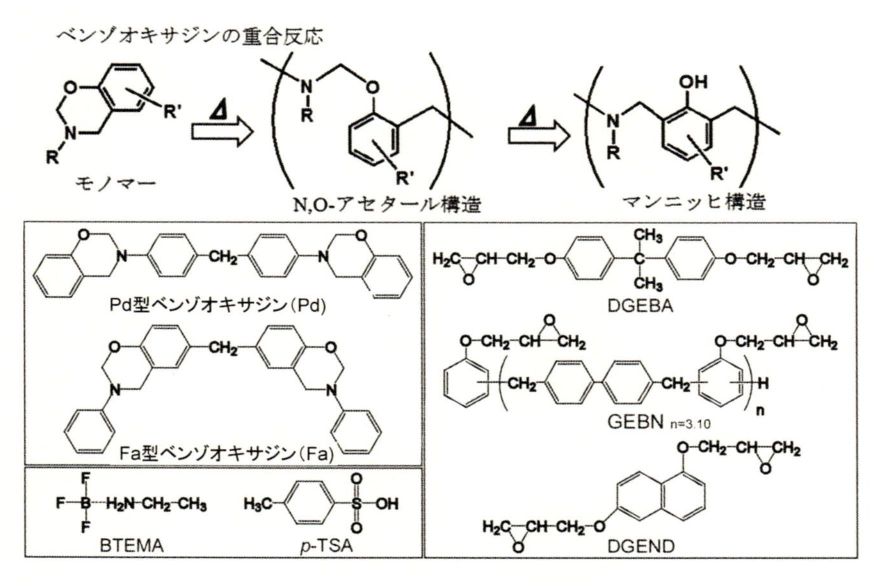

図5　ベンゾオキサジンとエポキシ樹脂

表2　エポキシ樹脂変性ベンゾオキサジンの特性[a)]

No.	Ar-OH：epoxy	Flexural properties Strength [MPa]	Modulus [GPa]	n[b)]	T_g[c)] [℃]	Crosslink density[c, d)] [kmol/m^3]	CTE[e, f)] [ppm/K]
PPd	–	181±25	6.02±0.19	3	195	2.4	44
PdBA 1	1.0：1.0	173±11	3.14±0.34	6	183	4.2	55
PdBA 0.5	1.0：0.5	170±4	4.80±0.18	4	202	4.5	52
PdBA 0.3	1.0：0.3	198±17	4.47±0.14	6	206	3.9	47

a) Curing condition：200℃/4 h
b) Number of specimens
c) By DVA (heating rate：5℃/min, frequency：1 Hz)
d) By rubber state formula T：(T_g+40) K
e) By TMA (heating rate：5℃/min, under N_2：20 ml/min)
f) Range：50℃～100℃

表3　液晶性および多環芳香族系エポキシ樹脂変性ベンゾオキサジンの特性[a)]

No.	Epoxy resin	Ar-OH：epoxy	T_g[b)] [℃]	Crosslink density[b, c)] [kmol/m^3]	CTE[d, e)] [ppm/℃]
PPd	–	–	195	2.4	43.7
PdBN 1	GEBN	1.0：1.0	195	4.4	55.1
PdBN 0.5		1.0：0.5	213	4.6	53.3
PdBN 0.3		1.0：0.3	205	3.8	48.4
PdND 1	DGEND	1.0：1.0	201	4.1	52.3
PdND 0.5		1.0：0.5	207	4.3	48.5
PdND 0.3		1.0：0.3	197	3.1	46.0

a) Curing condition：200℃/4 h
b) By DMA (heating rate：5℃/min, frequency: 1 Hz)
c) By rubber state formula T：(T_g+40) K
d) By TMA (heating rate：5℃/min, under N_2：20 ml/min)
e) Range：50℃～100℃

くなり，加熱減量特性の面からの耐熱性（T_{d5}）も50～60℃改善された。しかしPdBA(1)はT_g，熱膨張率，残渣が劣化したため，フェノール性水酸基に対するエポキシ基の配合量を減らしたPdBA（0.3）では熱膨張率は47.3 ppm/Kを示し，T_gは206℃まで上昇した。

エポキシ量を減らすことでPPdの熱的特性に近づき，さらにエポキシを効率よく架橋させたことでT_gを上昇させることができたと考えられる。また表3に特性を示したように，液晶性フェノールビフェニレン型エポキシ樹脂（GEBN），多環芳香族系のナフタレン型エポキシ樹脂（DGEND）を用いることにより，さらなる熱的特性の向上が示唆されている。三フッ化ホウ素モノエチルアミン錯体（BTEMA）やp-トルエンスルホン酸（p-TSA）の重合促進効果も検討されており，最終硬化温度を200℃から180℃に低く抑えられることが報告されている。

エポキシ樹脂をシアネートエステルで変性することによる耐熱性付与は，前から検討されてきたが，最近，再び活発化している[15~17]。シアネート樹脂がエポキシ樹脂の潜在性硬化剤になると共に，配合割合によっては図6に示すように，耐熱骨格であるトリアジンを形成し，エポキシ基と反応してオキサゾリン環形成さらに，高温でオキサゾリドン環に転位する構造になる。

表4に樹脂硬化物の特性を示す。配合とエポキシ樹脂，シアネートエステルの種類によるが250℃を超える T_g が得られており，更なる耐熱性の向上が見込まれる。

シアネートエステルは，図7に示すようにビスフェノールA型シアネートエステル（BADCY）以外に耐熱性が見込めるノボラック型（NCY），液状で低粘度のビスフェノールE型シアネートエステル（BEDCY）等，バリエーションが多くエポキシ樹脂との組合せで耐熱性以外の特性もバランスさせることが可能であり多くの用途への展開が期待できる。

同様に，エポキシ樹脂をビスマレイミドで変性することによる耐熱性付与も検討されている。N－(4－ヒドロキシフェニル）マレイミド（HPM）を介在することにより，エポキシ樹脂とビス

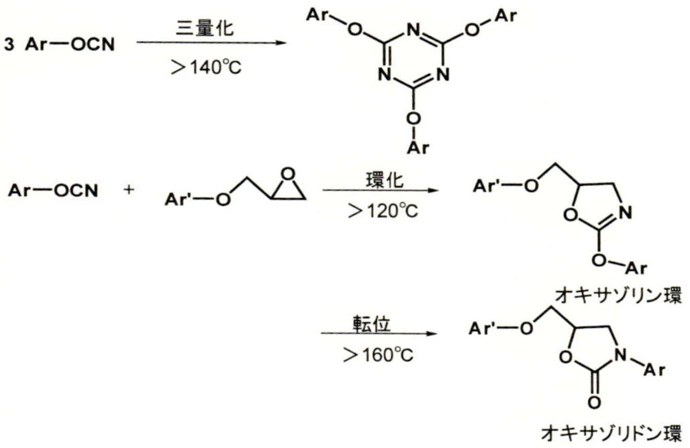

3 Ar—OCN　三量化 ＞140℃
Ar—OCN ＋ Ar'—O　環化 ＞120℃
オキサゾリン環
転位 ＞160℃
オキサゾリドン環

図6　シアネートエステルとエポキシ樹脂の反応

表4　エポキシ樹脂変性シアネートエステルの熱的特性

No.	Resins[a]	T_g[b] [℃]	T_g[c] [℃]	Crosslink density[d] [kmol/m³]	CTE[c] [ppm]	T_{d5}[e] [℃]
1	BADCY：DGEBA＝1：0.2	242	230	3.2	52.7	376
2	BADCY：GEBN＝1：0.2	256	224	3.7	58.7	381
3	BADCY：DGEND＝1：0.2	254	244	3.2	50.6	374

a）Curing accelerator：TPP-TTB（0.5 phr）
b）By DVA（heating rate：5℃/min）under air
c）By TMA（heating rate：5℃/min）load：5.0 g under N_2（20 ml/min）range：50～100℃
d）By rubber state formula T＝(T_g＋40) K
e）By TGA（heating rate：10℃/min）under N_2（20 ml/min）

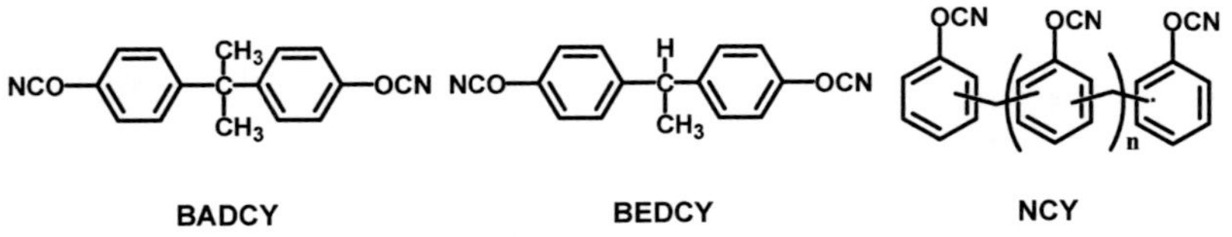

図7　各種シアネートエステルの化学構造

マレイミドを反応させて，T_g が280℃に達する硬化物が得られている[18]。エポキシ樹脂を耐熱性のリン酸エステルを骨格に導入したビスマレイミドで変性することにより，難燃性を付与すると共に耐熱性も向上させることも試みられている[19]。

以上のように，エポキシ樹脂への耐熱性の付与は主骨格に多環芳香族や複素環のような耐熱構造を導入する。さらに，エポキシ基，硬化剤の官能基濃度を高くして架橋密度をあげることにより達成されている。また，ベンゾオキサジン，シアネートエステル，ビスマレイミドのような耐熱性樹脂で変性することにより可能になる。いずれにせよエポキシ樹脂がもつ，分子設計と合成の容易さが多様化する応用に対処できた所以でもある。紹介した耐熱性エポキシ樹脂が用途に応じてコストパフォーマンスの合致した形で応用されると考えている。

4　複合材料用エポキシ樹脂

ガラス繊維や炭素繊維で補強されたエポキシ樹脂が構造材料として広く展開されている。最近，脚光を浴びているのが炭素繊維補強のエポキシ樹脂である。軽量で高強度であることから航空機の低燃費対策として応用が拡大しており同じ目的で自動車用としても大きな需要が見込まれている。航空機用構造材として使用される炭素繊維強化複合材料用エポキシ樹脂は，耐湿熱性すなわち湿熱環境下における圧縮強度が高いことが要求される。マトリックスであるエポキシ樹脂には T_g が高く，吸水率の小さい特性が要求される。一例ではあるが図8に示すテトラグリシジルジアミノジフェニルメタン（TGDDM），3,3'−ジアミノジフェニルスルフォン（3,3'−DDS）を主成分とする組成物が候補としてあげられる。エポキシ樹脂のようなネットワークポリマーは，架橋密度を下げることにより延性を付与して靭性を高めることができる。しかし，架橋密度を下げると，耐熱性が低下し，航空機構造には適さない。その対策として，剛直骨格，内部回転自由度の少ない骨格を導入し，耐熱性を高めるアプローチがとられている。

具体的には図9に示すように，フルオレン骨格やスピロ環を有するエポキシ樹脂やフルオレン骨格を有するジアミン，ジクミルベンゼン骨格を有するジアミンを硬化剤として用いる方法が提案されている[20]。

航空機用構造材では，高い耐熱性と弾性率に加え強靭化が重要課題となっている。航空機構造材に用いる複合材料は連続繊維の一方向材を複数層配向角を変えながら積層した積層板の形をとることが多い[20]。このような積層板が衝撃を受けると，層間に剥離が生じ機械強度の著しい低下をもたらす。エポキシ樹脂の強靭化としては，剛直骨格を有するエポキシ樹脂あるいは硬化剤の組合せによる耐熱性と機械特性の両立が主体となっている。これをベースに，カルボキシル末端アクリロニトリルブタジエンゴム（CTBN）のようなゴム成分を分散させる方法が適用されている[21]。マトリックスのエポキシ樹脂に，CTBN リッチの島構造を形成し，衝撃で発生する応力を集中させクラックの進行を鈍化させる方法である。ゴム成分の変わりに強靭な熱可塑性樹脂，いわゆるエンジニアリングプラスチックスやスーパーエンプラが分散される方法も適用されている[22]。

エポキシ樹脂の強靭化として，樹脂の硬化反応時に改質剤であるビニルポリマーを *in situ* ラジカル重合させることにより，樹脂の強度等を損なわずに強靭化を達成する方法が研究されている[23～25]。具体的には，スチレン-*N*-フェニルマレイミド交互共重合体（PMS）にグラフト鎖としてポリエチレンオキシド（PEO）を導入したコポリマー（gPMSE）をエポキシ樹脂系中にて *in situ* 生成させ，エポキシ樹脂の熱的，機械的特性を損なうことなく靱性を向上させる方法である。改質剤添加量を 16 wt%とした改質系において，曲げ強度の低下を約 10%に抑制しつつ，未改質系に比べて破壊靭性値（K_{IC}）の値は約 2.5 倍に向上された。曲げ弾性率，T_g の値に関しては未改質系の値が維持された。改質硬化物の相構造を透過型電子顕微鏡（TEM）により観察

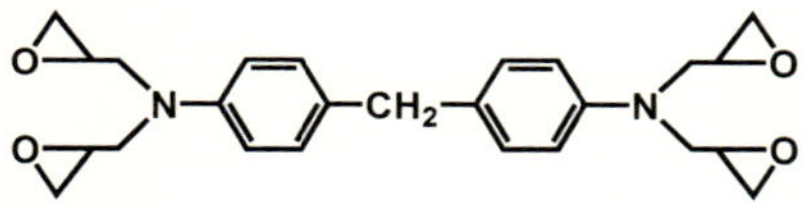

テトラグリシジルジアミノジフェニルメタン
（TGDDM）

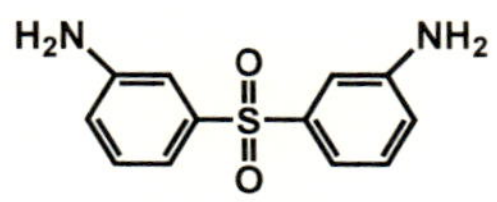

3,3'-ジアミノジフェニルスルフォン
（3,3'-DDS）

図８　炭素繊維強化複合材料用エポキシ樹脂組成物の例

フルオレン骨格エポキシ樹脂

フルオレン骨格エポキシジアミン

スピロ環を有するエポキシ樹脂

ジクミルベンゼン骨格ジアミン

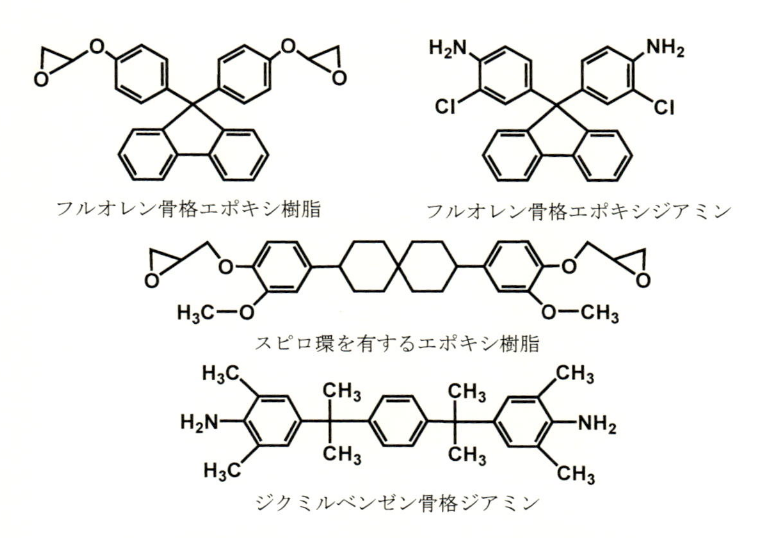

図９　低架橋耐熱性エポキシ樹脂とアミン硬化剤の組成物

したところ，数10 nm程度の改質剤相がエポキシマトリックス中に分散していることが確認された。PMSにグラフト鎖としてPEOユニットを導入することで，改質剤とエポキシマトリックスの相容性が向上しており，エポキシ樹脂の靱性向上に有効であった。

酸無水物硬化エポキシ樹脂に図10に示すあらかじめラジカル重合させた改質用ポリマー（gPMSE）を均一に分散させた後，加熱硬化した樹脂であるポリマー添加型とエポキシ樹脂にgPMSEの原料モノマーを均一に溶解させた後に，gPMSEのラジカル重合とエポキシ樹脂の加熱硬化を同時に進めた *in situ* 生成型で得られた樹脂の硬化物物性を図11に示す。ポリマー添加

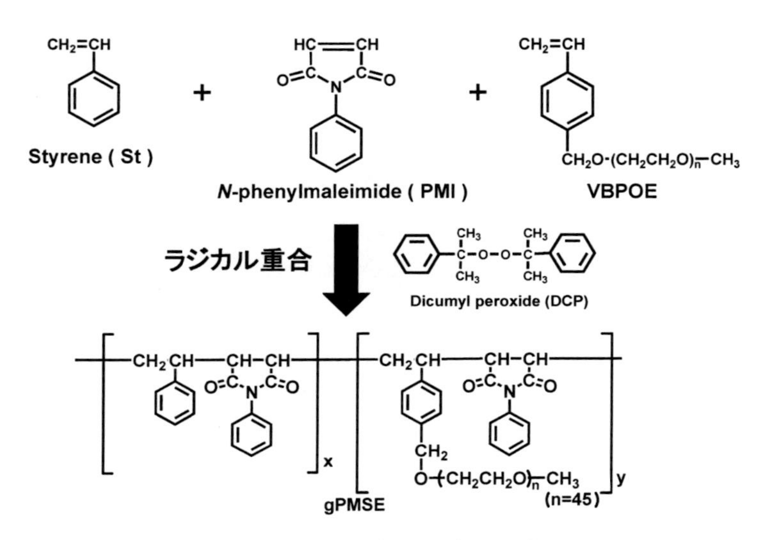

図10　改質剤（gPMSE）の重合

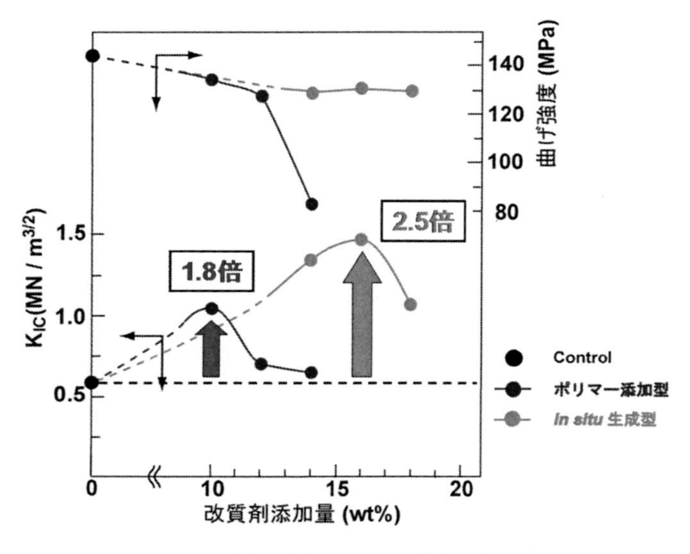

図11　改質剤添加法の違いと樹脂硬化物物性

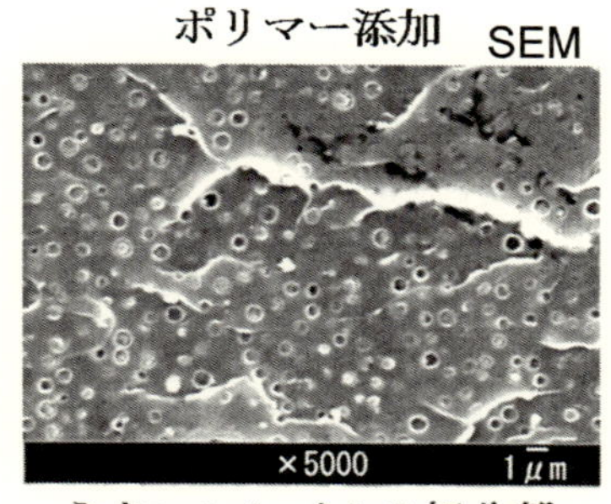

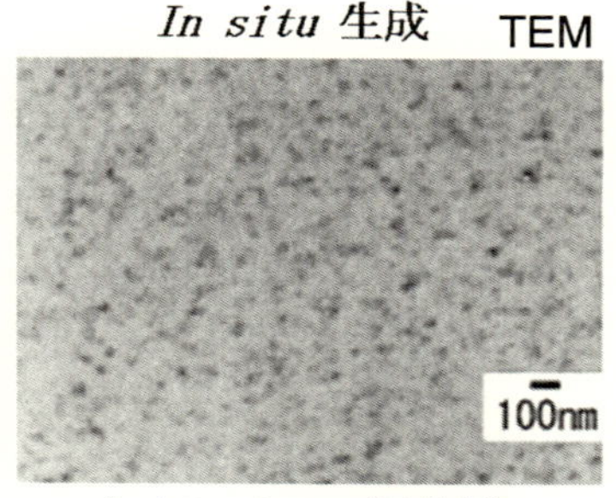

図12　樹脂硬化物断面のモルフォロジー

型では10 wt/%添加でK_{IC}は1.8倍に向上するが，それ以上の添加量では，K_{IC}，曲げ強度共に低下する。これに対し，*in situ* 生成型では16 wt/%まで添加可能であり，曲げ強度の低下を防ぎつつ，K_{IC}を2.5倍に向上させることに成功している。図12に示す樹脂硬化物の破壊断面の観察結果から，改質ポリマー添加では1-3 μmレベルの相分離構造が認められたのに対し，*in situ* 生成では数nmレベルの相分離構造が観察された。*in situ* 生成では相分離界面は確認されず，界面部分はマトリックスと改質ポリマーのIPN（相互侵入網目）構造が形成され，その結果，界面欠陥による曲げ強度低下も抑制されたものと考えられている。

文　献

1）吉田泰彦他；「高分子化学」，第3章，p.88，共立出版（2006）
2）垣内弘編；「新・基礎高分子化学」，第9章，p.197，昭晃堂（2004）
3）http://homepage2.nifty.com/epoxygk/epoxy.htm
4）エポキシ樹脂技術協会編，「総説エポキシ樹脂第一巻」，エポキシ樹脂技術協会，303（2003）
5）エポキシ樹脂技術協会編，「総説エポキシ樹脂第三巻」，エポキシ樹脂技術協会，148（2003）
6）梶正志；第57回ネットワークポリマー講演討論会講演要旨集，13（2007）
7）有田和郎，小椋一郎；第57回ネットワークポリマー講演討論会講演要旨集，21（2007）
8）M. Harada, Y. Watanabe, Y. Tanaka, M. Ochi, *J. Polym. Sci. Part B：Polym. Phys.*, **44**, 2486（2006）
9）J. Yeob. Lee, J. Jang, *Polymer*, **47**, 3036（2006）
10）G. Pan, Z. Du, C. Zhang, C. Li, X. Yang, H. Li, *Polymer*, **48**, 3686（2007）
11）エポキシ樹脂技術協会編，総説エポキシ樹脂 最近の進歩Ⅰ，エポキシ樹脂技術協会，3-15（2009）
12）押見克彦，高機能デバイス封止技術と最先端材料，p.10，シーエムシー出版（2009）
13）大西裕一，大山俊幸，高橋昭雄；高分子論文集，**68**, 62（2011）

14） 賀川美香，大山俊幸，高橋昭雄，エクトロニクス実装学会誌，**14**, 204 (2011)
15） K. Ravi Sekhar, 1 Kishore, 2 S. Sankaran, *Journal of Applied Polymer Science*, **109**, 2023-2028 (2008)
16） M. Isono, T. Oyama, A. Takahashi, *Polymer Preprints, Japan*, **60**, 1K19 (2011)
17） 小林宇志，磯野学，大山俊幸，高橋昭雄，ネットワークポリマー，**33**, 130 (2012)
18） BS Rao, R Sireesha and AR Pasala, Polym. Int. **54**, 1103-1109 (2005)
19） Wei-Jye Shu, Wei-Kuo Chin, Hsiu-Jung Chiu, *Journal of Applied Polymer Science*, **92**, 2375-2386 (2004)
20） 大背戸浩樹；「高分子材料・技術総覧」，687 (2004)
21） 越智光一，原田美由紀；「総説エポキシ樹脂：第 2 巻」，第 2 章，2.1 節，エポキシ樹脂技術協会 (2003)
22） 飯島孝雄；「総説エポキシ樹脂：第 2 巻」，第 2 章，2.2 節，エポキシ樹脂技術協会 (2003)
23） 大山俊幸，高橋昭雄；ネットワークポリマー，**29**, 175 (2008)
24） 三角潤，大山俊幸，友井正男，高橋昭雄；高分子論文集，**65**, 562 (2008)
25） 篠崎裕樹，大山俊幸，高橋昭雄；高分子論文集，**66** (6), 217 (2009)

第2章　電子部材におけるエポキシ樹脂の役割

有田和郎*

1　はじめに

エポキシ樹脂が電子部材に利用される最大の理由は，その電気絶縁性にある[1)]。エポキシ樹脂硬化物の体積固有抵抗率は一般的に10の14乗Ω・cmを超えるため絶縁材料として十分な水準にあり，これと合わせてエポキシ樹脂のもつ優れた特性，たとえば硬化時にガスなどが発生せず硬化に伴う収縮が小さいため成形性が良いこと，更に得られる硬化物は耐熱性，接着性，機械強度などに優れることから広く利用されている。絶縁材料の歴史を辿ると，合成樹脂が現れる以前の時代の電気絶縁材料は，シェラック，アスベスト，ピッチなどの天然樹脂であった。これらは機械的性能も低く，熱に弱く，性能も著しく劣っていた。その後，初めて合成化学品を原料として開発されたのが，Baekland博士が1907年に発見したベークライト（Bakelite）すなわち，フェノール樹脂である。このフェノール樹脂から始まる，多くの合成樹脂の発展の中で，現在，エポキシ樹脂は欠かせない材料となっている。

2　エポキシ樹脂の歴史

エポキシ樹脂の歴史は古く，最初の発明は1938年8月にスイスのPierre Castanによって特許が許可された（スイス特許No. 211116号：当時の用途は歯科材料）。本願によってエポキシ樹脂はすでに次に示す重要な事実が述べられている。ビスフェノールAなどのジフェノール類とエピクロルヒドリンから合成される樹脂とフタル酸無水和物による縮合物の利用，さらにこの予備縮合物は空隙のない注型または成形物をつくるための樹脂として利用できること，あるいはそのような予備縮合物は樹脂溶液として塗料用に利用できること，さらにその硬化物が接着性，機械強度，電気絶縁性に著しく優れていることを見いだしている。その後，1948年にCiba Geigy社が本特許を買い取りエポキシ樹脂の商業化を進めた。エポキシ樹脂が商業的にAralditeという商品名で初めて市場に紹介されたのは，1949年4月のスイスのバーゼル市で開催されたスイス貿易見本市であった。Castanが塩基触媒でエポキシ樹脂を硬化することを述べた直後，S. O. Greenleeがアメリカにおいて主として乾性油脂肪酸でエポキシ樹脂を硬化することを述べた別の特許を申請している。その後，Ciba Geigy社，Shell社，DOW社のクロスライセンスが成立し，

---

*　Kazuo Arita　DIC㈱　総合研究所　コア機能開発センター　機能材料1グループ
主任研究員

エポキシ樹脂の工業的な有用性が徐々に認識された[1,2]。

一方，エポキシ樹脂を電気絶縁材料に応用する試みは，まずヨーロッパで始められた。1946年スイスMoser Glaser社（Dr. A. Imhof）がエポキシ樹脂の電気機器への応用特許を出願している。続いて1950年代にはCiba Geigy社やShell社などのエポキシ樹脂メーカーが注型絶縁，含浸絶縁などの開発を手がけた。1958年にはDr. A. Imhofによる固体絶縁開閉装置の構想が生まれ，ヨーロッパを中心に急速にこのシステムが拡大した。このシステムは遮断機や計器用変流器，母線などが収納された完全固体絶縁方式であり，基本的には現在の樹脂封止と同じ概念であったことは特筆すべき点である[3]。

3　エポキシ樹脂の特徴

エポキシ樹脂はフェノール樹脂や不飽和ポリエステル樹脂などと同じく熱硬化性樹脂（近年では熱以外でも三次元架橋を形成するものも含めて「ネットワークポリマー」と呼ぶことが多い）の一種であり，硬化剤との反応で三次元架橋構造体を形成する。電子部材にエポキシ樹脂が使用される理由として以下の基礎的特性が挙げられる。

(1)　硬化反応時に縮合ガスの発生や大きな収縮を伴わないため加工性に優れる。
(2)　電気絶縁性が優れる。
(3)　耐熱性が優れる。
(4)　密着性が優れる。
(5)　組み合わせる硬化剤や硬化促進剤を選択することによって，種々な特性を引き出すことができる。

エポキシ樹脂は一般的には分子内に2個以上のグリシジル基（エポキシ基あるいはオキシラン環ともいわれる）をもつ化合物の総称であり，数多くの種類が存在する。分子内に1個のグリシジル基を有する化合物も「反応性希釈剤」として市販されているが，三次元架橋を形成するには2個以上の反応点が必要である。

エポキシ樹脂の硬化反応の代表例としてフェノール型硬化剤との反応式をスキーム1に示す。付加重合システムであり，活性水素の関与から硬化時にエポキシ基1個から2級のアルコール性水酸基1個が生成する。この水酸基と金属やガラスとの間に発生する水素結合やファンデルワー

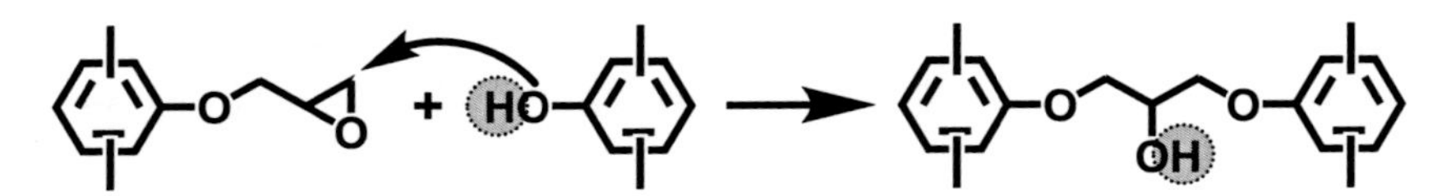

スキーム1　エポキシ樹脂の代表的な硬化機構

ルス力によって，高い密着性が生まれるといわれている。実際，同程度の耐熱性をもつ他の熱硬化性樹脂と比較すると，エポキシ樹脂の密着性は際だって優れる[3,4]。

なお，“樹脂”と名が付いているが分子量はさほど大きくなく，モノマーからオリゴマー領域にある。加熱により軟化し，更に加熱を続けると流動性を発現する。三次元架橋させ硬化物を得るためには，硬化剤と称する化合物が必要であり，エポキシ樹脂そのものは，この硬化物の前駆体であることを留意して頂きたい。エポキシ樹脂と硬化剤は必要時に適切な硬化触媒を加えた上で加熱するとエポキシ樹脂のグリシジル基と硬化剤の活性官能基が化学反応した上で共有結合を形成して巨大分子となり強度が発現する[5]。業界によっては「(未硬化の) エポキシ樹脂と硬化剤を含む組成物」も「三次元架橋後の硬化物」もエポキシ樹脂と呼ぶ場合があるので大変紛らわしいが，特許公報の発明の名称などでは“エポキシ樹脂”，“エポキシ樹脂組成物”，“エポキシ樹脂硬化物”と区別されている例が多い。

4　エポキシ樹脂の種類

最も代表的なエポキシ樹脂は最初の発明にも登場するビスフェノールA型エポキシ樹脂（図1）であり，ビスフェノールAとエピクロルヒドリンから合成される。合成されたエポキシ樹脂はその分子量によって液体状から固体状までのものがあり，塗料，構造用接着剤，プリント基板，コンポジット，その他幅広い用途に硬化剤と組み合わせて使用されている。また1980年頃からは半導体の絶縁封止材用として現在も最も汎用的に使用されているクレゾールノボラック型エポキシ樹脂（図2）の国内生産が本格的に始まった。一方，1980年代後半から始まる電子機器の技術革新の加速に伴って，新規高性能エポキシ樹脂の開発も活発化した。その結果，さまざまな特殊骨格型エポキシ樹脂が新たに提案された。そのなかの代表的な事例を図3に示す[6]。

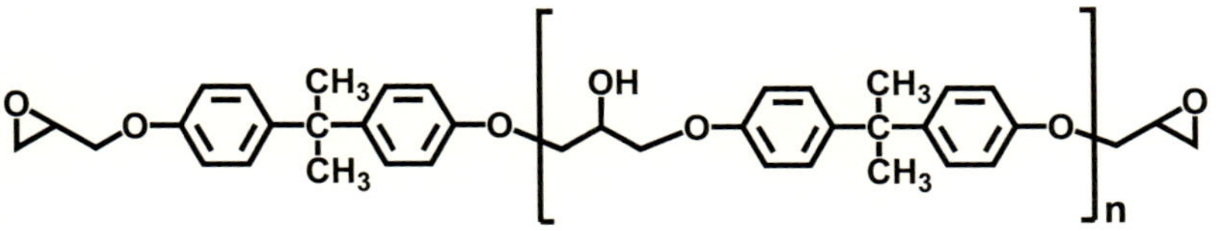

図1　BPA型エポキシ樹脂の化学構造

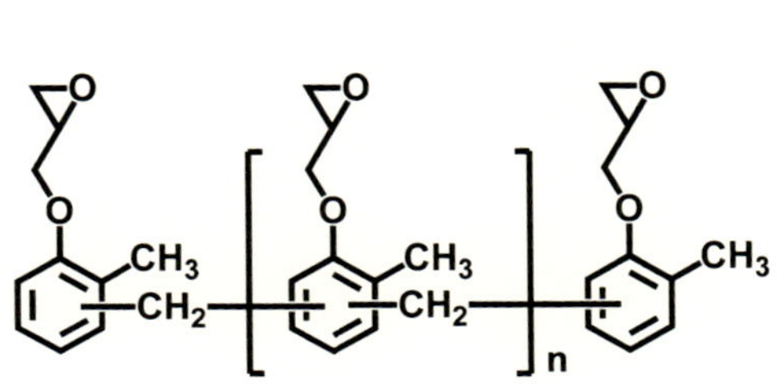

図2　クレゾールノボラック型エポキシ樹脂の化学構造

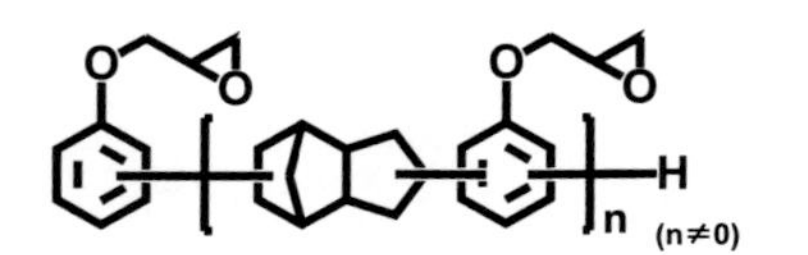

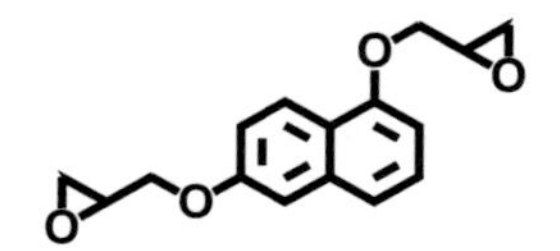

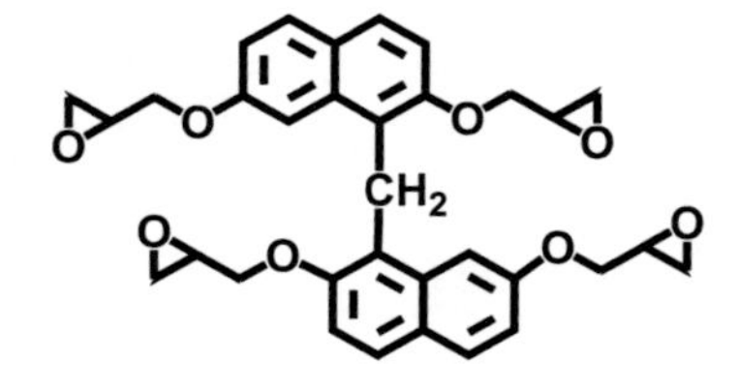

図３　特殊骨格を有するエポキシ樹脂の例

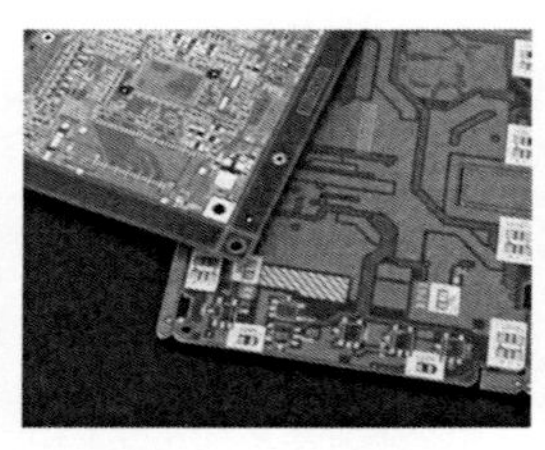

http://www.s-asahi.co.jp/business/products/03.html

http://www.globalelectronics.com.br/PAG-3-BGA.aspx

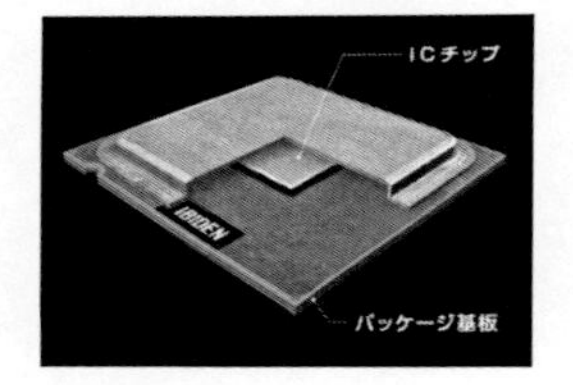

http://www.gifuken-internship.org/kyouka/company/detail.php?id=57

http://www.kyocera-chemi.jp/prdct/list/mcse/general.html

図４　エポキシ樹脂が使用される代表的な電子部品

5　各種，電子部材におけるエポキシ樹脂の役割

エポキシ樹脂が多く使用される電子部材の代表例を図４に示す。半導体封止材，プリント配線基板および各種半導体実装材料が主な用途である。

5.1　半導体封止材

半導体封止材におけるエポキシ樹脂の役割は，無機充填材を主成分とする半導体封止材のバインダ機能であり，熱硬化により樹脂密封することで衝撃や耐ハンドリングストレス，塵や熱や湿度などの機械的および化学的な外的ストレスから脆弱なチップを保護するものである。かつてはセラミックやガラス，金属などを用いた気密封止が主流であったが，1960年代後半に固形の樹脂封止材を用いる低圧トランスファ成形によるIC（Integrated Circuit）の封止法が開発され，これが今日の半導体封止材技術の主流になっている[7)]。現在ではICパッケージの90％以上（個数ベース）が樹脂封止システムに置き換わっている。もちろん，MPU（Multi Processing Unit：超小型演算装置）などの極めて高い信頼性が要求されるデバイスには現在でもヒートシンク効果が高い金属性のリッド（蓋）を使った気密封止が主に採用されているが，1996年にIntel社が市販したクロック周波数200 MHz超のCPU（Central Processing Unit：中央処理装置）には，高周波数域での信号電圧減衰が少ないという利点をもつ樹脂封止システムが採用された例もある[8)]。

樹脂封止システムの最大の特長は，低コスト化と生産性の向上である。また前述のように気密封止システムよりも，信頼性では劣るものの，一方では誘電率が低く，そのため高周波域での信号伝搬速度を向上させることもできる。封止材はエポキシ樹脂，硬化剤，各種添加剤，無機充填剤などによって構成される複合材料である。エポキシ樹脂の配合量は一般的に5～30重量％の範囲であり，最大配合材料は無機充填材である（60～90重量％）。このエポキシ樹脂としては，前記したクレゾールノボラック型エポキシ樹脂が，樹脂封止システム登場以来，ほぼ寡占的に使用されてきた。クレゾールノボラック型エポキシ樹脂が他のエポキシ樹脂（たとえばビスフェノールA型エポキシ樹脂）と比較して優れる特徴としては，①硬化性（成形性），②耐熱性および③耐湿信頼性などが挙げられる。エポキシ樹脂と硬化剤から形成される硬化物の物性は，構成体の化学構造と架橋密度で決まる。特に硬化物の耐熱性は架橋密度に強く支配され，この架橋密度はエポキシ樹脂の官能基密度と官能基数に起因する。従ってクレゾールノボラック樹脂を中間体とする多官能型のクレゾールノボラック型エポキシ樹脂は，2官能型のビスフェノールA型エポキシ樹脂と比較して高いガラス転移温度を硬化物に付与できるため，はんだリフロー条件などの高温に耐えることができる。図5に示すクレゾールノボラック型エポキシ樹脂の平均官能基数と硬化物ガラス転移温度の関係から，平均官能基数の増加に伴い耐熱性が向上することが理解できる。

かつてはクレゾールノボラック型エポキシ樹脂に代わるエポキシ樹脂として多くの新規エポキシ樹脂が提案されたが，価格面と成形性のバランスが非常に良好なので，世界市場は年間約13,000～15,000トンと，現在でも半導体封止材用途として最も汎用的に使用されている。ただし，状況の変化としては近年まで日本メーカーの市場占有率が極めて高かったが，日本メーカーの事業の撤退などもあり，最近は中国，台湾，韓国メーカーの占める割合が急上昇していることが挙げられる。

一方，1980年代後半に開発され1990年代から急速に普及したBGA（ボール・グリッド・アレイ）やCSP（チップ・サイズ・パッケージ）に代表される高密度パッケージシステムや，パッケージを用いないCOB（チップ・オン・ボード）やフリップチップなどのベアチップ型半導体デバイス向けには，クレゾールノボラック型エポキシ樹脂をベースとした封止材では対応が困難なため，ジシクロペンタジエン結節型エポキシ樹脂やナフタレン型エポキシ樹脂，ビフェニル型

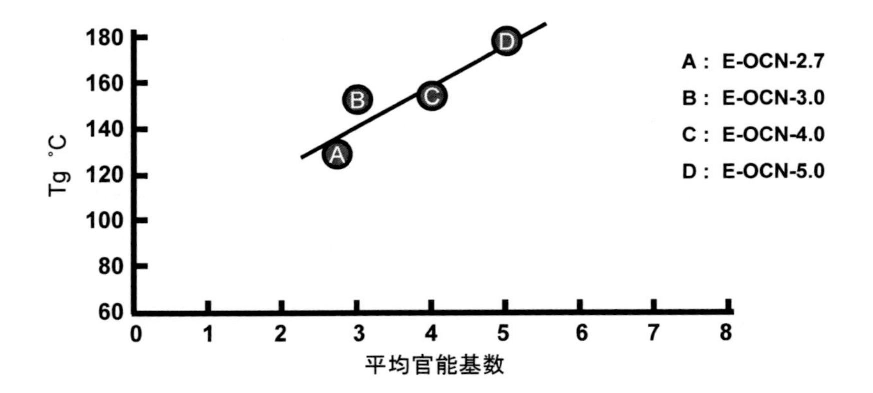

- Hardener : Phenol novolac resin, PHENOLITE TD-2131(SP=80° C) Stoichiometric ratio
- Accelerator : TPP 1.0 phr
- Curing schedule : 175 ℃/5 hr

図５　クレゾールノボラック型エポキシ樹脂の平均官能基数と硬化物ガラス転移温度の関係

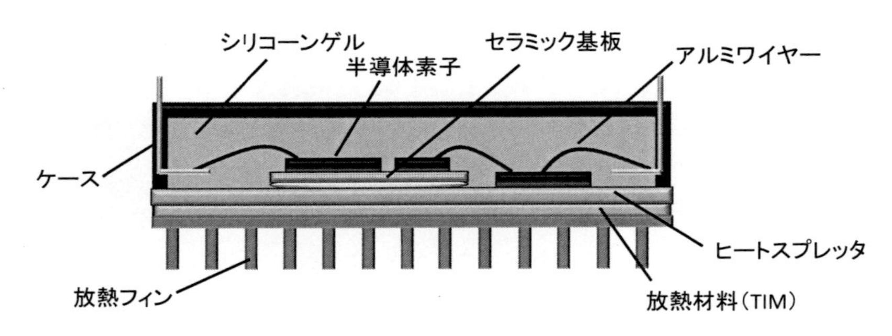

図６　ゲル封止型構造のパワーモジュール

エポキシ樹脂などが開発された[9)]。

また近年では，ICのような低電圧デバイスのパッケージのみならず，より高電圧のIGBT（Insulated Gate Bipolar Transistor）などを搭載するパワー半導体モジュールのパッケージにエポキシ樹脂系封止材が用いられ始めており[10)]，高耐圧化，高熱耐久化，高放熱化などの新たな課題も生まれている。図６に代表的な従来のパワーモジュールの断面構造を示す。

ハイブリッド自動車や電鉄などに用いられるパワーモジュールの封止材としては気密性や応力緩和性から主にシリコーンゲル封止が，これまでは使用されてきた。シリコーンゲルは密着性に優れることから使用環境下での温度変化においても剥離が生じにくく，封止界面での絶縁破壊を起こしにくいという特徴がある[11)]。

IGBTなどのパワーデバイスには高電圧，大電流が流れるため，配線の電流容量の確保と，絶縁性が必要である。また，素子を安定に動作させるためには接合温度（Tj）を適切な温度に保つ必要があり，効率的な放熱構造が重要である。発熱と冷却の繰り返しにより，各部材間の熱膨

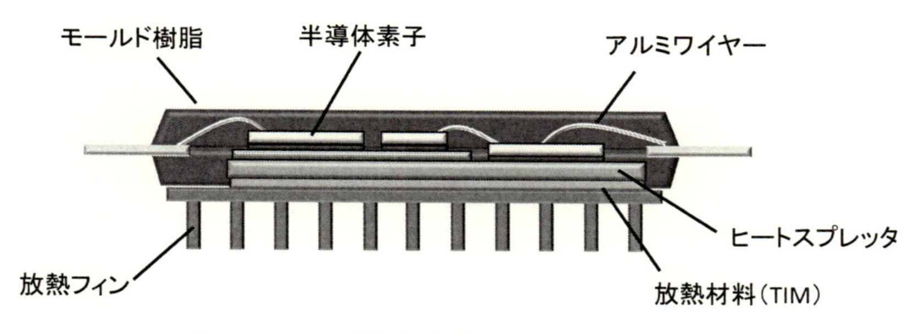

図7　モールド樹脂封止型構造のパワーモジュール

張率の差からアルミ配線の断線やはんだ層のクラックが生じるため，素子の上限の温度幅を制限することで接合部の寿命を確保している。近年では，この接続部の長寿命化と小形化を目的に図7に示すような，エポキシ樹脂系封止材を用いたパワーモジュールが採用されるようになってきた[12~14)]。エポキシ樹脂の役割としては，シリコーンゲルより硬質のエポキシ樹脂系封止材でチップ全体を封止することで，アルミワイヤー接続部やはんだ接合部に発生する熱応力を分散させ長寿命化を図ることである[15)]。また柔らかいゲル状のシリコーン樹脂に比べ，耐振動性の向上も図ることができる。

Si-O の結合エネルギー（約 100 cal/mol）はエポキシ樹脂などの主成分である C-C のそれ（約80 kcal/mol）に比べて大きく，本来ならシリコーンは耐熱性に優れた材料であるが，末端などに微量残存するアルコキシ基の脱離，有機基の酸化分解や主鎖シロキサンの開裂と再結合などから 150℃以上の高温域で長時間放置すると，バルククラックや界面剥離などが起こり絶縁破壊に至る可能性がある，このため高温駆動型の SiC パワー半導体への適合は困難との懸念がある。以上より，パワーモジュールに用いられるエポキシ樹脂系封止材はガラス転移温度や熱膨張性などの物理的耐熱性と熱分解性に代表される化学的耐熱性を高いレベルで兼備する必要がある[16)]。開発事例としてナフチレンエーテルオリゴマー型エポキシ樹脂を後述する。

5. 2　プリント配線板

プリント配線板におけるエポキシ樹脂の役割は，ガラス繊維の紡糸を束ねたガラス繊維の束を平織りしたガラス布（ガラスクロスとも呼ばれる）のバインダ機能であり，配線間の絶縁の維持や回路基板としての強度や寸法安定性を確保するものである。プリント配線板の歴史は，1936年に英国の Paul Eisler が発表したフェノール樹脂を用いた銅張積層板が最初であり，現在の片面板に近いものである[17)]。その後，間もなくエポキシ樹脂を用いた銅張積層板が開発され，1960年頃から導体パターンを2層，3層と多層化した基板が出現している。多層プリント配線板は，配線の高密度化を実現するため導体パターンを多層化した3層以上の導体パターンを有するプリント配線板の総称であり，1961年に米国で“Multiplanar”として発表されている。1970年代からLSI チップ間の信号伝送速度を高めるために，配線の微細化と高多層化が進められ急速に高密度

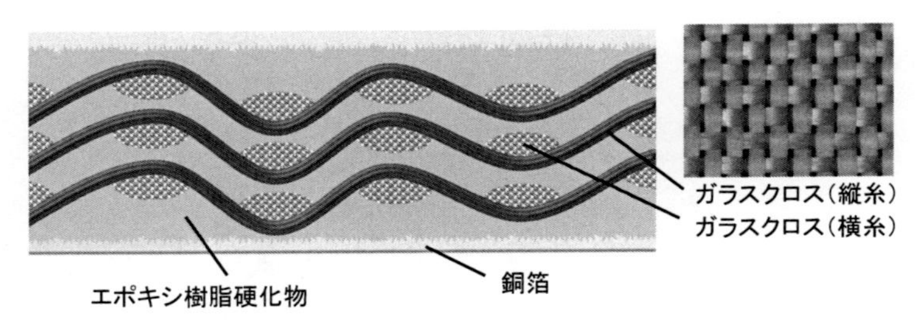

図８　ガラスエポキシ積層板（FR-4）の断面図

配線が実現された。1970年には6層程度の基板が1991年には46層の配線を有する多層プリント配線板が開発された[18)]。多層プリント配線板で最も一般的に使用されるのは，図8に示すようなガラスエポキシ積層板（FR-4）であり，ガラスクロスにエポキシ樹脂と硬化剤を含浸させ銅箔と一体成形した硬化物である。プリント配線板向けのエポキシ樹脂としてはビスフェノールA型エポキシ樹脂や難燃性付与のための臭素化エポキシ樹脂が使われており，さらに高いガラス転移温度（Tg）が要求される分野にはフェノールノボラック型あるいはクレゾールノボラック型のエポキシ樹脂が適用されている。

一方，1991年に日本IBM社から発表されたビルドアップ方式による多層プリント配線板(Surface Laminar Circui（t SLC))[19)]を機に，この技術に関連したプロセスや材料，装置の開発が盛んに行われ，ジシクロペンタジエン結節型エポキシ樹脂やナフタレン型エポキシ樹脂，ビフェニル型エポキシ樹脂などが使用された[20)]。

ビルドアッププリント配線板は高密度実装の要求に対応できるため，前記したBGAやCSPなどの高密度パッケージシステムと合わせて機器の高性能化とともにパソコン，デジタルカメラ，携帯電話などのモバイル機器に広く普及しており，後記する高密度パッケージのインターポーザへも適用されている[21)]。

最近はインターネットサーバーや携帯電話基地局などの通信インフラ用に信号の高速処理が可能な高周波対応のビルドアッププリント配線板が必要になっている。伝搬遅延時間の短縮，および高周波領域での安定作動が要求される。特に高周波数領域での作動においては，伝送損失の問題が重要視される。伝送損失の増加は，情報処理能力を損なうばかりでなく，消費電力の増加にも繋がる。伝送損失の原因は，絶縁部材の誘電特性にあるため，エポキシ樹脂にはプリント配線板の誘電率や誘電正接を下げる役割も求められており，特殊エポキシ樹脂や特殊エポキシ樹脂硬化剤が開発されている。開発事例として活性エステル型エポキシ樹脂硬化剤を後述する。

一方，前記したBGAやCSP，あるいは各種機能を有するICを1つのパッケージとしてまとめるシステム・イン・パッケージ（SiP）に代表される高密度パッケージシステムには，極薄小形のビルドアッププリント配線板（インターポーザ）が使用され，これまで示したマザーボード向けプリント配線板と区別するために，パッケージ基板などと呼ばれている。図9のようにBGAは片面封止あるいはフリップチップ実装の構造をもつが，成形後の冷却工程で大きな反り

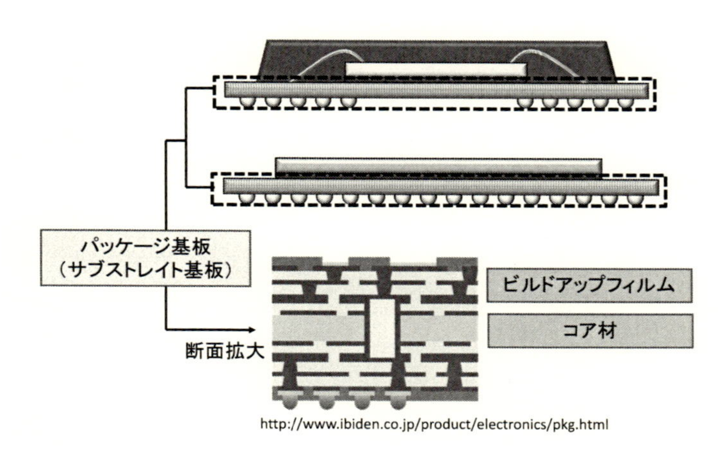

図9　BGA（Ball Grid Array）構造

が発生する。この反りは，パッケージ基板と封止材（あるいはシリコンチップ）との収縮率が異なることに起因している。反りを防止する方法としては，基板と封止材（あるいはシリコンチップ）の線膨張係数を合わせることや，高いガラス転移温度を発現する封止材を用いて，Tg以下の低線膨張係数（$\alpha 2$）の領域で冷却するなどの方法が提案されている[22]。また封止材は基板のビルドアップ層と接着しているために，レジスト材料との密着性が優れるエポキシ樹脂が好適であろう。

6　環境対応

電子部材の共通の役割として環境対応が挙げられる。1990年代後半からは，環境問題への関心が高まり，科学的な論拠は別にして燃焼時のダイオキシンの発生リスクの観点からハロゲン化合物の削減が要求された。また，鉛はんだの使用の制限を含むRoHS指令から，鉛フリーはんだ切り替えに伴うリフロー温度の更なる高温化への対応が急務となった。臭素系難燃剤やアンチモンにかわり検討されたのがリン化合物や金属水酸化物である。しかし，封止材分野では2000年の初めに被膜した赤リン化合物を用いた封止材で耐湿信頼性の問題が発生したことから[23]，所謂ノンハロ・ノンリンと呼ばれる樹脂の構造を工夫することで封止材を難燃化する手法が検討された。難燃特性は無機充填材の配合量によっても変化するため，シリカ充填量の少ない組成では難燃性と特性のバランスの改良が現在も進められている。一方，プリント配線板では，ハロゲン化合物の削減として燐系難燃剤が主に使用されている。

7 開発事例

7.1 ナフチレンエーテルオリゴマー型エポキシ樹脂（Epoxy resins of Naphthylene Ether Oligomers：E-NEO）[24〜27]

ナフチレンエーテルオリゴマー型エポキシ樹脂は2,7−ジヒドロキシナフタレンの自己脱水縮合反応で得られるナフチレンエーテルのオリゴマー体を中間体とする2〜3官能型エポキシ樹脂である（図10）。ナフチレンエーテル骨格の合成は多くの報告例[28,29]があり，概念的にはナフチレンエーテル骨格を有するエポキシ樹脂が包含される特許も出願[30,31]されているが，商業的な従来技術で得られるナフチレンエーテルは，その重合度が制御できないため，エポキシ樹脂への応用事例は殆ど見当たらない。酸による脱水反応や酸化カップリング法などの従来技術では著しく高分子量化するため，仮にエポキシ樹脂化しても硬化温度（通常150〜200℃）で流動性が得られないものとなる。

われわれは，各種ジヒドロキシナフタレン異性体の中でも，2,7-位に水酸基を有するものだけが，特定の反応条件で脱水反応させると，選択的に3量体のナフチレンエーテルのオリゴマー体となる特異反応を見いだした。そして，これを応用することで分子量が制御されたナフチレンエーテルオリゴマー型エポキシ樹脂を得ることができた。この硬化物の最大の特徴は相反関係にある高ガラス転移温度と高度難燃性の両立（図11）に加え溶剤溶解性も良く，ナフタレン骨格の平面性も寄与して熱膨張性も低い点である（表1）。難燃性発現のメカニズムは燃焼部分に燃焼皮膜が観察されることと関連分野（ポリフェニレンエーテル分野）で提唱されている難燃理論（転移による炭化層形成）[32]を結びつけることによって，燃焼開始とともにナフチレンエーテル結合が解離，再結合を繰り返しグラファイト状の炭化発泡層が早期に形成するためと推定している（図12）。ゴム弾性理論から算出した架橋密度とガラス転移温度の関係が特異的であり，骨格由来の耐熱性の高さがうかがえる。ナフチレンエーテルオリゴマー型エポキシ樹脂は多官能のノボラック型のわずかに1/4の架橋密度にも関わらず40℃高いガラス転移温度を示す（表1）。更に，構造中にメチレン結合を有しないことや，低官能基濃度（低グリシジルエーテル濃度）ゆえ，硬化物中のフェニレンエーテル濃度が低くなることから，化学的耐熱性である熱分解温度も高い

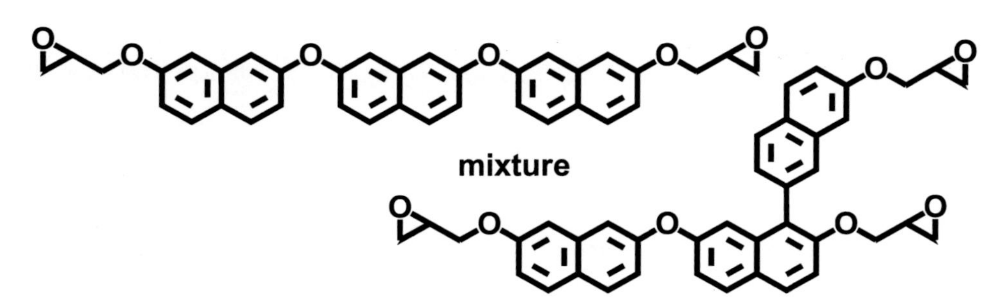

図10　ナフチレンエーテルオリゴマー型エポキシ樹脂の分子構造

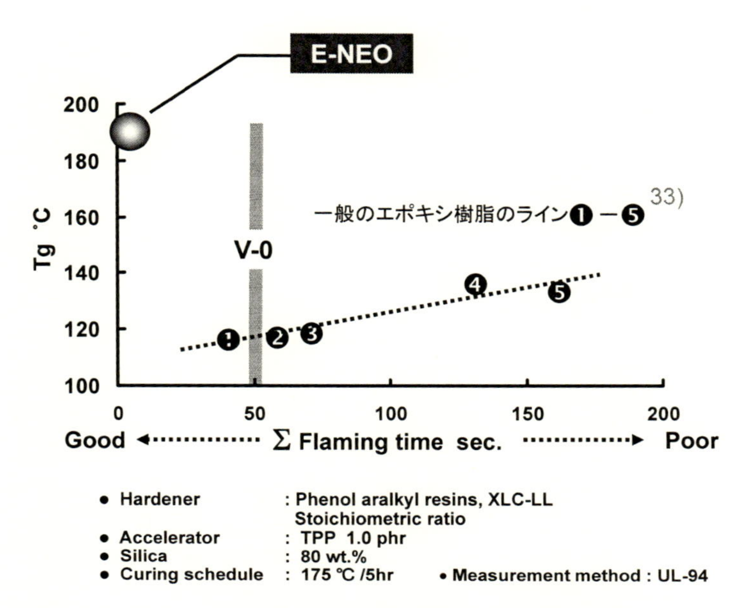

図11　一般のエポキシ樹脂の難燃性と耐熱性の関係とE-NEOの比較

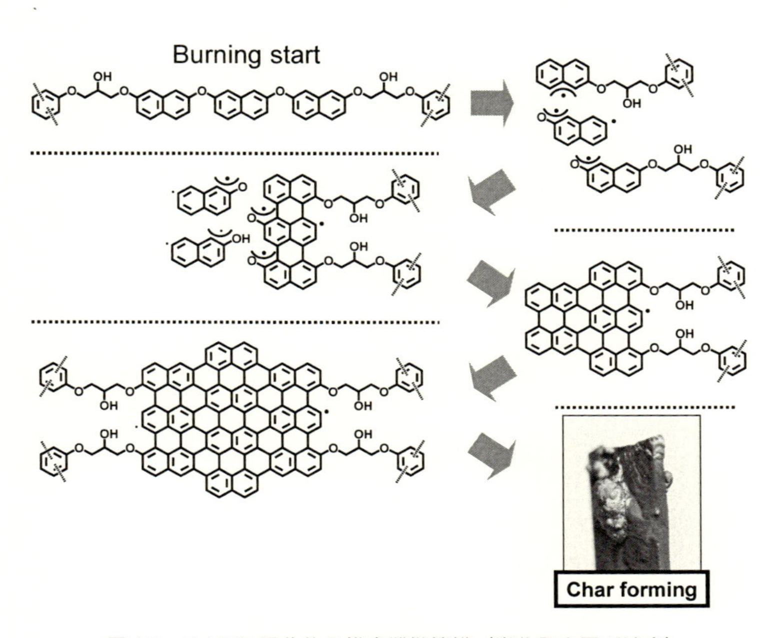

図12　E-NEO硬化物の推定難燃機構（炭化発泡層が消火）

表1　ナフチレンエーテルオリゴマー型エポキシ樹脂の硬化物性

エポキシ樹脂	ガラス転移温度（DMA, ℃）	熱膨張係数（TMA, α1, ppm）
E-NEO	**221**	**49**
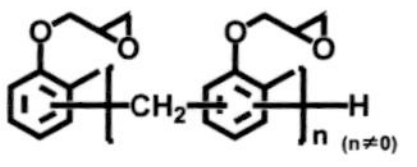 CH_2 H n (n≠0)	**183**	**59**

- Hardener　: Phenol novolac resins, PHENOLITE TD-2131 (SP=80° C) Stoichiometric ratio
- Accelerator　: TPP 1.0 phr
- Curing schedule　: 175 ℃ /5hr

表2　E-NEO の硬化物耐熱分解温度

エポキシ樹脂	5%重量減少温度（TG-DTA, ℃）
E-NEO	**398**
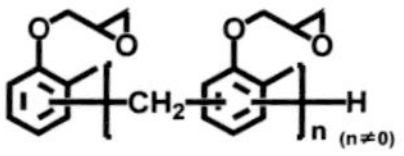 CH_2 H n (n≠0)	**382**

- Hardener　: Phenol novolac resins, PHENOLITE TD-2131 (SP=80° C) Stoichiometric ratio
- Accelerator　: 2E4MZ 0.5 phr
- Curing schedule　: 175 ℃ /5hr
- TGA condition　: Heating rate 5° C/min, Under Air 100mL/min

(表2)。すなわち，ナフチレンエーテルオリゴマー型エポキシ樹脂は，物理的耐熱性である高いガラス転移温度と化学的耐熱性である高い熱重量減少温度，低い熱膨張性や優れた難燃性などパワーデバイス封止材に必要な特性の大部分を兼ね備えたエポキシ樹脂といえる。

7.2　活性エステル型エポキシ樹脂硬化剤（Multi Functional Active Esters：MFAE）[34,35]

活性エステル型エポキシ樹脂硬化剤は2価のエステル化成分（2価の酸クロライド）と2価フェノール化合物の脱塩酸反応で得られる直鎖状ポリエステルである。両末端を1価フェノール化合物で封鎖することにより分子量を制御し，耐熱性と流動性の両立も図っている（図13)。

活性エステル型エポキシ樹脂硬化剤は，20年以上も前に提唱されたが，硬化性や耐熱性の課題を解決できず，なかなか実用化されなかった（図14，15)。しかしそれらの課題を解決できる

Cl−C(=O)−●−C(=O)−Cl　＋　HO−●〜〜●−OH　＋　○−OH

2価エステル化成分　　2価フェノール成分　　1価フェノール成分

NaOH

○−O−(C(=O)−●−C(=O)−O−●〜〜●−O)n−C(=O)−●−C(=O)−O−○

分子設計のポイント

1. 多官能化のために、2価エステル化成分（酸クロライド化合物）と
   2価フェノール成分を併用
2. 末端封止成分として1価フェノール成分を使用

図13　活性エステル型エポキシ樹脂硬化剤の合成スキーム

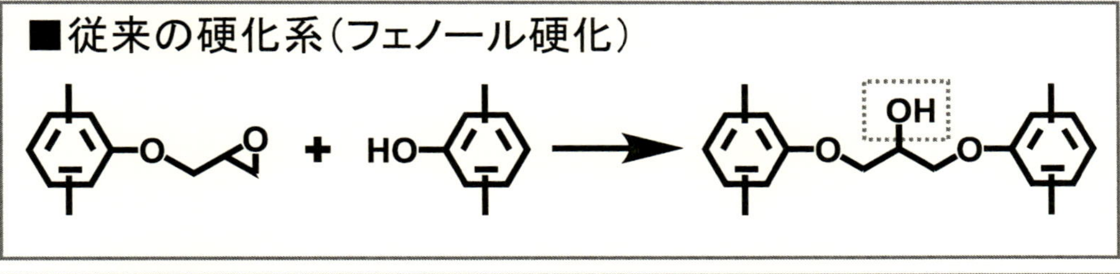

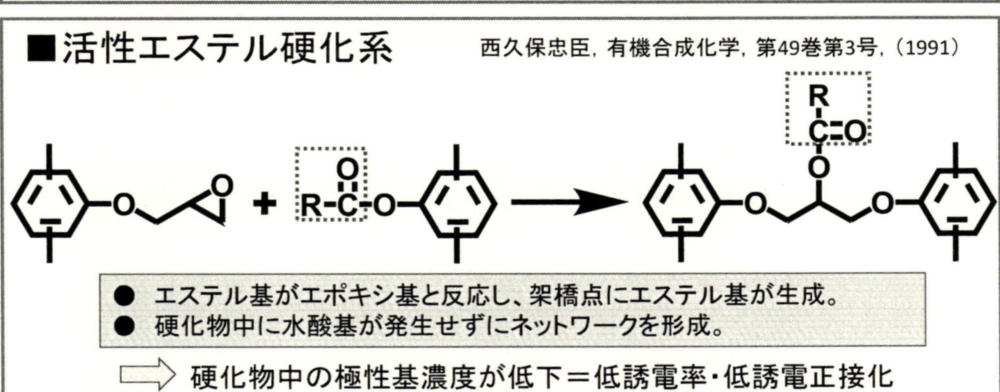

図14　活性エステル型エポキシ樹脂硬化剤

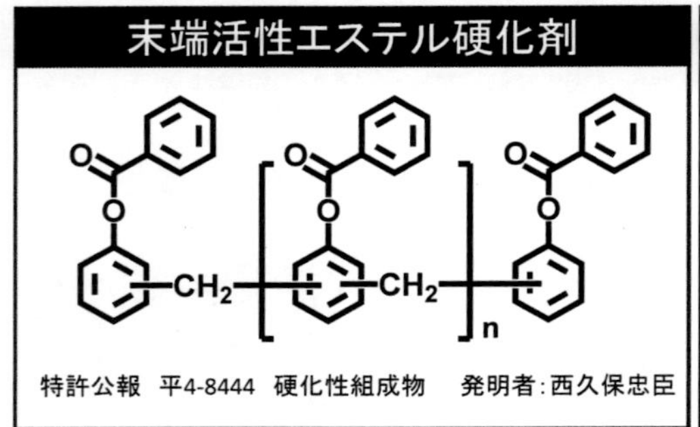

内部活性エステル硬化剤

西久保忠臣，有機合成化学，第49巻第3号，(1991)"
中村茂夫，日本接着学会誌，Vol.33 No.9，(1997)"

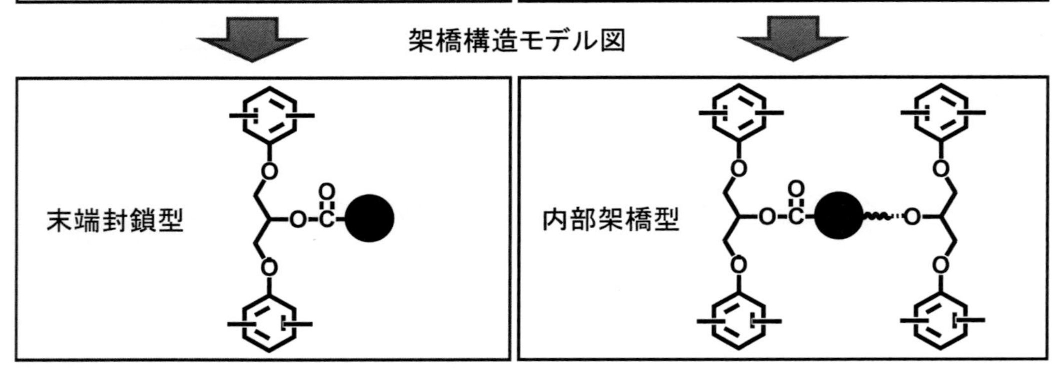

図 15　内部活性エステル硬化剤が耐熱性と誘電特性を両立

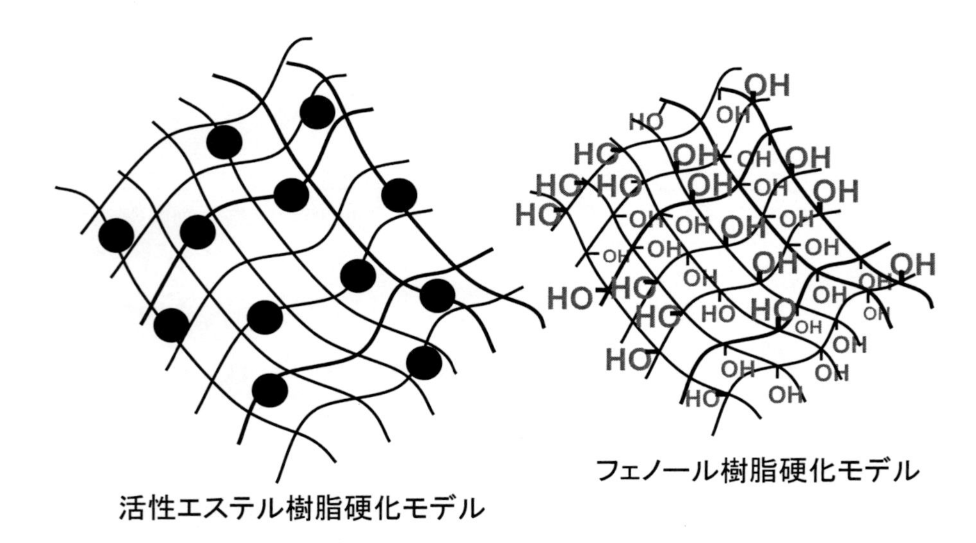

図 16　架橋構造推定モデル図

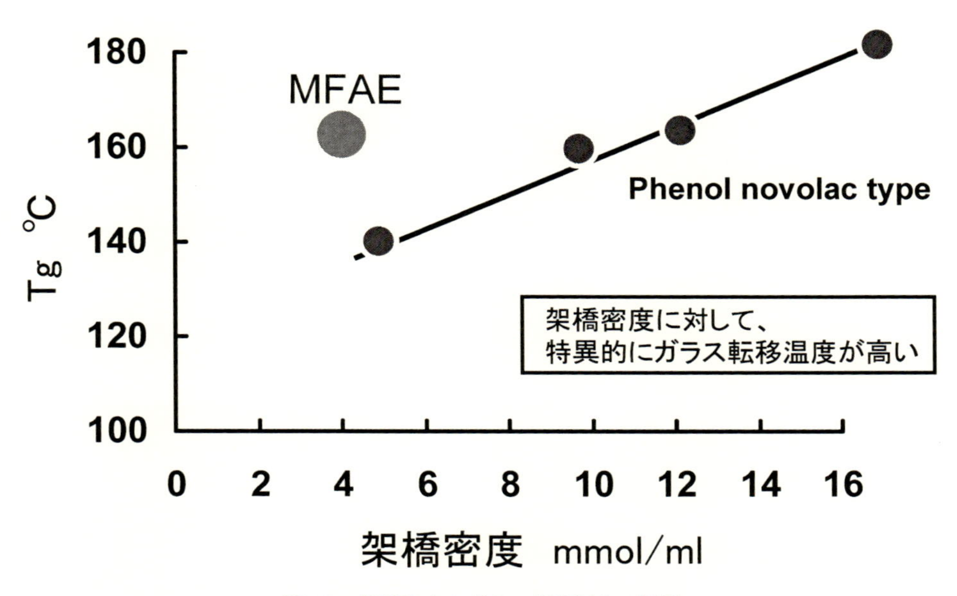

図17　架橋密度とガラス転移温度の関係

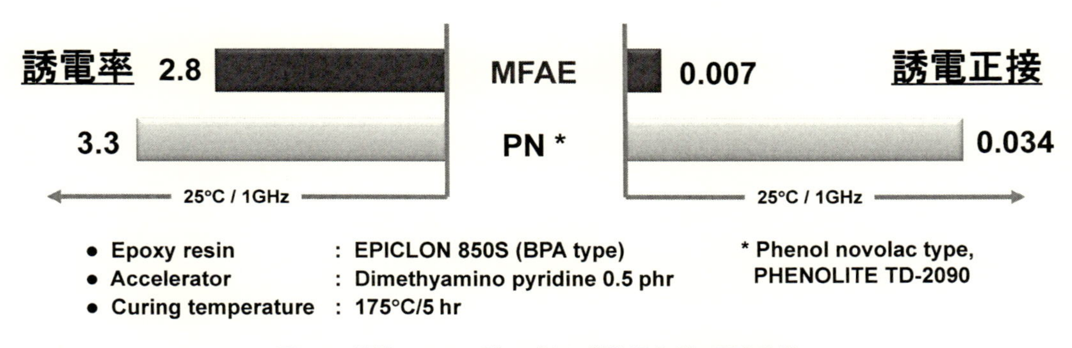

図18　活性エステル型エポキシ樹脂硬化剤の硬化物性

独自の分子設計技術を考案して，この硬化剤を得ることができた。図16に架橋構造の推定モデル図を，図17にゴム弾性率から算出した架橋密度とガラス転移温度の関係を示す。架橋密度に対して特異的にガラス転移温度が高いことがわかる。図18に活性エステル型エポキシ樹脂硬化剤の誘電特性をまとめる。高機能特殊エポキシ樹脂と組み合わせれば高耐熱・低誘電特性の硬化システムも提供できる。すなわち，活性エステル型エポキシ樹脂硬化剤は，高ガラス転移温度と低誘電性を両立できるエポキシ樹脂硬化剤といえる。

文　献

1) 新保正樹編, “エポキシ樹脂ハンドブック”, 日刊工業新聞社, p.425 (1987)
2) 白井博, 色材, **47**, p.25-35 (1974)
3) 垣内弘著, “新エポキシ樹脂”, p.4, p.17, 昭晃堂 (1985)
4) 小椋一郎, “特殊半導体パッケージ (BGA) 用絶縁部材のための新規高性能エポキシ樹脂の開発研究”, 東京工業大学博士論文 (2010)
5) 室井宗一, 石村秀一, “入門エポキシ樹脂”, 高分子刊行会 (1988)
6) “総説エポキ樹脂 1 巻基礎編 I”, エポキシ樹脂技術協会編, p.49-68, エポキシ樹脂技術協会 (2003)
7) N. Kinjo, M. Ogata, K. Nishi, and A. Kaneda, Advances in Polymer Science, Springer-Verlag, 88, p3-6 (1989)
8) 日経マイクロデバイス, 4 月号, 90-96 (1996)
9) 小椋一郎, 半導体封止材用材料の開発と信頼性技術, 第 1 章　第 1 節および第 2 節, p.9-14, p.64-67, 技術情報協会 (2000)
10) 石井利昭, “高機能デバイス用耐熱性高分子材料の最新技術, 第 2 章, 4, パワーデバイス実装と半導体封止材料”, p.84-92, シーエムシー出版 (2011)
11) 宝蔵寺裕之, エレクトロニクス実装学会誌, 15, 374-378 (2012)
12) Y. Nakajima *et al.*, Proceeding of 11th Symposium on “Microjoining and Assembly Technology in Electronics”, 433 (2005)
13) T. Okumura *et al.*, Proceeding of 15th Symposium on “Microjoining and Assembly Technology in Electronics”, 91 (2009)
14) 平野尚彦, 真光邦明, 奥村知巳, デンソーテクニカルレビュー, 16, 30-37 (2011)
15) 菊池正雄, 中島泰ほか, 三菱電機技報, 84, No.4, p.24 (2010)
16) 有田和郎, エレクトロニクス実装学会誌, **16**, 352-358 (2013)
17) 高木清, “プリント配線技術の動向”, プリント回路技術便覧第 3 版, エレクトロニクス実装学会, p.42-60 (2006)
18) A. Takahashi, N. Ooki, A. Nagai, H. Akahoshi, A. Mukoh, M. Wajima, IEEE Trans. CHMT. 15, 418 (1992)
19) K. Takagi, “Build-up tasohaisenngijyutu”, Nikkankogyo-shinbunsha, 10 (2000)
20) 小椋一郎, “ユビキタス時代へのエレクトロニクス材料, 第 3 編　第 14 章　エポキシ樹脂の高性能化”, シーエムシー出版, p.155-165 (2003)
21) 高木清, “エレクトロニクス実装用高機能性基板材料, 序論第 1 章プリント配線板および技術動向”, シーエムシー出版 (2005)
22) 中村正志, 辻隆行, 橋本羊一など, 松下電工技報 2 月号, p.60-65 (2004)
23) 日経マイクロデバイス, 11 月号, 64-71 (2002)
24) 有田和郎, 小椋一郎, ネットワークポリマー, 30, 192-199 (2009)
25) DIC, US8729192 B2
26) DIC, 特許第 4285491 号
27) DIC, 特許第 4259536 号

28） 石油産業活性化センター，特開平5-178982
29） J. G. Handique, J. B. Baruah, Journal of Molecular Catalysis A: Chemical , 172, 19-23 (2001)
30） 日立製作所，特開平7-10966号公報
31） 住友ベークライト，特開2005-191069号公報
32） K. Takeda, 9th Recent Advances in Flame Retardancy of Polymeric Materials, 205 (1998)
33） 小椋一郎，今田知之，高橋芳行，ネットワークポリマー，24, 206-215 (2003)
34） DIC, 特許第03826322号
35） 竹内寛，有田和郎，“第59回ネットワークポリマー講演討論会講演要旨集” (2009)

第Ⅱ編　機能性封止材

第3章　封止材用途におけるフィラー

中島信哉*

1　はじめに

半導体の封止技術（パッケージング）とは，部品や半導体チップを保護し，その性能をフルに引き出し，高速で高信頼性の製品を低コストで製品化するための技術全般を意味する。一般に「パッケージ」とは外囲器を意味し，「パッケージング」とは「実装」つまり部品の基板等への装着および接続をも含む概念である。

1950年代に製品化されたダイオードやトランジスタのパッケージには金属やガラス，セラミックス等の無機材料を使用した機密（ガス）封止が用いられた。半導体需要が増大し，1960年代後半に低圧トランスファー・モールド方式による樹脂封止法が開発された。安価で量産性に優れるエポキシ樹脂封止材によるダイレクト封止が主流となる。1997年インテル社による“今後発売するMPU（microprocessing unit）には，高性能，低価格のために有機（オーガニック）パッケージを用いる”という発表があった。それまでのセラミクスパッケージに変わりペンティアム200 MHz頃からフィラーを配合したオーガニックパッケージが用いられるようになった。後にチップセットにも使用される。現在，ビジネスおよび技術の牽引といわれているスマートホンやタブレットのコントローラ（AP：aprication processor）も樹脂材料（封止）が用いられている。

名前こそ樹脂封止といわれているが，その主成分はフィラーである。50～90 wt%以上（技術的には95 wt%も可能）のフィラーが配合されている。めざましい電気・電子分野の技術革新と共に，封止形態や封止材に対する要求特性の変化があり，それに対応するフィラーが供給されてきた。高充填が可能で，高充填しても粘度上昇の少ない流動性の良いフィラー，微細でも使用可能な充填性および流動性を持つフィラー，および，希望のレオロジー特性に合わせたフィラー設計が必要となる。ディスクリート分野においては，シリコーン素子に変わるSiC，GaN等のパワー半導体素子の使用が提案され，これに対応できる耐熱および放熱性封止材に配合するフィラーのニーズが高まっている。また，新規のパッケージ組み立てプロセスに合わせたフィラーの開発が求めれている。

*　Shinya Nakajima　㈱龍森　先端材料研究エレクトロニクス実装フィラーグループ
開発研究情報部長　執行役員

2　封止材用フィラーの種類

封止材用フィラーに要求される性質に，次の条件が上げられる。

① 電気絶縁，耐水性（吸湿，溶出イオンが少ない）に優れる。熱膨張率が低い，熱伝導が良い。

② 封止材成型時の流動性が良く硬化を阻害しない。

③ α線を放出する成分（たとえばU，Th）が少ない。

④ 安価で供給安定（調達が容易）。

これらをすべて満足するフィラーは存在しない。そこで，いくつかの素材（シリカ，アルミナ，窒化アルミ等）のフィラーを目的により使い分けている。封止材用として使用されているフィラーのほとんどがシリカである。鉱物資源の中でシリカ（二酸化ケイ素）は多量に存在し，クラーク数で約60%を占めるが，そのほとんどがケイ酸塩化合物として存在する。従って，電気特性に優れ，高純度で安定供給が可能な原産地は少ない。インド，ブラジル，中国等の主要原産国がある中で，多くがインド，またその付近の物を原料として用いている。

シリカは結晶状態によりα石英から成る「結晶性シリカ」とアモルファスの「溶融シリカ」が有り（図1），原料にそれぞれ「水晶（ケイ石）」「石英ガラス」を用いることにより作り分けている。形状による分類は，「破砕型」図2と「球状型」図3がある。「破砕型」は原料を破砕法で製造される。「球状型」は，破砕型フィラーを熱で溶かす球状化法，またはテトラエトキシシランや四塩化ケイ素を原料とする合成法により製造される。さらにα線を放出する元素，ウラン（U），トリウム（Th）の含有量を低減したシリカがある。

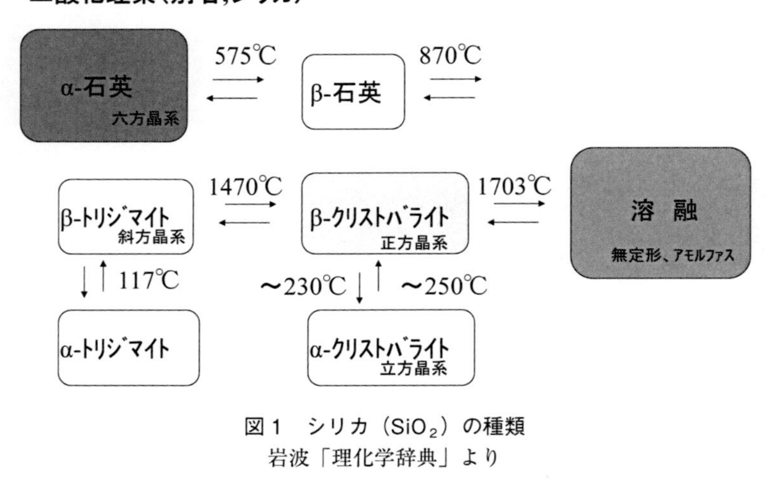

図1　シリカ（SiO_2）の種類
岩波「理化学辞典」より

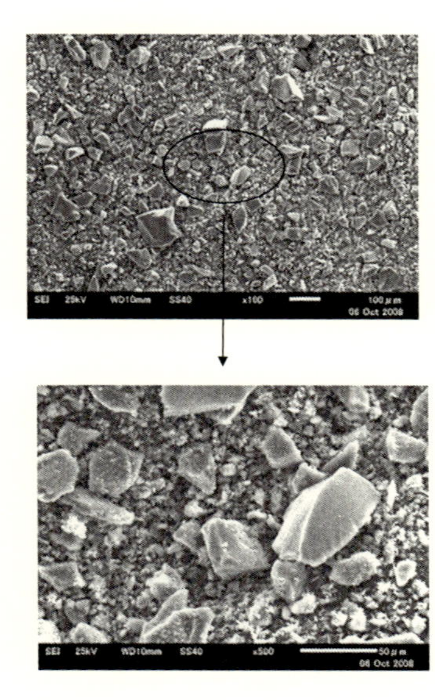

高純度合成石英球状

MSV-25

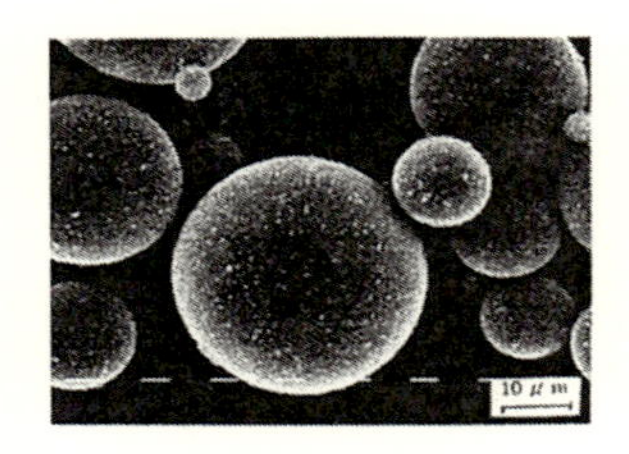

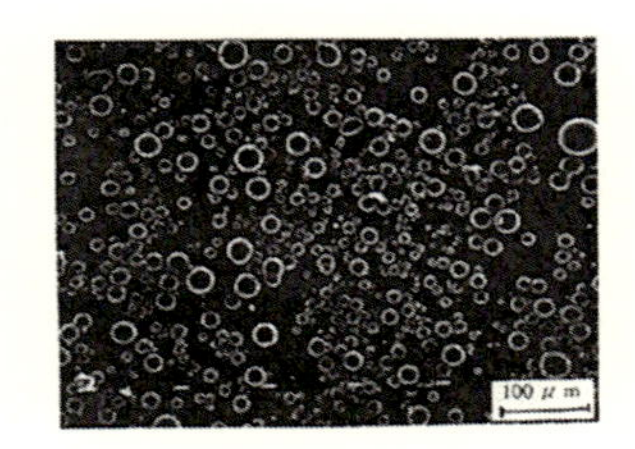

図2　Angular Silica Filler

図3　球状シリカ

3　フィラーの特性と用途

図4に，フィラーとして用いられる素材の特性を示す。熱膨張係数の小さな溶融シリカフィラーを封止材に使用する場合が多い。球状シリカは素材としては溶融シリカと同じである。結晶性シリカフィラーは熱伝導率が高く，発熱量が多いパワーICやバイポーラ素子の封止に適する。車載等に使用され，より高出力のパワー半導体封止には，シリカ以外の熱伝導に優れるフィラーの使用が試みられている。また，メモリー（DRAM）やMPUには，α線によるソフトエラーに対応するためU，Th含有量を低減（1〜0.1 ppb以下）したフィラーが用いられる。

4　封止（パッケージ）の機能，形態とその変遷

パッケージの機能は，電気的接続，チップの保護，熱放散，および実装の4つがある（図5)。金属や無機材料（ガラス，セラミックス）に変わり，トランスファー・モールド方式によるエポキシ樹脂封止が主流となる。樹脂封止タイプ（プラスチック・パッケージ）の構造を図5に示す。半導体パッケージの形態変化（図6，7，8）は小型化の一途をたどる。

5　半導体封止用フィラーのニーズ

封止材の組成と，その使用目的を図9に示す。リード挿入からBGA等の表面実装型への実装

	Fused silica	Crystalline silica (α-Quartz)	Alumina	Boron Nitride	Magnesia	Aluminum Nitride	Diamond
Density (g/cm³)	2.2	2.7	4.0	2.1*1 3.5*2	3.4	3.3	3.5
Thermal conductivity (W/m·K)	1.5 (400K)	⊥:5 // :8 (400K)	26 (400K)	17-29*1 1300*2	42	60〜270	652 (400K)
Linear expansion (ppm·K⁻¹)	0.5	⊥:12 // :7	8	0.8-7.5*1 5.6*2	12〜13		1.3
New Mohs hardness	7	8 (old Mohs:7)	12 (old Mohs:9)	2*1			15 (10)
Melting point (℃)	1610	1610	2050	2967	3400	2200	-
Refraction index [550〜650nm]	1.459	n_o:1.553 n_e :1.544	n_o:1.768 n_e :1.760				2.420

* Chronological Scientific Tables: Maruzen Co., Ltd.
The Chemical Handbook: Maruzen Co., Ltd.

*1 Hexagonal
*2 Cubic

図4 Filler Properties

図 パッケージ機能

パッケージの機能は，(1)電気的接続，(2)チップ保護，(3)熱放射，実験の4つがある。

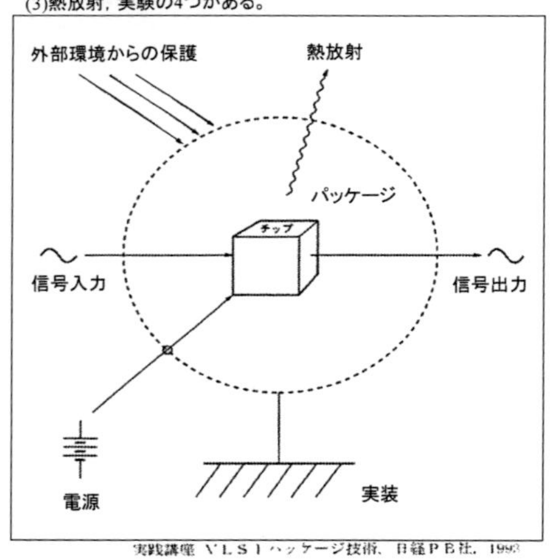

実践講座 VLSIパッケージ技術，日経PB社，1993

図 プラスチック・パッケージの構造図

トランスファ・モールド・タイプとしてSOP(Small Outling Package)を例にとり，その内部構造を示したものである。

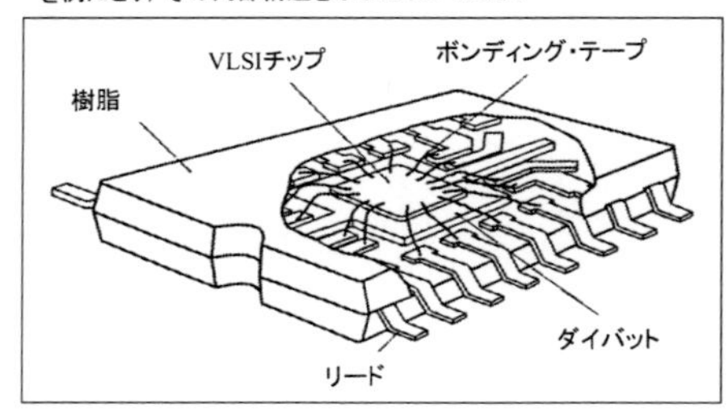

図 サーパックの構造図

ガラス・シール・タイプ・パッケージとして，サーパックを例にとった。(1)は，構成部品と材料。(2)は，封止後の内部構造を断面図で示したものである。

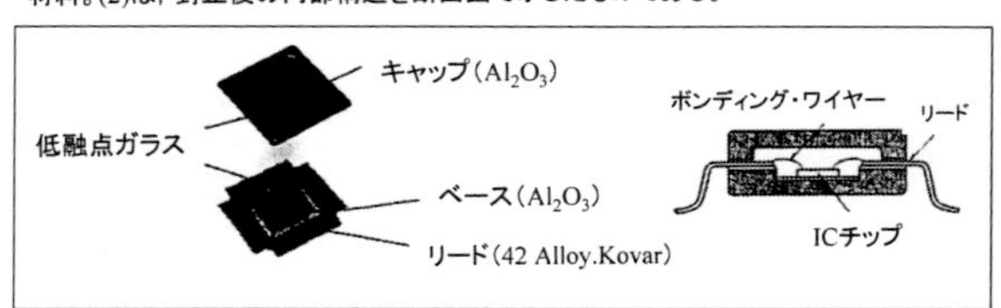

実践講座 VLSIパッケージ技術，日経PB社，1993

図5 電子絶縁材の機能，パッケージの構造

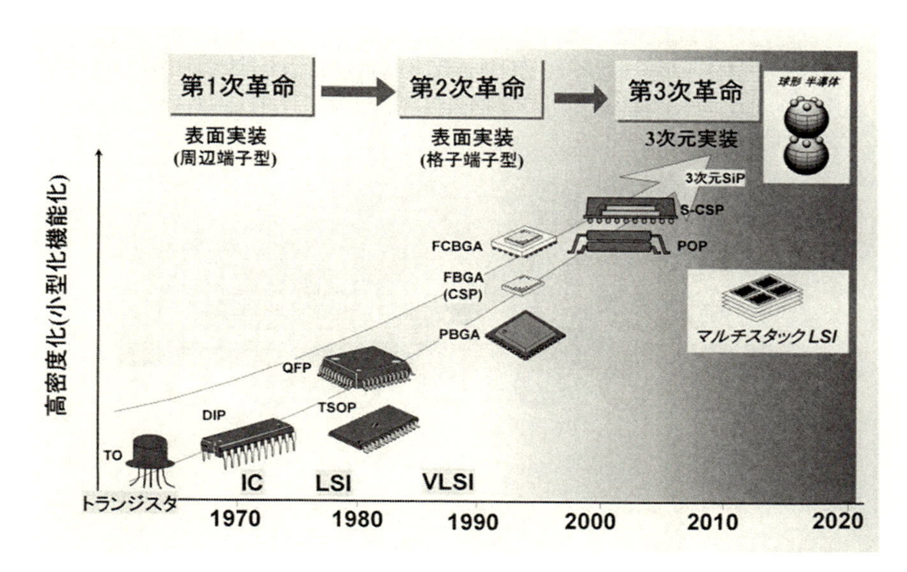

図６　パッケージの変遷（Package Roadmap）
Japan Jisso technology Roadmap 2005, 121

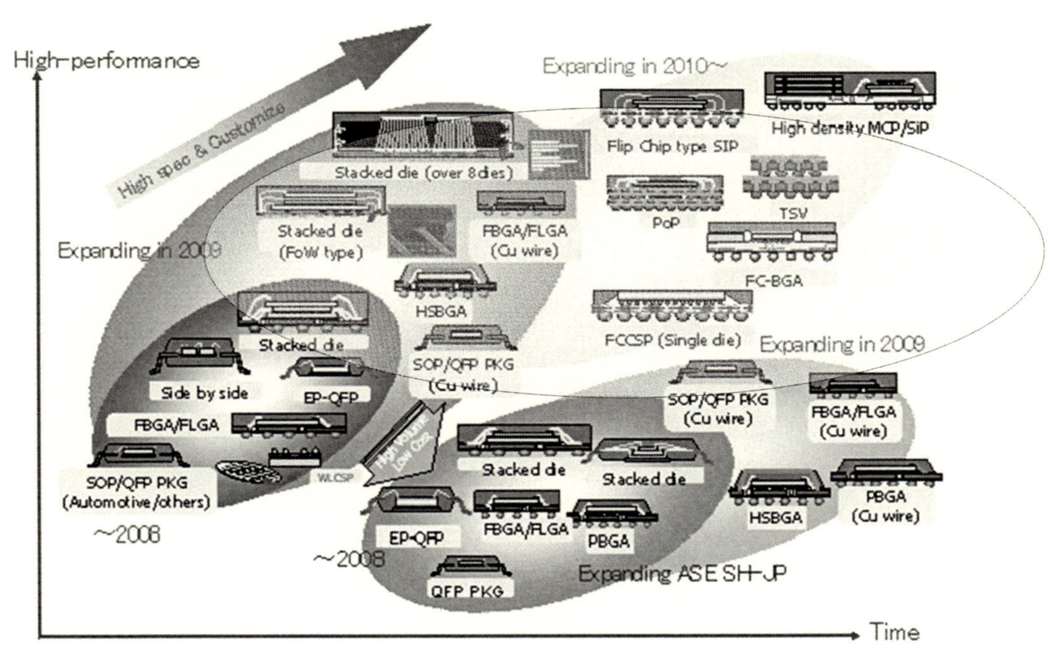

図７　Package Roadmap
ASE Japan, HP

方法の変化，また鉛を使用しない環境対応型はんだ（鉛を含む共晶はんだより融点が20～30℃以上高く，封止材の温度は約260℃以上になる場合がある）の使用により，実装温度がより高温

ICパッケージは新タイプが登場
（QFP、BGA、CSPの構造比較）

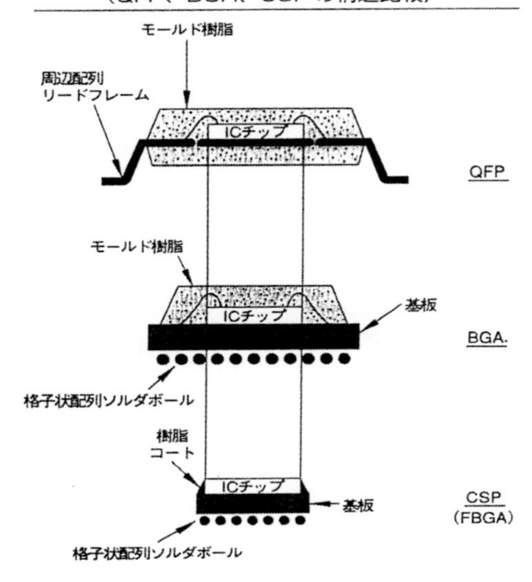

図８　パッケージの変遷

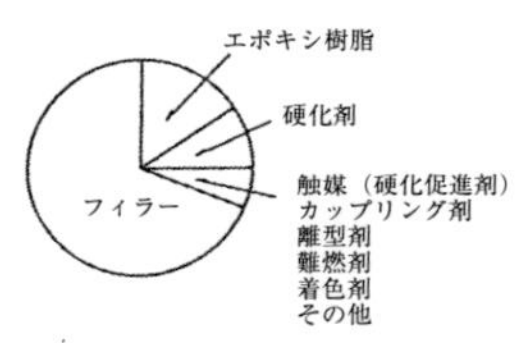

図　エポキシ樹脂封止材の組成

表　エポキシ樹脂封止材の組成とその使用目的

素材	化合物名	使用目的	配合量（重量部）
エポキシ樹脂	ビスフェノールA型エポキシ樹脂 フェノールノボラック型エポキシ樹脂 クレゾールノボラック型エポキシ樹脂 臭素化ビスフェノールA型エポキシ樹脂 臭素化フェノールノボラック型エポキシ樹脂	電気，機械，熱的性質等の基本特性の付与 （臭素化エポキシ樹脂は難燃性も付与）	15～40
硬化剤	アミノ類 酸無水物類 フェノールノボラック樹脂		
硬化促進剤	含窒素化合物類 ホスフィン類 オニウム塩類	硬化反応の促進	<1
可撓化剤	シリコーンオイル，ゴム ポリブタジエンゴム	レジンの弾性率，熱膨張係数の低減	<5
充填剤	溶融シリカ，結晶性シリカ アルミナ	レジンの熱膨張係数，熱伝導率，機械強度等の調整	60～85
カップリング剤	エポキシシラン，アミノシラン，チタネート アルミキレート，ジルコアルミネート	樹脂～充填剤間の濡れ性，接着性の向上	<1
難燃助剤	三酸化アンチモン	難燃性の付与	<1
着色剤	カーボンブラック，染料	着色	<1
離型剤	ワックス類	成形品に対する離型性の付与	<1

高密度実装技術　Vol.3　1996
最新VLSI用パッケージ樹脂封止材の開発動向とその評価
～'96VLSIパッケージ・テクノロジー・フォーラム～
1996年9月19日　発行　　株式会社産業科学システムズ

図９　封止材の組成とその使用目的

となった。それに伴い封止材をより低吸湿と低応力化する必要があり，低吸湿化はフィラーを高充填することで対応された。

半導体デバイスは，熱膨張係数の異なる材料が集まり成り立っている（図10）。このため熱による内部応力が生じ，断線やパッケージの亀裂（パッケージクラック）の原因となる。微量の吸湿した水分が実装時の温度で膨張（気化）しポップコーンがはじけるようにクラックが生じると考えられることから“ポップコーン現象”と名付けられた。内部応力の値はHookeの法則に従った計算式（式1）により求めることができる。

この式から低応力化は，

a)　フィラーを高充填し封止材と半導体素子との熱膨張差を少なくする。

b)　樹脂の改質によりその弾性率を下げる（低応力剤の添加含む）。

により対応が可能であることがわかる。

実装方式	挿入実装	表面実装		
	はんだディップ	VPS	赤外線リフロー	はんだディップ
模式図	基板　素子　はんだ	高沸点触媒		はんだ
パッケージ温度	50°C	215°C	240°C	260°C

図6　実装方式の進展とパッケージ内部温度[5]

表2　樹脂封止型半導体パッケージの信頼性試験条件

試験項目	内　容
耐湿性	1. プレシャクッカーテスト（PCT） 121℃　100%RH　200～500hr
	2. 85℃　85%RH　逆バイアス印加1,000hr
耐熱衝撃性	1. 150～－65℃　気相　各30min 500～1,000サイクル
	2. 150～－196℃　液相　各2min 相対比較サイクル
耐熱性	1. 125℃　逆バイアス印加1,000hr
	2. 150℃　500～1,000hr
はんだ耐熱性	1. 85℃　85%RH　24hr以上 ↓ はんだリフロー（215℃　90sec）
	2. 85℃　85%RH　24hr以上 ↓ はんだリフロー（215℃　90sec） ↓ PCT（121℃　100%RH）200hr

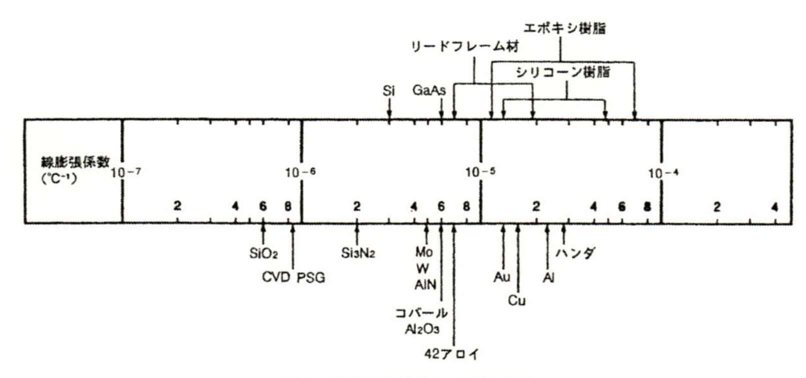

図7　半導体構成材料の熱膨張係数

図10　電子絶縁材の機能，パッケージの構造（熱膨張率と信頼性試験）
機能性フィラー総覧，フィラー研究会編，2000.

$$\sigma(t)=\int_{t}^{T_g} E(t)\times\{\alpha_r(t)-\alpha_s(t)\}dt$$

$\sigma(t)$：温度 t における応力，T_g：ガラス転移点

$E(t)$：温度 t における封止材の弾性率

$\alpha_r(t)$：温度 t における封止材の熱膨張係数

$\alpha_s(t)$：温度 t における半導体素子の熱膨張係数

式　1

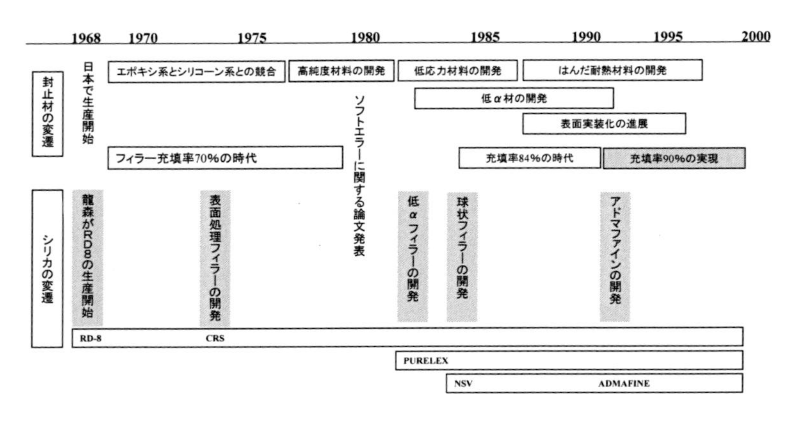

図 11　封止材とシリカの変遷

6　封止材とシリカの変遷

封止材とシリカの変遷を図 11 に示す。1960 年代に破砕型溶融シリカ RD-8 を使用したエポキシ樹脂封止材が上市された。フィラー充填率 70 wt%の時代，“低 α 線フィラー”の開発によるメモリー（DRAM）のダイレクトモールドへの対応，“球状フィラーの開発”による充填率 84 wt%時代を経て，微細球状フィラーを用いたハイブリットフィラーによる充填率 90 wt%台に至る。技術的には 95 wt%の充填も可能となっている。2000 年以降，微細フィラーの場合を除いて充填率を増やす技術はほぼ確立された。現在では，液状封止材（常温で液状の封止材）でも，シリカ充填率 90 wt%を超える商品が上市されるようになった。

7　微細球状フィラーの充填効果

図 12 に微細球状フィラー（アドマファイン SO-C2）の粒度分布と SEM 観察結果を示す。添加量（全フィラー分率を固定し微細球状フィラーを置換した量）と封止材の曲げ強度，およびスパイラルフロー（成型時の流動性の指標）の関係を示す。同フィラーを少量添加することにより機械的性質に影響を与えることなく流動性を向上させることが可能である事を示す。このフィラーは高機能の封止材を開発する上で，欠く事のできない重要なものである。この技術は，液状封止や他の樹脂系でも同様の効果が得られ，フィラー充填系複合材料の重要な技術となっている。

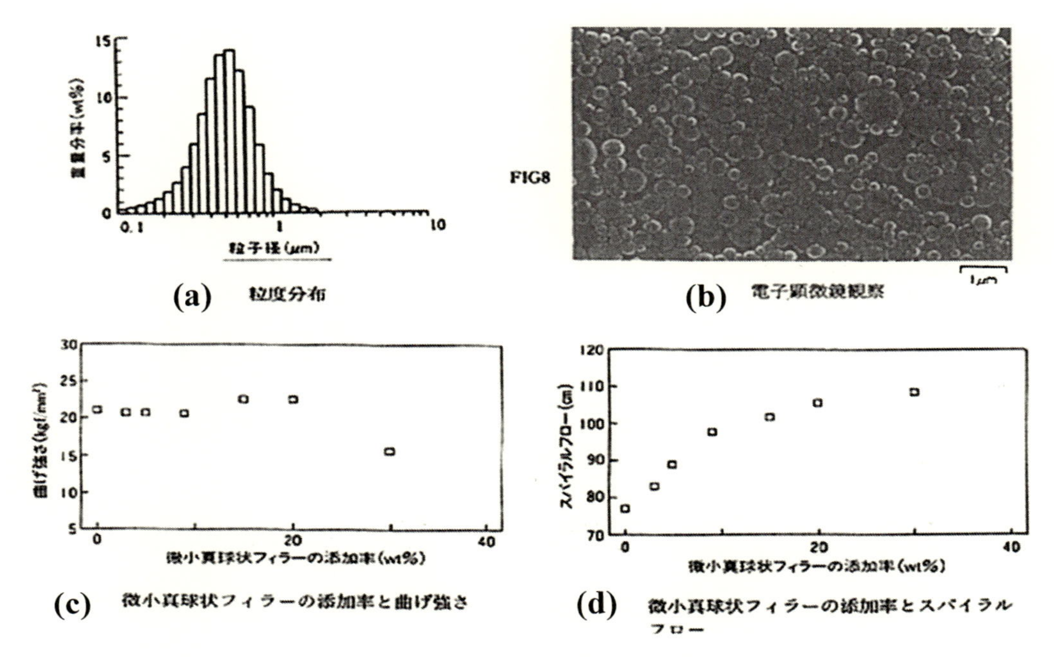

図12　微少球状フィラーの添加効果

フィラー形状　　平均径25μm品の75－45μm のSEM写真の比較

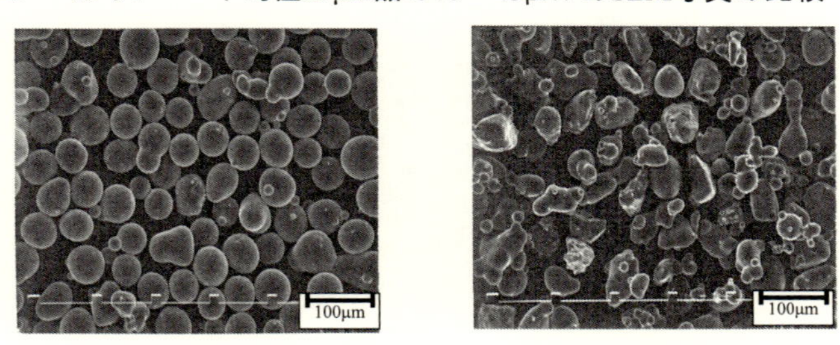

龍森品　真円度 **0.83**　　他社品　真円度 **0.64**

龍森の製造方法

球形度が良い　**残存結晶が少ない**

図13　流動性コントロール

8　フィラー流動特性のデザイン

封止材（コンパウンド）は，フィラーの「形状」,「大きさとその分布」,「表面」等を調整することにより，流動特性をコントロールすることができる。

球状性（真円度）：封止材の流動性に大きく影響する。図13に一例のSEM観察を示す。

粒度分布　　例　MSS-6の流動特性調整

品名	平均径 (μm)	100%径 (μm)	SSA (m²/g)
MSS-6	5.0～6.0	24	0.7～1.2

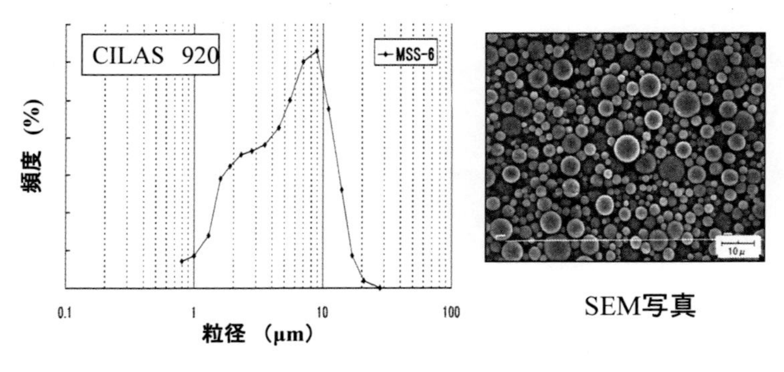

図14　流動性コントロール

粒度分布　　例　MSS-6流動特性の調整

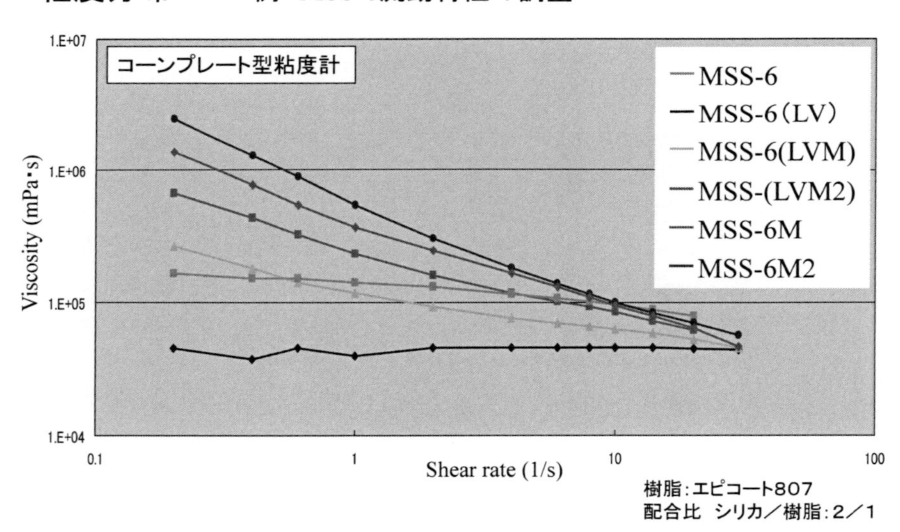

図15　流動性コントロール

粒度分布：図14に実験に供した基本となるシリカフィラーを示す（粒径，分布，SEM観察等）。このフィラーを元に粒度分布を調整すると，図15，16に示す流動特性の結果が得られる。この図は，見かけの粘度（縦軸）のせん断速度（横軸）依存性を整理したものである。一般に最下部に示した結果のような，低粘度でずり速度依存性が少ないフィラーが好まれる。

コンパウンドの形状保持性が必要の場合，図中の左上がりの結果が好ましい。特に見かけの粘度が，高せん断速度で低く，低せん断速度で高い物が，作業時に低粘度で扱いやすくかつ形状

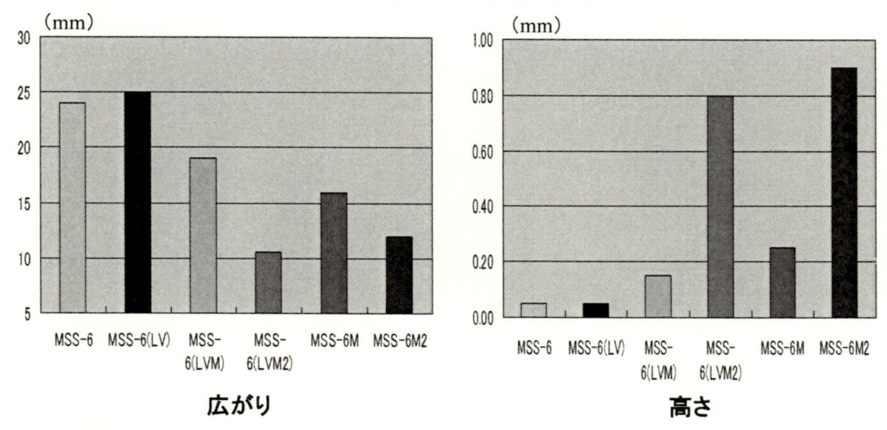

図16　流動性コントロール

を保持するコンパウンドとなり好ましい。数10 nmの微細フィラーを配合することにより，チキソインデックスを大きくし「ダレ止め」をする場合が多いが，その場合，粘度が高くなり作業性を損なう場合が多く好ましくない。

表面：フィラー表面をシランカップリング剤等で修飾する事で，分散性，流動性を調整する事は重要となる。用途と樹脂系に合わせたフィラー表面の設計をする事が好ましい。封止剤の信頼特性（特に吸水時の特性）も改善する。

9　狭部（狭ギャップ）充填性

封止材の成形性で，特にパッケージ狭部（ワイヤ間，素子の上下等）の充填性が需要となる。MAP（マルチアレイパッケージ）成型を例に，フィラーの設計とその素子上部のボイド（未充填）対策の例を示す。

ボイドの発生の機構を示す（図17，18）。封止材は金型内の流れやすい部分が先に流れ，流れにくい狭部にボイドが残りやすい事がわかる。図19に金型内の観察可能な装置（可視化装置）を用い，フィラーと発生するボイドの関係を示した。その結果から，①充填する厚みに対応した最大粒径の調整，かつ②前述のような適正な流動特性の調整，が重要であることがわかる。

10　銅ワイヤーの対応

価格低減の目的で，金線を用いていた半導体素子との接続に，銅線が多用されるようになった。

MAP technology -Void

巻き込みボイド発生機構

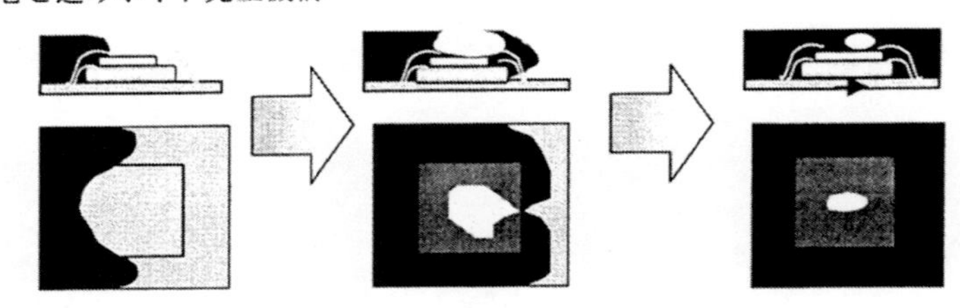

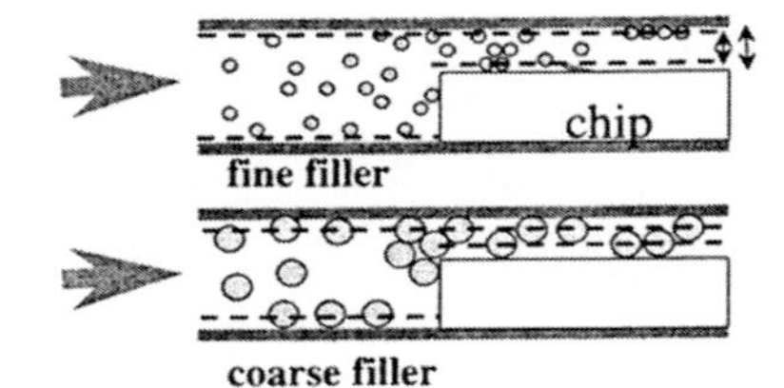

HC-100XG-BM pitting trial with filler size

	1	2	3
Filler Type	A	B	C
av. / μm	25	23	17
max. / μm	100	77	51
Cut Point	74un	64um	45um
Pitting Void# / PKG	4/9	4/9	0/9

*) PKG : TF-BGA(50x50x0.7mm cavity)
Chip (10x10x0.5mm)
Chip layout : 9chip/cavity

図 17　MAP Mold-void
Shinya Akizuki, 29nd technology seminar by The Japan Society of Epoxy Resin Technology, 40, (2005)

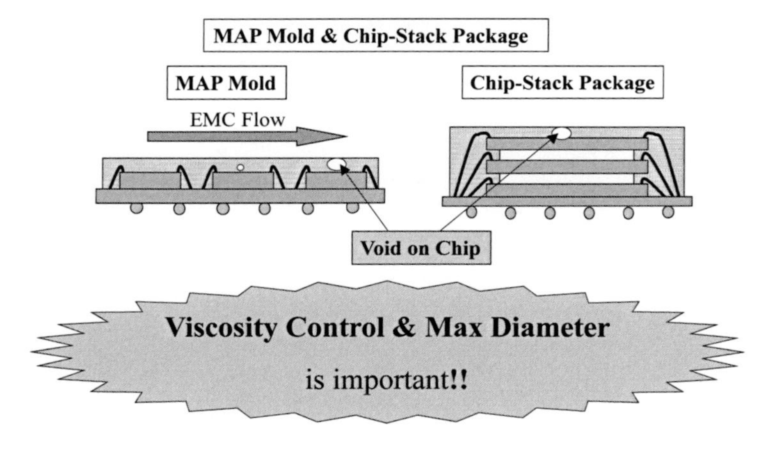

図 18　MAP Mold-void

金線使用の場合に比べ溶出イオンの量が接続信頼性に影響する事がわかり，フィラー中のイオン性不純物をより低濃度に管理する必要が生じた。特に Na，Cl 等の管理が必要となる。

Visualization of Molding

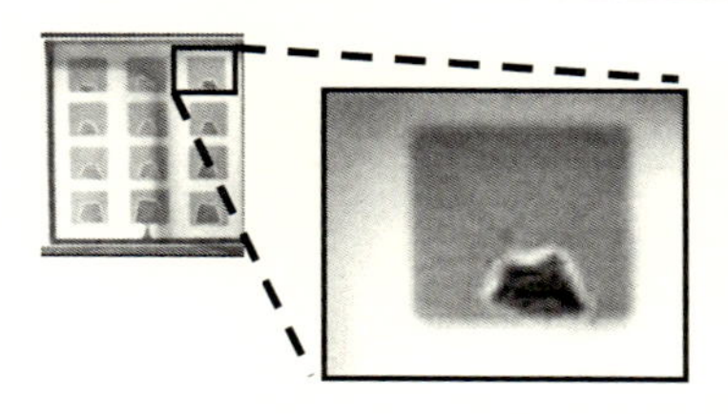
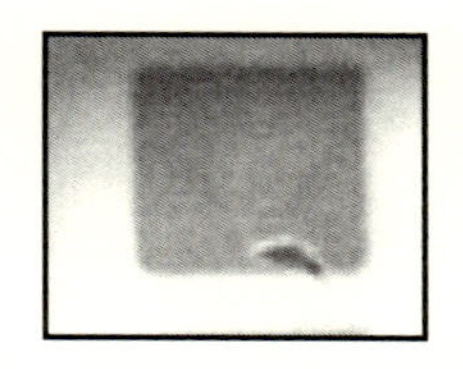
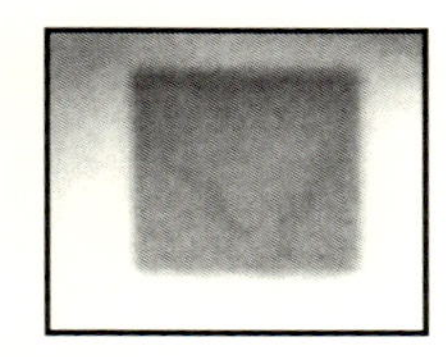

Fig-4. Void on Chip (at Finishing Flow)

	Filler A	Filler B	Filler C
Spiral Flow	125cm	126cm	127cm
Max Diameter	75um	53um	53um
Viscosity Control	◎	○	◎

Mold type : MAPBGA
Chips size : 8*8mm , Chip Height : 0.93mm , Cavity Height : 1.06mm , Gap over Chip : 0.13mm
Filler Content : 88wt% , Temperature : 175℃ , preheat : 10s , Filling : 5s

図19　MAP Mold-void

11　最近の研究開発動向と今後の課題

トランスファーモールド方式を用いるパッケージは，半導体パッケージを生産性（歩留まり）良くするために，高流動で成形性の良い封止材が必要となる。前述のように，フィラーの形状（球状化度）や粒度分布などが封止材の成形性や信頼性に直接影響を与える。従ってコストを抑え量産性を確保し，安定した品質でフィラーを製造する事が重要であると考えられる。半導体パッケージはさらなる小型薄型化が要求されている（図6，7）。以下に新しいパッケージ形態に対応するフィラーの紹介と今後の課題について述べる。

12　フリップチップパッケージ用アンダーフィル

12.1　CUF（capillary underfill，液状アンダーフィル）

図20に基板上にフリップチップ実装した素子にCUFで封止した図を示す。アンダーフィルの場合，基板と素子の間隙の1/2～1/3以下のフィラーを用いる事が望ましい。従ってそれ以上の大きさの粒子を極力取り去ることが必要である。なおかつ，CUFに最適な流動特性の設計が必要となる。CUF開発初期に使用されたフィラー（図21）とその流動特性（図22）を示す。

現在，はんだバンプを用いたC4（controlled collapse chip connection）プロセスが多く用いられており，その基板と素子の間隙は50～70 μmである。今後は，基板と素子の間隙は50，30 μmへと狭くなる。バンプ（接合子）もはんだから微細化可能なカッパーピラー（銅メッキピラー）

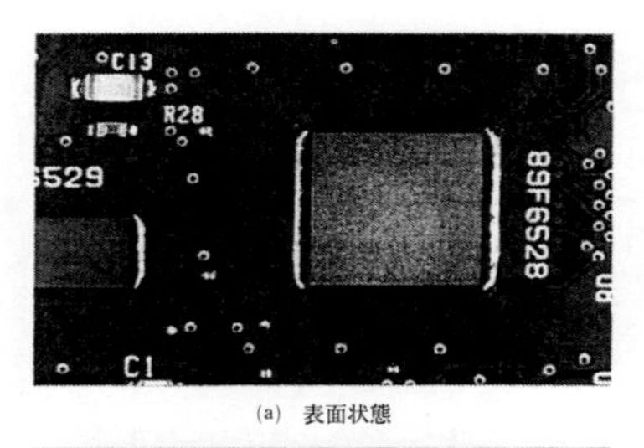

(a) 表面状態

(b) 断面図

図 SLC 基板を用いたフリップチップボンディングの例

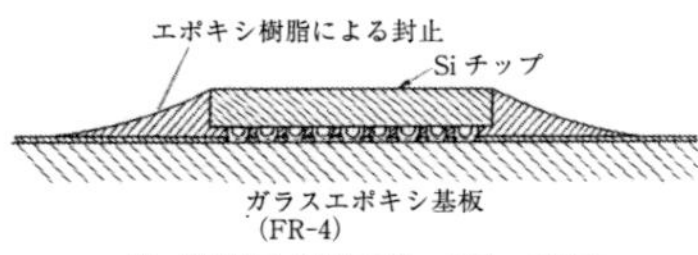

図 樹脂封止されたフリップチップ接合

エレクトロニクス実装技術基礎講座，㈱工業調査会（1994）

図 20

項目＼製品	PLV-6	PLV-4	TFC-24	TFC-12	USV-10	USV-5
最大粒径（μm）	24	12	24	12	24	12
平均径（μm）	5.0	3.5	8.0	3.9	8.0	3.5
電気伝導度（μS/cm）	1.6	2.0	2.1	2.2	1.8	1.9
pH	5.4		5.2		5.2	
比重（g/cm^3）	2.21		2.21		2.21	
熱膨張率	5.5×10^{-7}		5.5×10^{-7}		5.5×10^{-7}	
SiO_2純度（%）	99.9		99.9		99.9	
比表面積（m^2/g）	3.0	4.4	1.9	2.9	1.6	1.8

図 21　液状樹脂封止用フィラー

が用いられるようになり，間隙が狭くなる。従って，最大粒径約 3 μm で充填性，流動性に優れるフィラーが開発されている。

12. 2　MUF（mold underfill）

スマートホン等に使用されるコントローラ（AP：application processor）等は，大量に低価格でパッケージをする必要がある。信頼性に優れ短時間で封止が可能な MUF が使用されるように

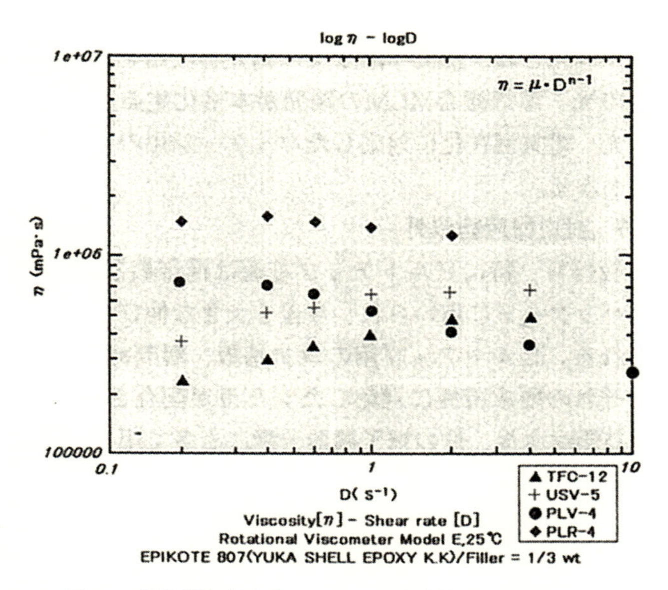

図22　液状樹脂封止用フィラーの流動性のコントロール

なった。フィラーは，流動性，成形性の対応のため，現在は最大粒径約20 μmの初期のCUF用フィラー初期に似た物が使用されている。今後は，最大粒径10，または5 μmと小さなフィラーが使用される物と考えられている。

大量に生産されるフリップチップパッケージにはMUFが積極的に使用される。微細な構造がありMUFでは封止できない，または，少量生産の場合，CUFが使用される物と考える。ハイスピードが要求されるグラフィック用DRAMには，MUFが使用されるようになった。

13　コンプレッションモールド（圧縮成型）

液状，顆粒（グラニュール），またはシート状の封止材を使用し，押しつぶす方法で成型，封止する。通常の封止方法（トランスファーモールド）で，横から充填する方法では対応が難しい場合に用いられる。たとえばワイヤーが細くかつ長く，ワイヤースイープ（金ワイヤーのなぎ倒し）が問題になる場合と薄いパッケージを大量に一括で成型する場合である。多数の素子が入った300 mmφ，縦横600×600mmの大きさを一括で成型，封止する場合に提案されている。場合によりフリップチップのアンダーフィル部も一遍に充填する方法も提案されている。今後多用されると考えられるFO（ファンアウト）タイプのパッケージに有効な方法である。素子積層タイプのフラッシュメモリーには53 μmカットを使用。アンダーフィル部がある場合は20，または10 μmカットフィラーが使用される場合がある。

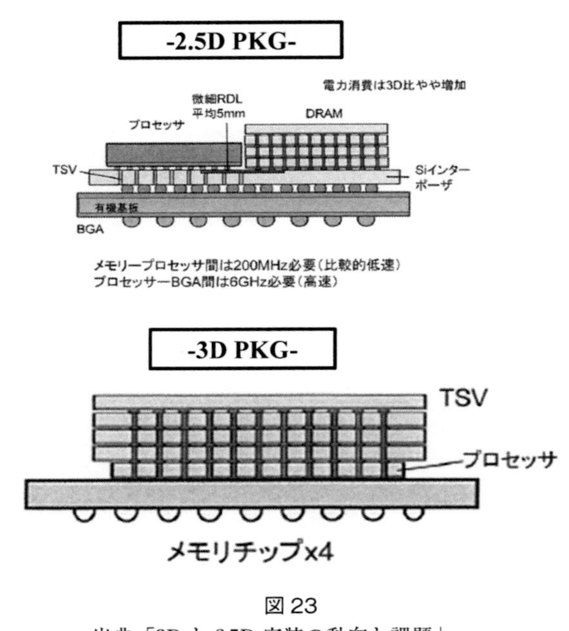

図23
出典「3D と 2.5D 実装の動向と課題」,
長野実装フォーラム傳田精一，2014.1.17 at Big Site

14 高熱伝導用フィラー

封止材に充填するフィラーは，その多くがシリカ（結晶性，溶融［破砕，球状］）であるが，素子からの発熱量が多い場合，図4に示す素材を使用する事が有効の場合がある。特に，SiC，GaN等を使用するパワー半導体（自動車用：HV，EV，PCV），また，前記APで高速動作する場合には，放熱の目的で熱伝導に優れる素材のフィラーを使用する。素材の特徴を考慮しフィラーを設計する必要がある。特に水と反応しやすい窒化アルミニウム等の素材は対策が必要となる。

15 異方性導電フィルム / ペースト用フィラー

この技術は，基板と素子の接合と封止を同時に行う物である。硬化したフィルム（ペースト）に封止材と同等の信頼性を求める場合，配合されている導電粒子より小さなフィラーを用いる必要がある。導電性粒子の大きさは，数 μm 前半の場合が多く，そこに配合する絶縁フィラーは約1 μm の物が必要となる。

16 封止材用途以外

基板材料は，ガラエポ板と呼ばれるように，FR-4の場合「E-ガラスクロス＋エポキシ」が使用されている。XY方向の熱膨張係数は配線の銅［17（ppm)］に調整されている。その熱膨張係数をさらに低減する場合，そこに微細シリカフィラーを配合する。ガラスクロスの材質を変更しフィラーを充填した基板材料はSiの半導体素子（3～4 ppm）と同等に調整された物もある。

ビルドアップパッケージ用層間絶縁材，ソルダーレジスト，スルホールプラグ（穴埋材），等も，それぞれ専用に開発されたフィラーを充填し使用目的に合わせた物性に調整し使用されている。

17　3D（2.5D）パッケージ

図23にTSV（Through silicon via，シリコーン貫通電極）を用いた3D（2.5D）パッケージの模式図を示す。ワイドI/O（Wide　I/O）に対応し，高速，かつ少電力を実現するパッケージとして有望と考えられている。量産化には生産性（部止まり，コスト）の改善が望まれている。このパッケージの，メモリー（DRAM）部分は50 μm以下の薄い素子（チップ）をレイザー加工で貫通し積層している。素子間の間隙（10～30 μm）をシート状または液状の材料で封止する。フィラーは，5～10 μmカットで作業性に優れる，専用に設計された物が必要となる。

18　まとめ

封止材用フィラーは供給安定性と価格の面からシリカフィラーが多用されている。必要特性によりシリカフィラー（結晶性シリカ，溶融シリカ）を使い分けている。フィラーの形状，粒度分布，表面性状を制御する事によりさまざまなパッケージに対応するフィラーが供給されてきた。トランスファーモールディング方式に用いられるフィラーは，価格を抑え，粒径（近年は最大粒径）が小さくなっても使用可能な流動性を確保し，狭い間隙に侵入するフィラーを開発する努力が必要となる。

CUF等の液状封止材の場合，微細（最大粒径5～3 μm）でも70 wt%以上充填が可能で，流動性に優れ，かつ，使用方法に対応した流動特性のフィラーの開発が望まれる。封止材に高熱伝導を要求する場合，アルミナ，窒化アルミニウム等，シリカ以外の素材を使用する必要がある。素材の違いを充分考慮しフィラーを設計する必要がある。

フィラーの表面処理に関しては，新しいパッケージ形態に対応する上で大変重要な技術となる。高度な信頼性と，作業性を実現する上で不可欠な技術である。フィラーの表面処理については別の機会に述べたいと思う。

電気，電子用に用いられる素子や部品を保護するために封止材は不可欠である。封止材におけるフィラーの役割はますます重要になると考えられ，活発な研究，開発が望まれる。封止材用フィラーの技術が，歯科用材料等，他分野の複合材に応用されている。本技術が広く応用されることを強く望む物である。

第4章　カップリング剤と離型剤

中村吉伸*

1　はじめに

IC 封止エポキシ樹脂においてシランカップリング剤は，マトリックスのエポキシ樹脂とシリカ粒子との界面の接着性だけでなくリードフレームやダイパッドとの接着性の改良目的で用いられているが，成形時の金型との離型性を高めるために離型剤も同時に添加している[1~4]。本稿では，電子部品分野におけるシランカップリング剤の使用方法やその効果，および接着性と離型性を両立させるための離型剤の考え方について解説する。

本稿で使われているシランカップリング剤とその略号は以下のとおりに示す。

3–アミノプロピルメチルジエトキシシラン：APDES

3–アミノプロピルトリエトキシシラン：APTES

3–メタクリロキシプロピルメチルジメトキシシラン：MPDMS

3–メタクリロキシプロピルトリメトキシシラン：MPTMS

3–グリシドキシプロピルトリメトキシシラン：GPTMS

ビニルトリエトキシシラン：VTES

3–メルカプトプロピルメチルジメトキシシラン：MrPDMS

3–メルカプトプロピルトリメトキシシラン：MrPTMS

2　シランカップリング剤の反応性

図1には，シランカップリング剤の反応性を示した[5]。シランカップリング剤は，1分子中にアルコキシ基と有機官能基を有している。まず，アルコキシ基の加水分解反応が起こってシラノール基になり(1)，これが縮合反応によって無機表面と反応する(2)。これに対してシラン分子のシラノール基相互の重縮合反応が起こる可能性もあり，この場合シランオリゴマーが生じる(3)。有機官能基はマトリックス材料と反応し，ビニル基，グリシドキシ基，メタクリロキシ基，アミノ基，メルカプト基等がある。界面の接着性の向上の目的では，(3)の反応を抑制して(2)の反応を積極的に起こさせることが重要である。(3)が優先して起こると補強性の効果が低くなる場合がある。

図2には，宝蔵寺ら[6]による APDES の添加量を変化させて2–プロパノール溶液で湿式処理し

---

*　Yoshinobu Nakamura　大阪工業大学　工学部　応用化学科　教授

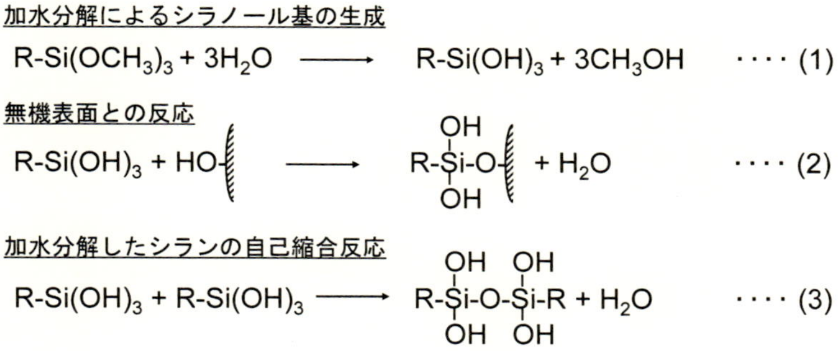

加水分解によるシラノール基の生成
R-Si(OCH3)3 + 3H2O → R-Si(OH)3 + 3CH3OH ・・・・(1)
無機表面との反応
R-Si(OH)3 + HO- → R-Si(OH)2-O- + H2O ・・・・(2)
加水分解したシランの自己縮合反応
R-Si(OH)3 + R-Si(OH)3 → R-Si(OH)2-O-Si(OH)2-R + H2O ・・・・(3)

図 1　シランカップリング剤の反応

○:シランカップリング剤
フィラー
フィラー
クラック
曲げ強度 / MPa
140
130
120
110
100
0
1
2
3
表面被覆比

図 2　シランカップリング剤による表面被覆比が曲げ強度に及ぼす影響

たシリカ粒子を充てんしたエポキシ樹脂の曲げ強度を示した。曲げ強度はシランカップリング剤処理量とともに上昇して単分子層被覆で最大値を示したが，これ以上の濃度で低下した。彼らは，シランカップリング剤処理層の単分子層とこれ以上の層の間の接着性が不十分で，ここから破壊が起こって強度が低下したとしている。つまり，単分子層は図 1 の(2)のようにシリカ粒子表面と反応しているが，2 分子層以上は(3)で生じた物理吸着分子として単分子層の上に載っていることが原因であるとしている。補強性を高めるためには，(3)を抑制して(2)のように無機表面からシラン鎖を成長させることがポイントである。

3　重縮合体の生成を抑制するためには

著者ら[7,8]は，「へき開」したマイカ片をモデル無機表面とし，重縮合体の生成を抑制してシラ

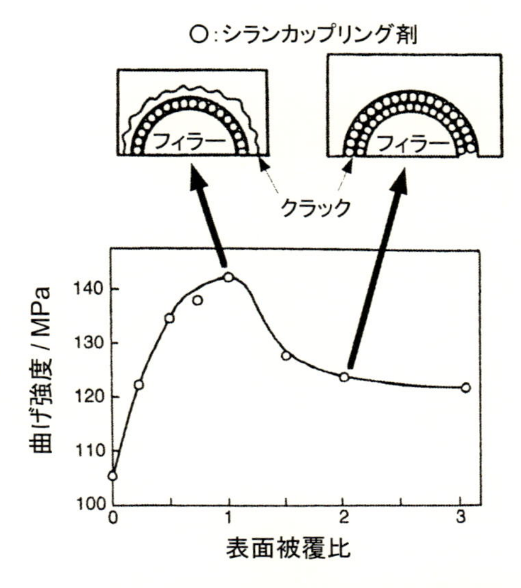

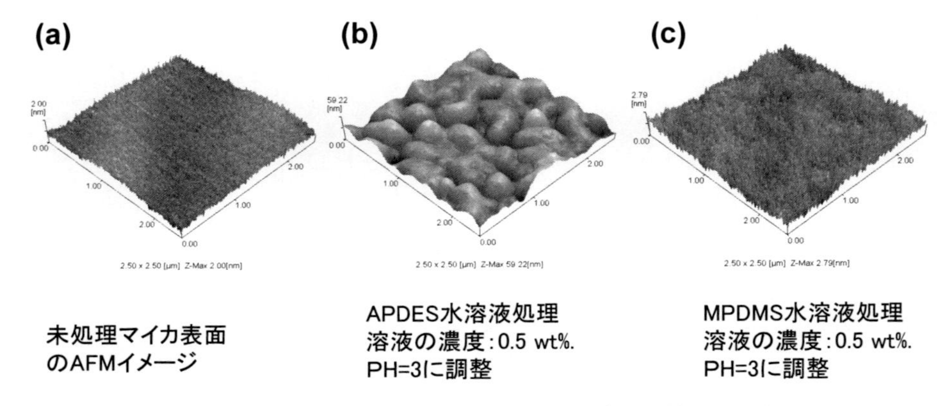

図３　AFM で観察したマイカ表面のシランカップリング剤による処理層

ン鎖を無機表面から成長させる条件について検討を行った。

図３には，(a)マイカ単独，(b) APDES 0.5 wt％水溶液処理，(c) MPDMS 0.5 wt％水溶液処理（pH＝3 に調整）の表面を原子間力顕微鏡（AFM）で観察したものである。(a)のマイカ表面が 1 nm 程度の凹凸で平滑であるのに対して(b)の処理層は凹凸が激しい。重縮合したシランカップリング剤の凝集体が載っている。(c)は均一で平滑であり，(a)の未処理表面と差がないようにみえるが，表面からシラン鎖が成長していることを確認している。(c)のような平滑な処理層を得るための処理条件を明らかにするために，アルコキシ基の数が２と３のシラン分子を用いて溶液の濃度，溶媒の種類，水溶液の場合の pH 等を変化させて検討した。その結果，次のような条件が有用であることがわかった。

①　処理時のシランカップリング剤溶液の濃度を低くする。

②　加水分解したシランカップリング剤の溶解度パラメータ（SP）と SP が近い溶媒を用いる。

③　水溶液の場合，pH を弱酸性（3 程度）に調整する。

つまり，溶液の濃度が高いほど重縮合反応が起こる確率が高くなる（①）。加水分解後のシランカップリング剤の溶媒への溶解性が低い（SP が離れている）と，溶液中でシランカップリング剤がミセルのような集合体を形成し，重縮合反応が起こりやすくなる（②）。シラノール基は pH3〜5 の弱酸性領域では安定であるが，これ以上の高 pH 領域では重縮合反応が起こりやすい（③）。したがって，水溶液で pH を弱酸性に保つことは効果が大きい。また，アルコキシ基の数は２より３の方が有利であった。分子中のシラノール基がより多いためにマイカ表面への濡れ性がより高くなるためである。

②については，以下のような Suzuki ら[9,10]の報告がある。繊維強化材料におけるガラス繊維表面でのシランカップリング剤の重縮合反応は，上述と同様の因子に依存して起こると考えてよい。しかしながら，ガラス繊維の表面にはサイジング剤とよばれる有機化合物やポリマーの薄い皮膜が通常付与されている。サイジング剤は，集束性，潤滑性などの物理的な取り扱い性の向上が目的である。工業的には，サイジング剤で処理された状態のガラス繊維の束をシランカップリ

ング剤で表面処理することも行われるので，これも含めた系でのシランカップリング剤の反応を考える必要がある。彼らは，低分子量のポリ酢酸ビニル（PVAc）をモデルサイジング剤とし，この中でビニル基（VTES）やメタクリロキシ基（MPTMS）等を有するシランカップリング剤の重縮合反応を行った。シランカップリング剤とサイジング剤の間の相互作用発現が，生成した重縮合体の構造に及ぼす影響をみようとした。そこで，PVAcなしの系で形成された重縮合体の分子量と，PVAc中で形成されたそれの比較を行った。MPTMSでは，PVAc中で形成された重縮合体の分子量がより大きく，その分布はよりブロードになった。これに対してVTESの場合は，重縮合体の分子量がより低かった。シラン分子とPVAcの相互作用をFT-IRで検討した結果，MPTMSでは水素結合の形成が確認された。

両系で重縮合体の分子量の違いが生じた原因について図4のように説明している。MPTMSとPVAcは水素結合を形成するので相溶性が高い。このために(a)のようにシラノール基が会合したミセル状の集合体を形成する。この部分で重縮合反応が起こるのでその分子量は，PVAcなしの系より大きくなる。VTESのようなPVAcとの相互作用が低い場合は，(b)のようにシランカップリング剤の疎水基が会合したミセル状の集合体を形成する。このためにシラノール基相互の重縮合反応は(a)と比較して起こりにくい。シラン分子の種類によってサイジング剤中で形成される重縮合体の上記のような違いは，サイジング剤分子とシランカップリング剤のSPの差から予測することができるという著者ら[7,8]と同様の見解を述べている。このように重縮合体の生成を抑制する条件は解明されつつある。

図5には，乾式処理によるシリカとGPTMSとの反応性を示した[11]。縦軸は処理したシリカのカーボン分析を行い，GPTMSに基づくカーボンを定量したもので，横軸は処理時に添加したGPTMSの量である。表面被覆比は，表面がGPTMSの単分子層で覆われる量を1としている。

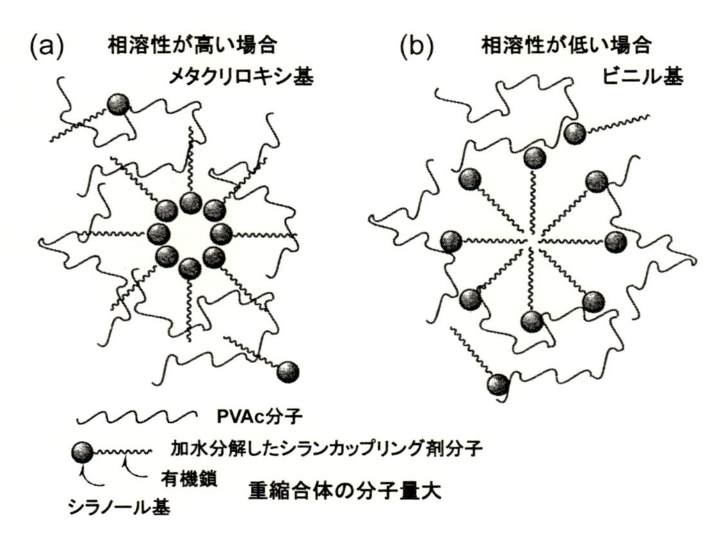

図4　PVAc中の加水分解したシランカップリング剤分子の模式図

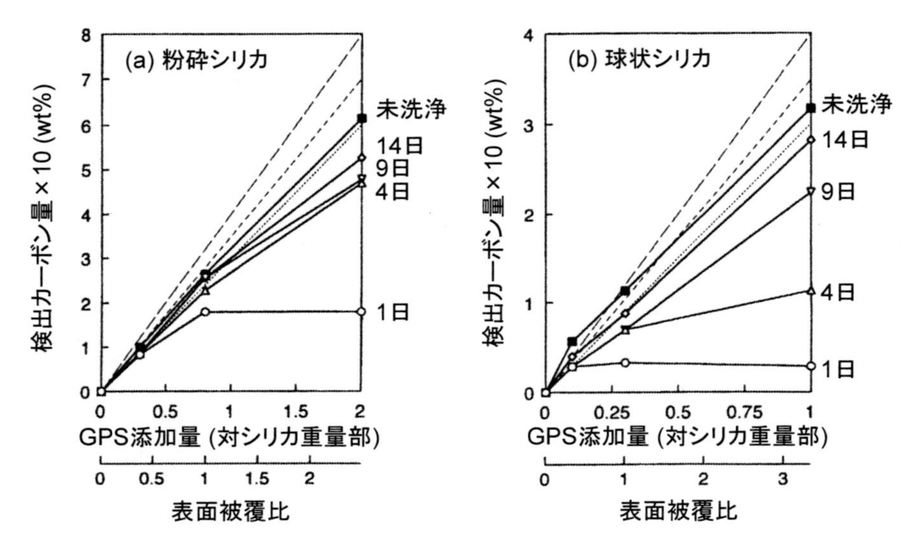

図5　乾式処理におけるシランカップリング剤とシリカ表面の反応性

3本の破線と点線は，添加したGPTMSがすべて表面に存在すると考え，アルコキシ基が加水分解して生じたシラノール基の数が1（———），2（- - - -），3（-----------）として計算したカーボン量である。処理シリカをそのまま分析したカーボン量（■）は，加水分解したアルコキシ基が2および3と考えた線の中間にあった。これをメタノールで洗浄して未反応のGPTMSを除去してからカーボン分析を行った場合，定量値はより低く，処理後の放置日数でこれが増加していることがわかる。このように加水分解と重縮合反応は粒子表面で時間とともに進行する。つまりシラン鎖が表面から成長していることを示している。以上のようなGPTMSに対してAPDESでも同様の検討を行ったが，反応性は著しく高かった。つまり，官能基も影響する。

(a)は天然のシリカ原石を粉砕して作製した不定形の非晶性シリカ粒子で，(b)はこれを高温の炎の中を通し（溶射法という），球状化したものである。放置初期では(b)の方が同じ日数で反応性がより低い。これは，溶射によってシリカ表面がより不活性になったためである。

シランカップリング剤とシリカ表面でシロキサン結合を形成させるために，100～150℃の熱処理が行われている。別途このような加熱による反応の促進も検討した。定量値は少し増加したが，添加全量よりは少なかった。加熱で一部のシランカップリング剤が反応せずに蒸発する。

4　処理方法

無機粒子の表面処理方法には，前処理法とインテグラルブレンド法がある[12)]。前処理法には，湿式法と乾式法がある。

(1)　前処理法

樹脂との混合の前に無機粒子のみを表面処理する。湿式法は，シランカップリング剤のアルコール溶液や水溶液中に無機粒子を浸漬させて表面処理を行い，その後溶媒を蒸発させる。乾式法は，シランカップリング剤を無機粒子に添加してミキサーで撹拌することによって表面処理を行う。シランカップリング剤単独ではなく少量のアルコールや水と混合して加える場合もある。溶媒の蒸発過程がないので，工業的にはこちらが多く用いられている。

(2) インテグラルブレンド法

複合材料を作る際に，樹脂，無機粒子，シランカップリング剤および他の成分を一括で混合する方法。樹脂マトリックス／粒子界面の補強だけを考えると前処理法より効果が劣ると考えられているが，シランカップリング剤による界面以外の改質効果も発現する場合もあり，簡便であるので工業的に広く行われている。

前処理法とインテグラルブレンド法の効果の比較は，これまでに検討されていなかった。著者ら[13]は，これをシリカ粒子充てんスチレン－ブタジエンゴム（SBR）の力学特性から検討した。シランカップリング剤はメルカプト基を有し，アルコキシ基の数が2と3のMrPDMSとMrPTMSを用いた。多分子層被覆の場合，アルコキシ基の数が2の場合は直鎖状の，3の場合はネットワーク状のシラン鎖が形成される。シリカ粒子上のこれらの処理層のキャラクタリゼーションをパルスNMRで行った結果，前者はフレキシブル，後者はリジッドであることを明らかにした[14]。

図6には，シリカ粒子充てんSBRの応力－歪曲線を示した。MrPDMS前処理とMrPTMSインテグラルブレンドは，ほぼ類似の応力－歪曲線を示し，破断応力，破断伸度ともに大きかった。この応力－歪曲線から，200％歪時の応力（200％モジュラス）を求めた結果，MrPDMS前処理≧MrPTMSインテグラルブレンド＞MrPTMS前処理＞MrPDMSインテグラルブレンド＞未処理の順であった。この理由を以下のように考えた。MrPDMS前処理の200％モジュラスが最も

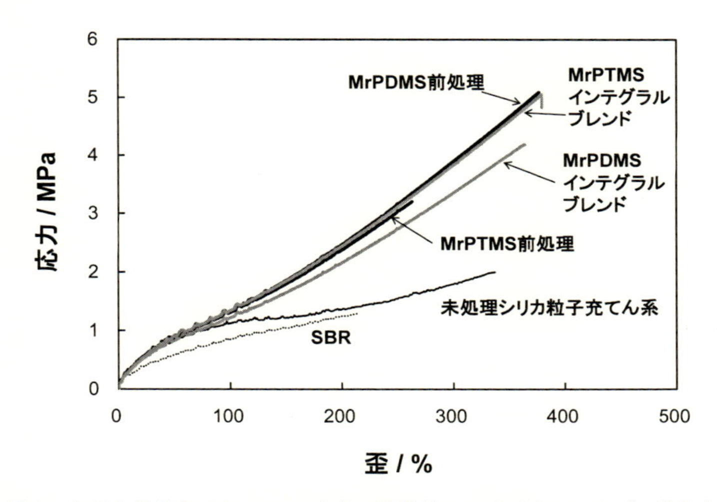

図6　シリカ粒子充てんSBRの応力ー歪曲線におよぼすメルカプト基含有シランカップリング剤の効果

高かったのは，シリカ粒子表面のシラン分子鎖が直鎖状であるため，SBR 分子鎖との絡み合いが起こりやすく，効果的に SBR 分子鎖を拘束したためである。一方，MrPTMS 前処理の 200％モジュラスが低かったのは，MrPTMS はシリカ粒子表面上のシラン分子鎖が密なネットワーク状のために，SBR 分子鎖との絡み合いが起こりにくかったためである。これに対して MrPTMS インテグラルブレンドは，MrPDMS 前処理と同等の 200％モジュラスを示した。インテグラルブレンド法では，シランカップリング剤相互の重縮合によるネットワーク形成と，SBR 分子鎖との絡み合いが同時に進行する。したがって，相互作用の大きな補強性の高い界面領域となり，高い 200％モジュラスを示したものと考えられる。MrPDMS インテグラルブレンドの 200％モジュラスが，最も低かった。MrPDMS によるシラン分子鎖はフレキシブルな直鎖状である[2,4,5]ために，前処理で十分に鎖長を成長させた方が絡み合いの効果がより高くなるためである。

以上より，メルカプト基含有シランカップリング剤の場合，アルコキシ基数 2 では前処理法で，3 ではインテグラルブレンド法でそれぞれ効果的に補強性を高めることがわかった。一般に，前処理法の方がより補強性の高い界面領域の形成に有効と思われがちであるが，インテグラルブレンド法も界面をうまく設計すると高い補強性付与が可能であることがわかった。

つぎに，前処理法およびインテグラルブレンド法によって作製した SBR コンパウンドのパルス NMR 測定を行い，分子運動性の観点からシランカップリング剤による SBR 分子鎖の拘束の効果を検討した。以下では，浦濱[15]により提案された緩和スペクトルで示した。これは，パルス NMR により得られた自由誘導減衰（FID）カーブを正規化（緩和時間 0 の FID シグナル値を一定にする）し，時間の対数で 1 次微分したものである（$H(\tau)$）。これにより種々の緩和時間を有する成分の分布が，明確に示される。

まず，加硫コンパウンドの測定を行ったが，シランカップリング剤や添加方法の違いの影響はみられなかった。シリカ粒子表面のシラン鎖による SBR 分子鎖の分子運動拘束が，SBR の加硫

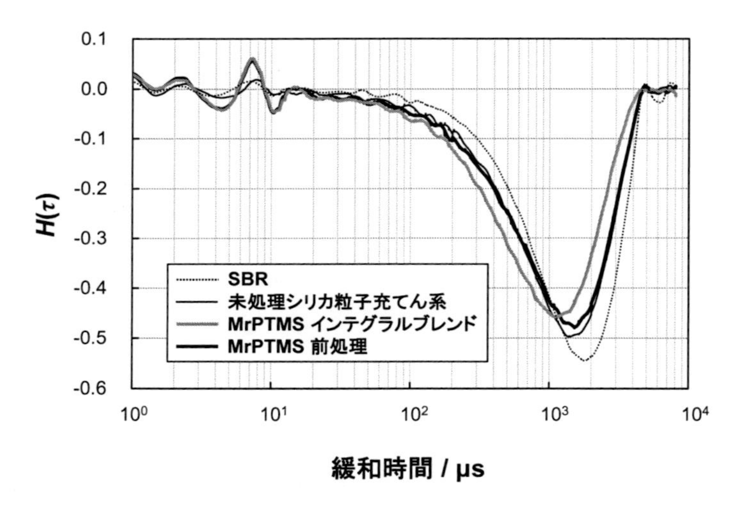

図 7　シリカ粒子充てん未加硫 SBR のパルス NMR による緩和スペクトル

による影響に隠れてしまったためである。そこで，未加硫コンパウンドで検討を行った。図7には，MrPTMS添加系の緩和スペクトルを示した。MrPTMS添加系では，前処理よりもインテグラルブレンドのピークがより短時間側にシフトしていた。シリカ表面のシラン鎖によるSBR分子鎖の拘束が起こったためである。MrPTMS添加系ではインテグラルブレンドの補強性がより高いという200%モジュラスの結果と一致していた。MrPDMS添加系の結果はこの逆であった。

以上のように，未加硫コンパウンドのパルスNMR測定から，MrPDMSでは前処理法，MrPTMSではインテグラルブレンド法による系のSBRの分子運動の拘束の程度が高かった。200%モジュラスの高い系と一致した。パルスNMR解析から，複合材料の界面における分子鎖の絡み合いの効果を評価できる可能性が示された。

5　離型剤

IC封止エポキシ樹脂を用いてトランスファー成形でICパッケージを作製する場合，量産性が求められる。このためには金型から成形品を容易に取り出すことが必要なので，IC封止樹脂にはワックス系の離型剤が内部離型剤として添加されている[2]。ただし，離型剤の添加によりICパッケージ中のリードフレームや金線との接着性が低下することは望ましくない。接着性と離型性の両立を図るために離型剤の種類と量の最適化が検討されている。このために，エポキシ樹脂マトリックスとの相溶性の異なる2種類のワックスの添加が行われている。たとえば相溶性の低い離型剤として低分子量ポリエチレンワックス（パラフィン），相溶性の高い離型剤としてカルナバ蝋ワックスが用いられている[4]。相溶性の低い離型剤は，成形開始時の樹脂流動中に金型表面に析出して摩擦抵抗を低下させ，樹脂の流動性を向上させる。また，成形後の離型性を高める。相溶性の高い離型剤は，ICパッケージの金型に充てん後，エポキシ樹脂の硬化反応の進行にともなって金型表面への析出が起こる。この時点までにリードフレームや金線と封止樹脂との接着が十分に起こっている。以上のような工夫が行われている。

6　おわりに

IC封止エポキシ樹脂は多くの成分から構成されており[4]，シランカップリング剤や離型剤が占める量はその中のわずかである。しかしながら，上述のようにその性能におよぼす影響は大きく，しかも単なる配合では性能は向上せず，いかに界面を設計するかが重要になる。

文　　献

1) 楠原明信，坂　真澄，石黒敏寿，ネットワークポリマー，**22**, 133 (2001)
2) 鈴木　宏，浦野孝志，幸島博起，萩原伸介，西川昭夫，日本接着協会誌，**21**, 475 (1985)
3) 田畑晴夫，中村吉伸，接着の技術誌，**20**, 13 (2001)
4) E. P. Plueddemann, Silane Coupling Agents, 2nd ed., Plenum Press, New York (1991)
5) 高橋昭雄，高機能デバイス封止技術と最先端材料，シーエムシー出版，(2009)
6) 宝蔵寺裕之，堀江　修，尾形正次，沼田俊一，金城徳幸，高分子論文集，**47**, 483 (1990)
7) Y. Nakamura, N. Yokouchi, Y. Tobita, T. Iida and K. Nagata, *Composite Interfaces*, **12**, 669 (2005)
8) Y. Nakamura, T. Usa, T. Gotoh, N. Yokouchi, T. Iida, and K. Nagata, *J. Adhesion Sci. Technol.*, **20**, 1199 (2006)
9) N. Suzuki and H. Ishida, *J. Appl. Polym. Sci.*, **87**, 589 (2003)
10) N. Suzuki and H. Ishida, *Compos. Interfaces*, **12**, 769 (2005)
11) M. Yamaguchi, Y. Nakamura, T. Iida, *Polym. Polym. Compos.*, **6**, 85 (1998)
12) 中村吉伸，永田員也，プラスチック成形加工学会誌，**11**, 772 (1999)
13) T. Fukuda, S. Fujii, Y. Nakamura and M. Sasaki, *Composite Interfaces*, **20**, 635 (2013)
14) Y. Nakamura, Y. Nishida, H. Honda, S. Fujii and M. Sasaki, *J. Adhesion Sci. Technol.*, **25**, 2703 (2011)
15) 浦濱圭彬，日本接着学会誌，**46**, 53 (2010)

第5章　光カチオン重合開始剤と光硬化性材料への展開

中屋敷哲千*

1　はじめに

光硬化性材料は紫外線を照射することで重合反応を開始し硬化する材料であり，加熱や水分などのトリガーで重合を開始する材料に比べて，生産性が高いことが最大の特徴である。特に光カチオン硬化性材料は主にエポキシ樹脂を硬化するシステムであるため耐久性や封止性能に優れることから，情報電子デバイスの周辺材料として近年注目度を高めている。本稿では光カチオン硬化システムの中でも重要となる光カチオン重合開始剤とそのシステムの応用について解説する。

2　光硬化性材料について

光硬化技術は光エネルギー（mJ/cm^2）によって重合反応を起こさせる技術であり，熱エネルギーによって重合させる熱硬化技術と比べると生産性や省エネルギーといったメリットがあり，古くから各種素材表面のコート剤として用いられてきた。これらの光硬化技術に用いられる光硬化性材料は，光によってラジカルを発生させそのラジカルによって主にアクリル系のモノマーを重合させるラジカルタイプと，光によってカチオンを発生させ，そのカチオンによって主にエポキシを重合させるカチオンタイプに分類される。光硬化性材料として一般に周知されている，アクリル/ラジカル硬化材料は，表面の硬化性が不十分であったり，耐薬品性や耐熱性に問題が生じる場合があったり，またアクリルモノマーの臭気や刺激性といった面でも実使用の場では改善を要望する声が少なくない。一方，光カチオン重合系はラジカルに比べ初期硬化速度が遅い課題があるが，一般的に表面硬化性や耐久性に優れ臭気や刺激性もアクリルモノマーに比較すると少ないため，接着や封止剤やコート剤などの用途へ利用されている。表1に光硬化性材料の特徴と，表2に硬化システムとそれぞれの特徴をまとめる。

ちなみに表2にあるエン・チオール系とは不飽和結合（エン化合物）とチオール化合物とのラジカル重合のことを示す。こちらは深部硬化性に優れ，柔軟性の高い硬化物が得られるが，チオールの臭気がネックとなっている。

---

* Tetsuyuki Nakayashiki　㈱ADEKA　情報化学品開発研究所　応用材料研究室
主任研究員

表1　光硬化性材料の特徴

長所	(1)	速硬化性－生産性向上，省スペース
	(2)	低溶剤化－環境改善，省エネルギー，厚膜塗装
	(3)	低温硬化－熱に弱い素材への適用，省エネルギー
	(4)	硬化特性－機能性付与（高光沢・硬度，耐摩耗性）
	(5)	選択硬化－照射部位の選択的反応（光の直進性）
短所	(1)	光透過性－光透過性必須（顔料，染料，充填剤の影響）
	(2)	収縮応力－硬化収縮（高架橋），硬化ひずみ，密着低下
	(3)	光源設備－専用硬化装置（新規投資）
	(4)	安全衛生－低分子モノマーの皮膚刺激性，揮発性，残留
	(5)	材料価格－従来の汎用樹脂に比べ高価

表2　ラジカル系とカチオン系の光重合の比較

反応形態		カチオン重合	ラジカル重合	
樹脂成分		エポキシ系	アクリル系	エン・チオール系
樹脂特性	シェルフライフ	◎	○	○
	重合反応への影響			
	UV 感度	○～◎	◎～○	○
	酸素	◎	○～△	○
	温度・湿度	△	○	○
	塩基性物質	×	○	△
	樹脂の臭気	○	○～△	△
	皮膚の刺激性	○	○～△	○
硬化物特性	密着性	○	○～△	△
	耐熱性	◎	○	○～△
	耐薬品性	◎	○	○～△
	可とう性	○～△	○～△	◎
	耐候性	○～△	○～△	○～△
	表面硬度	○～△	◎～○	△
	耐磨耗性	○～△	◎～○	◎～○
	厚膜硬化	○～△	◎～○	◎
	薄膜硬化	◎	×	△
	硬化収縮	○	△	△
	塗膜臭気	◎	○～△	△

3　光硬化システム

光硬化のシステムは各種役割を持った材料の組み合わせで構成される。以下にそれぞれの構成成分について述べる（図1）。

3.1　光硬化性樹脂

光硬化システムは基本的には光重合開始剤が光を吸収してラジカルやカチオンを発生させ，それらによってアクリル樹脂やエポキシ樹脂が重合反応を開始するシステムである。これらの樹脂

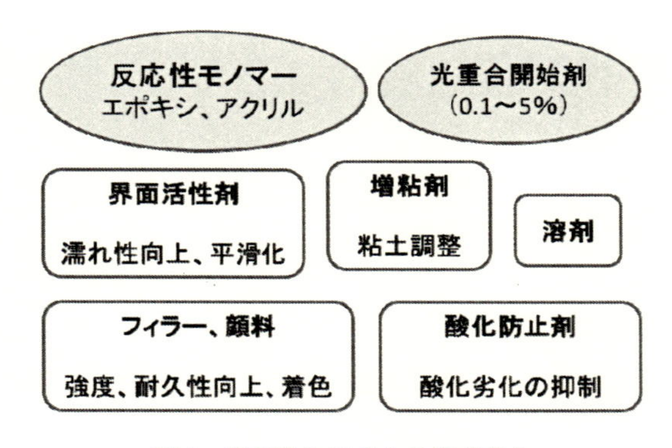

図1　光硬化システムの構成成分

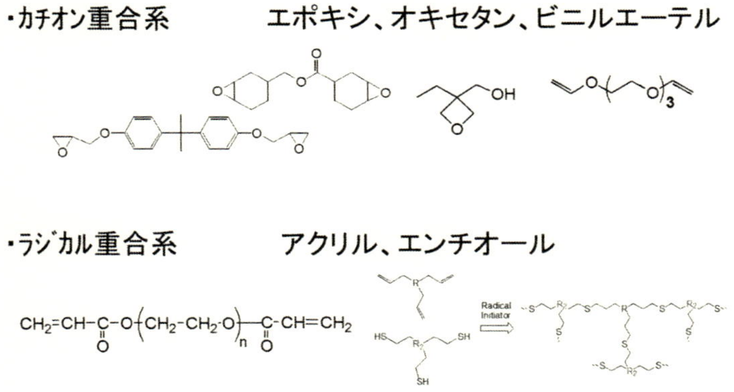

・カチオン重合系　　エポキシ、オキセタン、ビニルエーテル

OH

3

・ラジカル重合系　　アクリル、エンチオール

$CH_2=CH-C(=O)-O-(CH_2-CH_2-O)_n-C(=O)-CH=CH_2$

Radical Initiator

HS　SH　SH

図2　光硬化性樹脂

によってほぼすべての物性が決定するため，樹脂の構造選定は非常に重要である。しかし古くから工業的に用いられている光硬化型のアクリル樹脂は種類が豊富にあるが，光カチオン系に適したエポキシ樹脂はまだバリエーションが少ないため，今後この技術の発展のためにも新規な光硬化性のエポキシ樹脂の開発が期待される。図2には代表的な光硬化性樹脂の例を紹介する。

3.2　光重合開始剤

光重合開始剤は照射された光を吸収してカチオン（酸）やラジカル，塩基といった重合を開始するための活性種を発生する（図3）。したがってこれらは吸収した光エネルギーを効率良く活性種の発生へ繋げることがもっとも重要な役割であるといえる。

光カチオン重合開始剤は，図4に示すようなオニウム塩タイプが一般的に用いられる。これらの構造はプラスの電荷をもった有機カチオン部が光を吸収して分解した後に$HSbF_6$やHPF_6といった超強酸を形成しそれらがエポキシ樹脂などの重合を開始させる。

光ラジカル重合開始剤は，光を吸収した後に分解したり，隣接部の水素を引き抜くことでラジカルを発生する（図5）。また，アミンやカルボン酸などの水素を供与する化合物を添加するこ

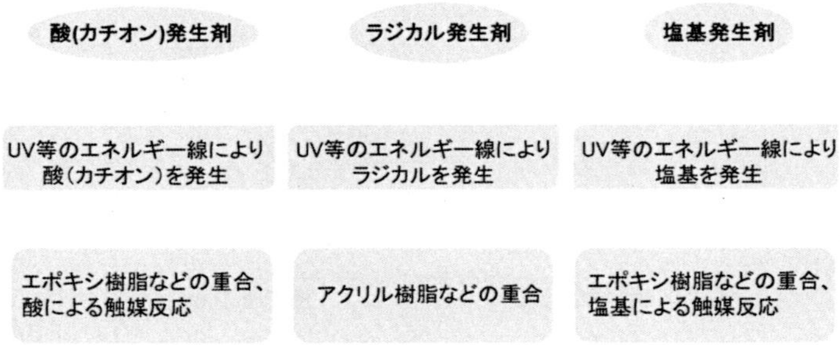

酸(カチオン)発生剤	ラジカル発生剤	塩基発生剤
UV等のエネルギー線により酸(カチオン)を発生	UV等のエネルギー線によりラジカルを発生	UV等のエネルギー線により塩基を発生
エポキシ樹脂などの重合、酸による触媒反応	アクリル樹脂などの重合	エポキシ樹脂などの重合、塩基による触媒反応

図３　光重合開始剤

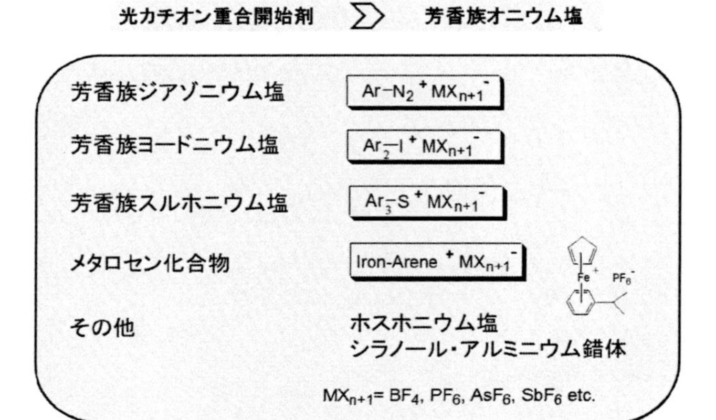

図４　光カチオン重合開始剤

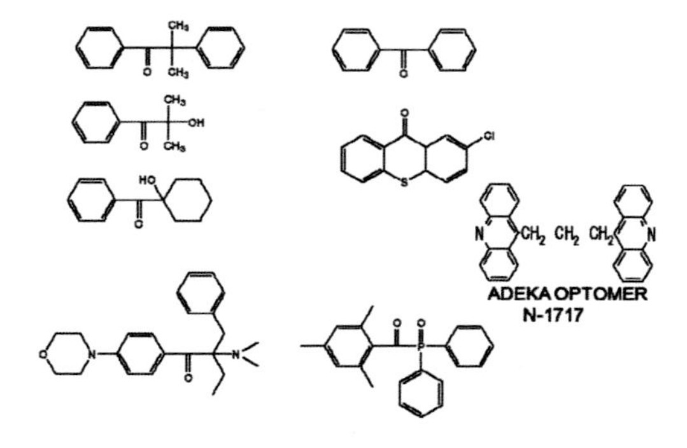

図５　光ラジカル重合開始剤

とで，発生効率を高めることができる種もある。

光塩基発生剤は，図６のように光を吸収して塩基成分を生成する化合物である。この塩基によってエポキシなどの硬化を行う。これらはカチオンタイプとは異なりイオン成分が残留しにくいため，金属の腐食などの物性劣化を引き起こしにくいとして電子部品周辺の接着剤などに注目されている。しかし，光照射から硬化までの時間が比較的長いことから生産性への懸念があり，

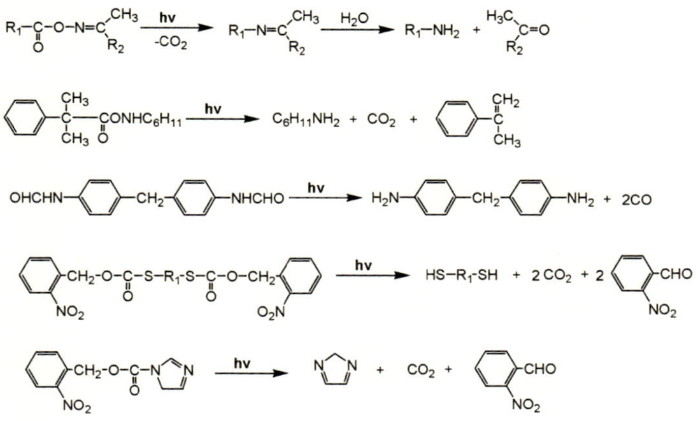

図6　光塩基発生剤

そうした面の改良が期待されている。

3.3　光（UV）照射装置

光（UV）を照射する装置には有電極の水銀ランプやメタルハライドランプが多く用いられているが，電極の無い無電極ランプもあり，こちらは光出力安定性・低熱性・長寿命などの利点をもっていることからフィルムの印刷などへの利用が多い。また，近年では出力の安定したUV-LEDランプも出ており，ユニットの組み込みが容易なことから新規に設備導入するユーザーを中心に普及し始めている。

3.4　添加剤

基本的にはエポキシなどの硬化性樹脂と光重合開始剤を混合すれば光硬化性の材料となるが，実際に使用するには用途に合わせて更にさまざまな材料を添加する必要がある。たとえば粘度を調整するには増粘剤，塗工性を調整するには界面活性剤，膜厚を調整するには溶剤，硬化物の強度を高めるにはフィラーを添加するなどである。添加する際の注意点はなるべく硬化反応を阻害しない成分を選ぶことである。エポキシ－カチオン重合系にアミン系の添加剤を添加すると硬化性が極端に低下する。ラジカル重合系にフェノール化合物などの酸化防止剤を添加するなども同様である。

4　光カチオン重合開始剤

光カチオン重合開始剤は広義には光酸発生剤（PAG = Photo Acid Generator）と呼ばれることもある。この場合はエポキシなどを重合硬化する使途の他に，半導体のパターニングプロセスなどのフォトリソグラフィーにも用いられる。後者は光酸発生剤が光を吸収して酸を発生させ，この酸がポリマーの保護基を切断して水酸基やカルボキシル基が露わになって，アルカリ現像が可能となるいわゆる化学増幅型のポジレジストであるが，本稿では省略する。

エポキシなどを重合硬化する光重合開始剤は，前述したようにオニウム塩タイプが一般的である(図7)。その中でも現在は安定性や効率に優れる芳香族スルホニウム塩が主に用いられる（図8)。

図9にスルホニウム塩の光開裂の機構を示す。

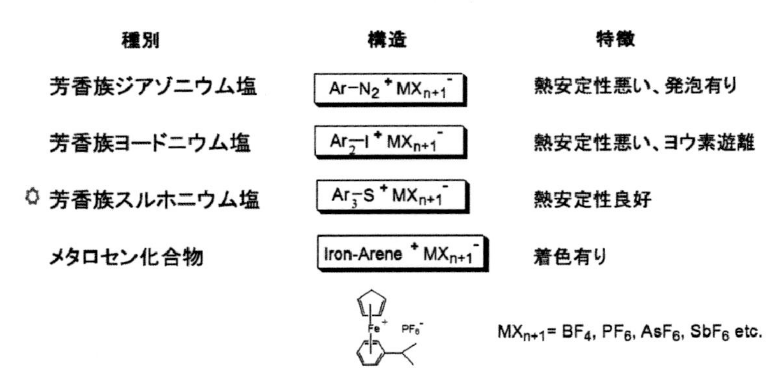

種別	構造	特徴
芳香族ジアゾニウム塩	$Ar{-}N_2{}^{+}MX_{n+1}{}^{-}$	熱安定性悪い、発泡有り
芳香族ヨードニウム塩	$Ar_2{-}I^{+}MX_{n+1}{}^{-}$	熱安定性悪い、ヨウ素遊離
☼ 芳香族スルホニウム塩	$Ar_3{-}S^{+}MX_{n+1}{}^{-}$	熱安定性良好
メタロセン化合物	Iron-Arene $^{+}MX_{n+1}{}^{-}$	着色有り

図7　各種オニウム塩

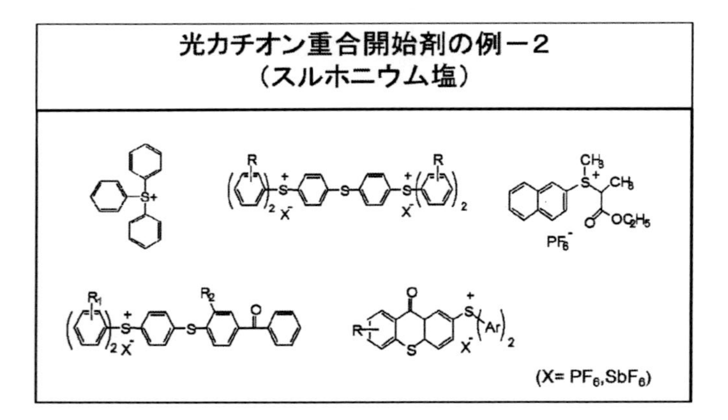

図8　スルホニウム塩

スルホニウム塩の光開裂機構

$$Ar_3S^+X^- \xrightarrow{h\nu} [Ar_3S^+X^-]^*$$

$$[Ar_3S^+X^-]^* \longrightarrow Ar_2\overset{+}{S}\bullet + Ar\bullet + X^-$$

$$Ar_2\overset{+}{S}\bullet + YH \longrightarrow Ar_2\overset{+}{S}{-}H + Y\bullet$$

$$Ar_2\overset{+}{S}{-}H \longrightarrow Ar_2S + H^+$$

図9　スルホニウム塩の光開裂機構

スルホニウム塩を使用または設計する際には，スルホニウム塩の特性を十分理解する必要がある。スルホニウム塩はスルホニウムカチオン部が光を吸収して分解しカチオン（酸）を発生するが，その反応を効率良く行わせるためには，スルホニウムカチオン部がUV光源にマッチしたUV吸収特性をもっていなければならない。たとえば光源の中心波長が365 nmであるならばスルホニウムカチオンも365 nmを吸収できる構造である必要がある。しかし近年の光源波長の長波長化傾向にスルホニウムカチオン構造を追従させることは容易ではない。分子構造を複雑化して長波長化すると分子量増加に伴う分解効率の低下を招き，また400 nmを超える領域に吸収をもつ開始剤はそれ自体が着色しており，硬化物にもその影響が出る可能性が高い。したがって開始剤の選定は，まずどのような光源を用いたいかを吟味することが第一である。

次にスルホニウムカチオンと対になるアニオン部について表3にまとめる。アニオンの種類によっても重合速度が大きく異なってくる。表からは重合性が高い SbF_6 塩を選定したいところであるが，価格とともにアンチモン化合物であるため劇毒物に指定されてしまう点がマイナス要因である。薄膜のコート剤等に使用する程度なら PF_6 塩がバランスが取れていて使いやすい。

当社は，古くから光カチオン重合系材料の製品開発を行ってきており，それらの知見から使いやすい光カチオン重合開始剤もラインナップしている（図10）。

表3　アニオンの特性

特性	対アニオン			
	BF_4	PF_6	AsF_6	SbF_6
求核性	大	←──	──→	小
価格	低	←──	──→	高
重合性	小	←──	──→	大
溶解性	低	←──	──→	高

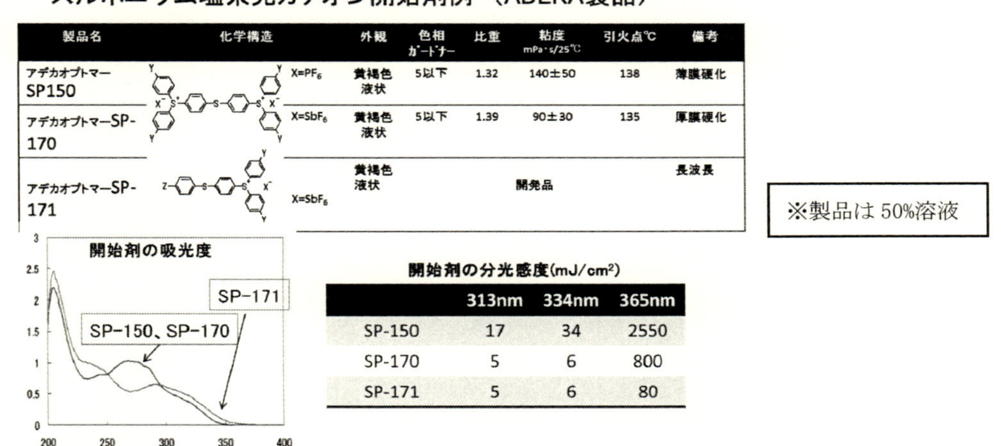

スルホニウム塩系光カチオン開始剤例（ADEKA製品）

製品名	化学構造	外観	色相 ガードナー	比重	粘度 mPa・s/25℃	引火点℃	備考
アデカオプトマー SP150	$X=PF_6$	黄褐色 液状	5以下	1.32	140±50	138	薄膜硬化
アデカオプトマーSP-170	$X=SbF_6$	黄褐色 液状	5以下	1.39	90±30	135	厚膜硬化
アデカオプトマーSP-171	$X=SbF_6$	黄褐色 液状	開発品				長波長

開始剤の分光感度(mJ/cm²)

	313nm	334nm	365nm
SP-150	17	34	2550
SP-170	5	6	800
SP-171	5	6	80

図10　ADEKAの光カチオン重合開始剤

5 光カチオン硬化性樹脂と硬化性について

光カチオン硬化する材料はエポキシ樹脂が最もポピュラーであるが，その他にもカチオンによって重合できる化合物は存在する。特にオキセタンやビニルエーテルはエポキシとともに用いて物性を改良するときなどに良く用いられる（図11）。また，アルコール類などの水酸基を含有する樹脂はエポキシと反応して分子間架橋をすることができるので，これらも物性改良にしばしば用いられる。

ここでは代表的なエポキシの光カチオン硬化について述べる。エポキシの場合アクリルのラジカル重合とは硬化の進み方が大きく異なる。アクリルは図12のように光を照射すると即座に反応が進みおおよそ70%程度の反応率で停止する。その後は光を当て続けても，加熱しても反応の追加進行はあまり認められない。一方エポキシはアクリルと同様に光を照射してもその反応率

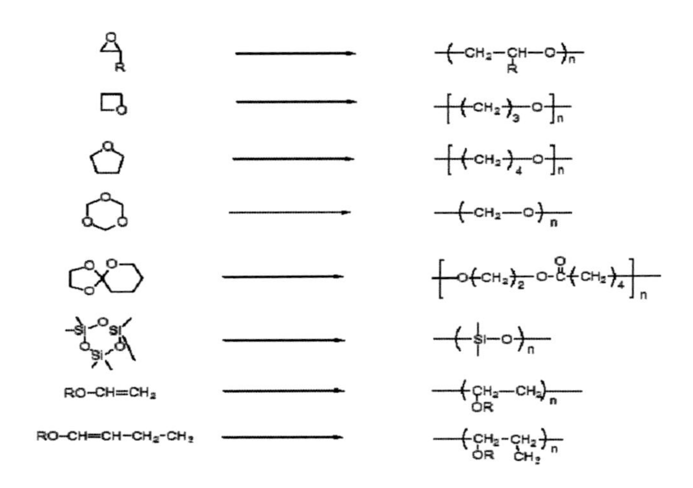

図11 カチオン重合性樹脂

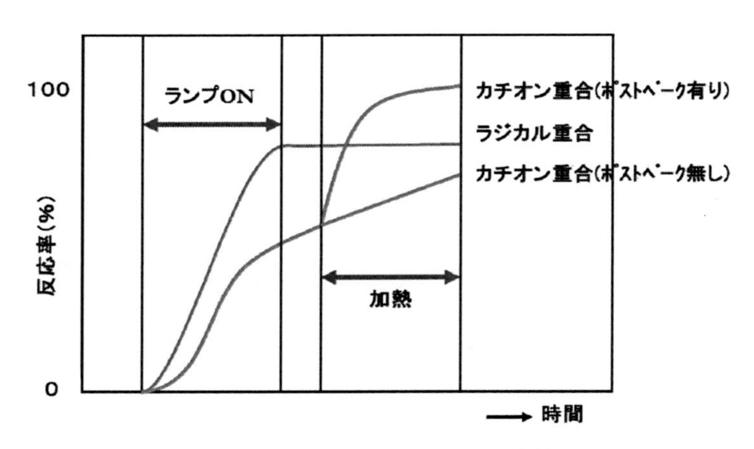

図12 エポキシとアクリルの反応性

は50%にも満たない。しかしその後光照射を止めてもカチオン重合はリビング重合であるためカチオンが失活せずに重合反応は継続される。更にポストベーク（後加熱）を施すことで重合は加速度的に進行し，遂にはラジカル重合の反応率を大きく上回り，ほぼ定量的に進行して完結する。これをエポキシの暗反応という。

図13は同じ骨格をもつエポキシとアクリルとの光照射時の反応性と，後加熱時の反応性とを比較したものである。この装置は光DSCといって，光や熱での反応熱量を測定できるため，反応率の解析など性能評価にしばしば用いられる。

図ではUV（光）を照射した時にはエポキシはアクリルに比べてピークの高さが圧倒的に低い上に，発熱のピークが即座にベース位置まで戻らずにブロードとなっている。さらにその後の加熱ではアクリルはほとんど変化がないのに対してエポキシは大きく発熱ピークが出現していることがわかる。

図14はエポキシの骨格の違いによって光と熱とでどのように反応挙動が異なるかを測定したものである。これによると同じエポキシでもエポキシ環直結タイプのほうがグリシジルエーテル

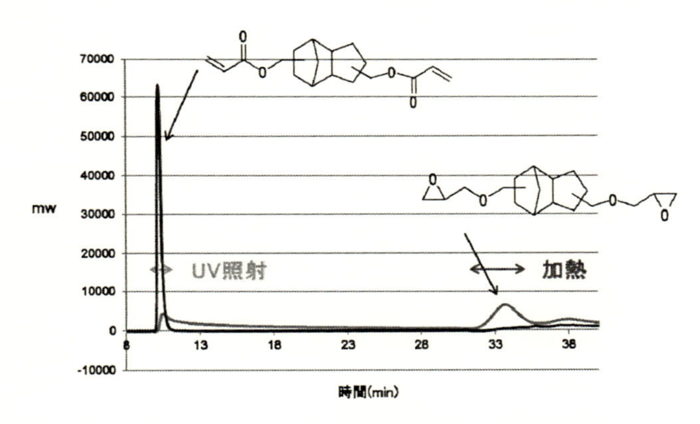

図13　エポキシとアクリルの反応性（光DSC）

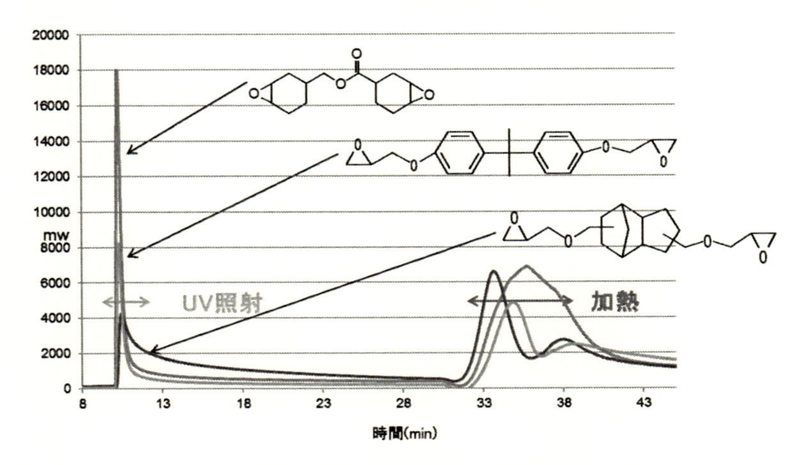

図14　各種エポキシの反応率比較（光DSC）

タイプよりUVでの反応性が高いことが伺える。これは環に直結しているほうはよりひずみが大きく開環しやすいためである。したがって光カチオン重合にはグリシジルエーテルタイプよりも，図のような環に直結したエポキシが主に用いられる。

6 光カチオン重合の応用

光カチオン硬化はラジカル重合に比べ反応速度は劣るが，十分に反応率を高めることができるため，接着剤や封止剤や成型剤としての利用が見込める。

当社では，こうした光カチオンによるエポキシ硬化の利点を生かした製品開発を実施している。以下にその例を紹介する。

1つ目は硬化速度をコントロール可能にした接着剤である（図15）。これは，エポキシの暗反応性を利用している。すなわち，光での反応性と熱での反応性を組み合わせることで，意図的に反応性を遅らせてBステージ化しその後加熱により完全硬化できるようにしたものである。これだとUVが照射された部分が粘着状態となってから，もう一方の被着体と貼り合わせることができるため，UVの透過性の無いものどうしのUV接着が可能である。後からの加熱は80℃程度でも完全硬化に至るので，高温を嫌うデバイスの接着にも向いている。当然UVの照射量を上げて

硬化速度コントロール型接着剤

特徴
- ○UV照射量に応じて硬化速度をコントロール可能。
- ○不透明支持体や暗部の接着に効果的。
- ○フィルムやガラス、金属など多種の基材に接着可能。
- ○フレキシブル性に優れ、折り曲げ部などの接着に対応。
- ○透明性、耐久性に優れる。

用途
- ○各種ディスプレイデバイス、電子機器など

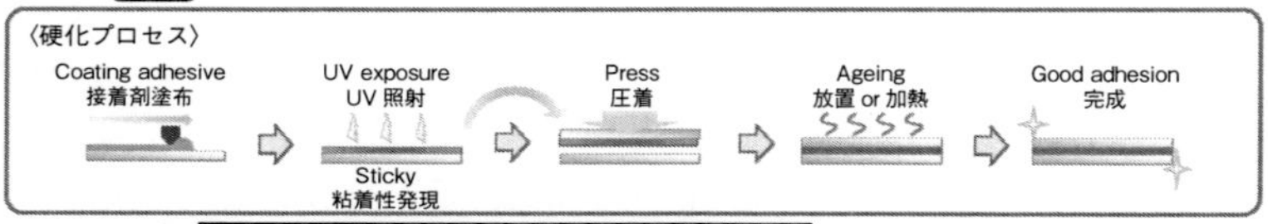

ADEKA OPTOMER アデカオプトマー		DL-107
特徴 Features		硬化速度コントロール
Resin properties 樹脂性状	Appearance 外観	淡黄色透明液状 Pale yellow liquid
	Solid content 固形分	100%
	Viscosity 粘度 (mPa·sec/25℃)	3000～5000
Recommended curing condition 推奨硬化条件		UV:50～500mJ/cm^2 Ageing condition:80℃30min
Properties of cured resin 硬化物物性※A	Thickness 膜厚	100μm
	HAZE	0
	Total transmittance 全光線透過率	>99%
	L*/a*/b* 色度	99.5/0.54/0.37
	Adhesive intensity (vs. Glass) 接着強度	>10N/25mm（90° peel）

※A）製膜条件
基材：A4300（東洋紡）100μmPETフィルム
塗布方法：バーコート（固形分膜厚 20～100μm）
硬化条件：上記推奨硬化条件に従って作成

図15　ADEKA硬化速度コントロール型接着剤

高耐熱・高透明樹脂

特徴
○高い耐熱性及び、高い透明性。
○リフロー工程があっても各種光学特性に対応可能。
○プロセスに応じて、硬化タイプ（UV or 熱）が選択可能。
○各種ナノファイバーとの複合化によって、FRP としても利用可能。

用途
○各種光学レンズ、耐熱フィルム、ガラス代替、FRP など

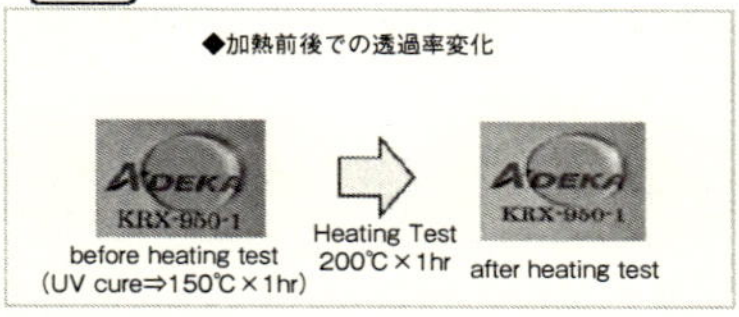

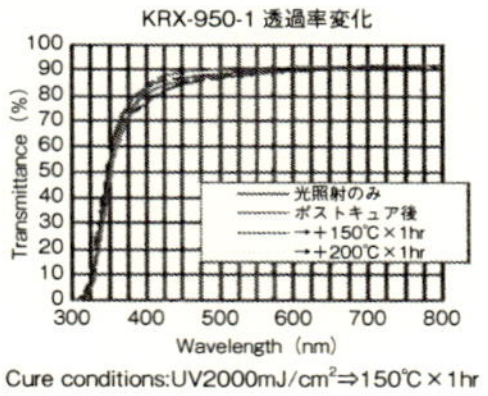

アデカアークルズ			KRX-690-5※1	KRX-950-1※1
特徴			高屈折率	低収縮・低黄変
硬化タイプ			UV	UV
Recommended substrate 推奨基材			ガラス、セラミック、フィルム etc.	
樹脂性状	外観		無色透明液状	無色透明液状
	粘度（mPa·sec/25℃）		3000～5000	700～2000
硬化物物性※A	屈折率（25℃）	D line D 線	1.572	1.506
		C line C 線	1.567	1.504
		F line F 線	1.584	1.513
	アッベ数		35	58
	ガラス転移温度（Tg）		183℃	181℃
	硬化収縮率		0.9%	0.2%
	線膨張係数	α1	71ppm	67ppm
		α2	150ppm	175ppm
	吸水率		1.5%	0.9%

※1）医薬用外劇物該当
※2）冷蔵保存
※A）製膜条件
塗布方法：スペーサーを入れた剥離処理ガラス間に樹脂を流し込み作成（1mm）
硬化条件：UV2000mJ/cm²⇒150℃×1hr

図16　ADEKA 高耐熱・高透明樹脂

いけば即硬化も可能である。

2つ目は高耐熱・高透明な樹脂である（図16）。これを光硬化すると260℃以上の実装プロセスにおけるいわゆるリフロー工程においても劣化や変形や着色の少ない成型物を作成することができる。もちろん透明性も高いためガラスの代替用のプラスチックとしての用途やレンズとしての用途などが見込まれる。エポキシの特徴である低吸水，低収縮といった物性もこうした用途には生きてくる。通常のエポキシ－アミン硬化などでは着色が大きいため光学部材としては用いられなかったが，光カチオン硬化では着色の原因となる光触媒の使用量も非常に少量ですむため十分に光学用途へ展開できるようになった。

7　まとめ

光カチオン重合は上述のとおり利用価値が高く，特に電材用途には威力を発揮できる素材である。しかし，この技術の普及に今一歩加速度が不足している要因には，下記のような課題が考えられる。

・アクリルにくらべ反応速度が遅い。

・樹脂や開始剤などの素材が少なく，アクリルに比べて高価。

・カチオン（酸）が系内に一部残留する。→腐食や劣化の懸念。

これらの課題をいかに克服し，使い勝手を高めていくかが今後われわれの使命である。

光カチオン硬化は日本発の優れた技術として世界の産業の発展に貢献することが期待できる材料技術である。そしてアクリル系も含めたUV 硬化技術は省エネ，省スペースで低環境負荷な技術であり，部品やデバイスの生産技術として今後中心的な役割を担っていく技術である。

第6章　光塩基発生剤および塩基増殖剤

有光晃二＊1，古谷昌大＊2

1　はじめに

エポキシ樹脂のUV硬化機構としては，光酸発生剤から発生する酸触媒を利用したカチオン硬化と，光塩基発生剤から発生する塩基触媒を利用したアニオン硬化にわけられる[1)]。現状ではカチオン硬化系が主流であり，アニオン硬化系の研究開発は非常に遅れている。この理由は，光酸発生剤から高い量子収率で強酸が発生し，エポキシ樹脂の硬化が連鎖的なカチオン重合機構で進行するためUV硬化効率が高いからである。一方，アニオン硬化系では，光塩基発生剤から発生する脂肪族アミンを硬化剤として用いるが，このときのアミン発生の量子収率が低く，その硬化機構もアミンとエポキシ基との逐次的な付加反応であるため，カチオン硬化系に比べるとUV硬化効率はきわめて低い。これがアニオンUV硬化系の研究開発を妨げる大きな要因となっている。しかしながら，カチオンUV硬化系は酸触媒が硬化樹脂中に残存し，金属基板を腐食するためその利用には制限がある。よって，アニオンUV硬化系の硬化効率がカチオン系に比肩するに至れば，アニオンUV硬化系の需要が拡大するはずである。そのためには，高量子収率を有する光塩基発生剤の開発，および硬化効率を飛躍的に向上させられる新たな硬化機構の導入が必要である。

本稿では，まず著者らが開発した新規かつ高性能な光塩基発生剤について述べる（図1(a)）[2)]。また，著者らは図1(a)のアニオンUV硬化系の感度を飛躍的に向上させるために，塩基触媒の作用で連鎖的に分解し，新たな塩基を発生する塩基増殖反応を組み込むことを提案している（図1

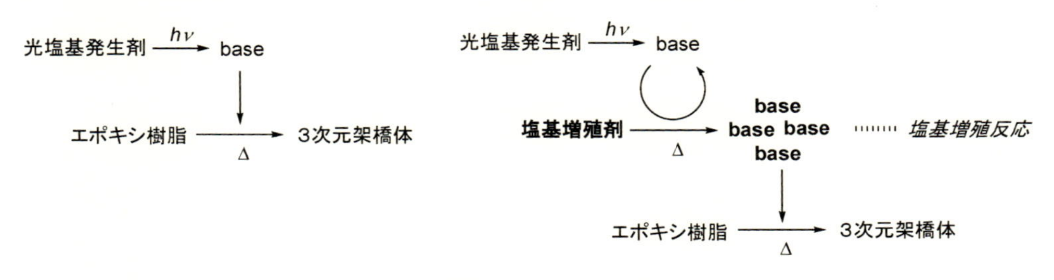

図1　エポキシ樹脂のアニオンUV硬化システム

＊1　Koji Arimitsu　東京理科大学　理工学部　准教授
＊2　Masahiro Furutani　東京理科大学　理工学部　助教

(b))[3]。この新規な感光機構に基づくエポキシ樹脂のUV硬化についても言及する。

2 新規光塩基発生剤の開発とアニオンUV硬化への応用

2.1 非イオン性光塩基発生剤の系

先駆的な光塩基発生剤を図2に示す。化合物1[4]および2[5]は光照射により脂肪族アミンを発生する。脂肪族第1級および第2級アミンは，たとえばアルコキシシランの加水分解重縮合（ゾル・ゲル反応）の触媒としては有効であるが，エポキシ化合物とは逐次的な付加反応が起こるのみで連鎖的な重合反応は起こらない。したがって，脂肪族第1級，2級アミンはエポキシ基をもつポリマーあるいはオリゴマーの架橋反応に利用される。脂肪族アミンを発生するタイプのこれらの光塩基発生剤は，いずれも光照射によるアミン発生と同時に二酸化炭素を発生するものがほとんどであった。これらの光塩基発生剤を膜厚1 μm前後の密閉しない薄膜中で用いる場合には，ガスの発生はほとんど問題にならないが，厚さ数10 μm以上の厚膜中や接着剤，および封止材等に用いる場合には問題となる。そこで，著者らは二酸化炭素を発生しない光塩基発生剤として光環化型塩基発生剤3を提案している（図3）[6]。これらのクマル酸誘導体の熱分解温度は200～

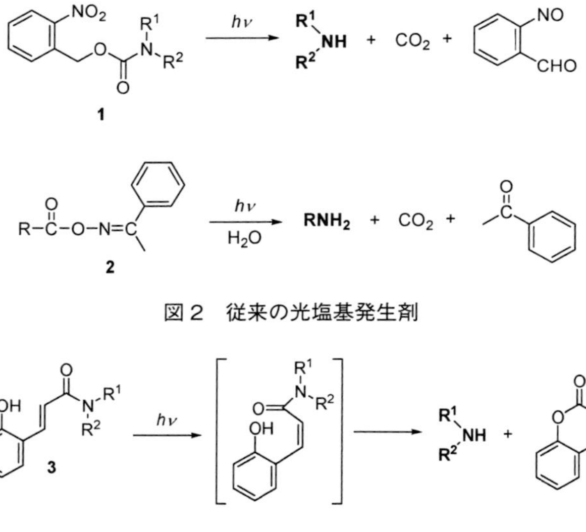

図2　従来の光塩基発生剤

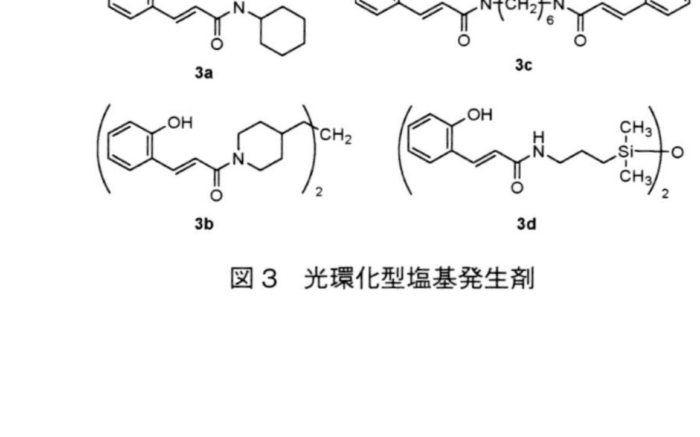

図3　光環化型塩基発生剤

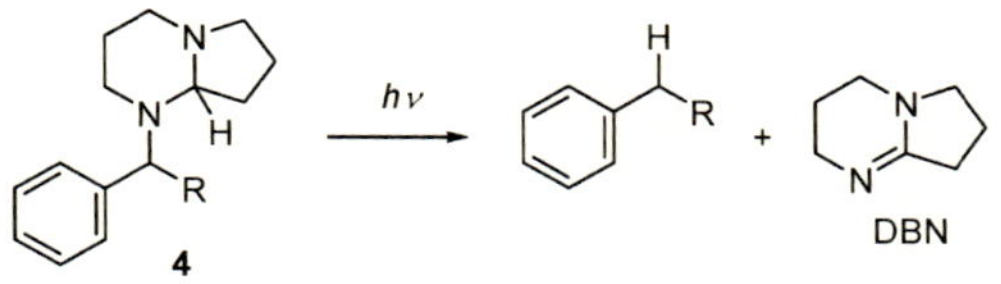

図4　光による塩基強度の増大

241℃と高く，高温の加熱を要する光パターニング材料への応用にも適している。実際に，光塩基発生剤**3a**～**3d**を塩基反応性の液状樹脂に添加し，UV硬化特性を評価したところ，気泡が発生することなく樹脂を硬化させることができた。光塩基発生剤**3**のフォトポリマーへの応用は著者らが初めて提案したものであるが，著者らが学会発表[6]した後，**3**の感光特性に対する置換基効果が検討され始めているようである[7]。

光塩基発生剤をさまざまな塩基触媒反応に利用しその用途を拡大するためには，さらに強い塩基（超塩基）を発生させる必要がある。Dietlikerらはアミジン超塩基DBNを還元体とし，光照射によりDBNを発生する化合物**4**を報告している（図4）[8]。化合物**4**そのものが3級アミン程度の塩基性を有しており光塩基発生剤とは呼べないが，光照射によってさらに塩基性の強い超塩基DBNを生成する点は興味深い。

2.2　イオン性光塩基発生剤の系

望みの塩基を自在に光化学的に発生させることは理想であるが，上述のようにこれまでは脂肪族第1級，第2級アミンのような弱塩基がほとんどであった。アニオンUV硬化材料の感度を向上させるためには，光化学的に強塩基を発生させ，塩基触媒反応効率を向上させることも重要である。

著者らは，カルボン酸塩**5**[9]，**6**[10]，および**7**[11]が光照射により高効率（量子収率$\Phi = 0.6 \sim 0.7$）で遊離の塩基を発生することを初めて見いだした（図5）。これらの新規な光塩基発生剤**5**，**6**，および**7**を用いれば脂肪族アミンのような弱塩基から，アミジン，グアニジン，ホスファゼン塩基などの強塩基を光化学的に自在に高効率で発生させることができる。また，**5**，**6**では光による塩基発生とともに二酸化炭素が発生するが，**7**ではガスの発生は伴わないので密閉系でのアニオンUV硬化に有効である。

実際に，エポキシモノマー（EX-614B：ナガセケムテック製　デナコールEX-614B）とチオールモノマー（PE-1：昭和電工製　カレンズMT PE-1）からなる反応性樹脂に光塩基発生剤**6g**を添加して塗膜を作製し（図6），波長365 nmの光を所定量照射すると塗膜は室温で直ちに硬化し，鉛筆高度3H～5Hを示した（図7）[10c]。一方，弱塩基であるシクロヘキシルアミンを発生する**6a**を用いると塗膜の硬化はみられなかった。このことから，室温でのアニオンUV硬化を実現するには，高効率で強塩基を発生する光塩基発生剤の利用が不可欠であることが示された。同様な塗膜をOHPシート上に作製し，365 nm光を照射したところ，透明かつ体積収縮がほとん

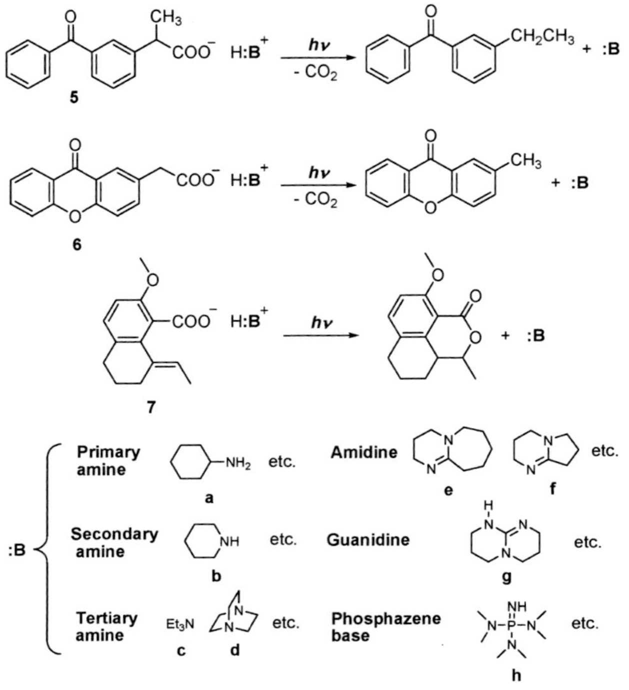

図5　イオン性光塩基発生剤

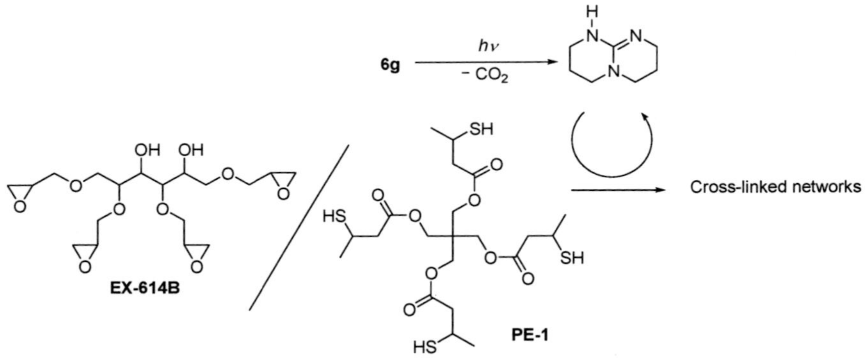

図6　高感度アニオンUV硬化システム

どみられない硬化膜が得られた（図8）。ラジカルUV硬化で作製した硬化膜の体積収縮が著しいのに対し，アニオンUV硬化系は体積収縮が少なくきわめて優れていることが理解できる。光塩基発生剤**5**，**7**を用いた系でも同様な結果が得られた。

また，アウトガスの発生を伴わない光強塩基発生剤の他の例として，有機強塩基であるグアニジンを発生するSunらのテトラフェニルボレートがある[12)]。量子収率は$\Phi_{254}=0.18$と報告されており，高効率とはいえないが非常に興味深い。

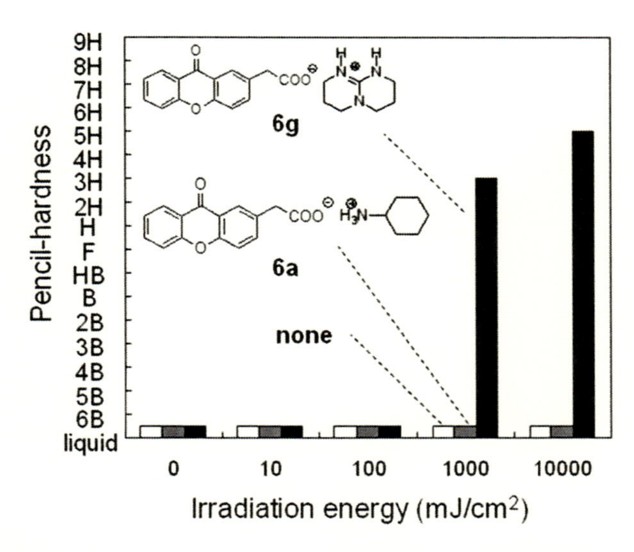

図７　EX-614B/PE-1/6g（または 6a）からなる塗膜に 365 nm 光を照射したときの硬化挙動

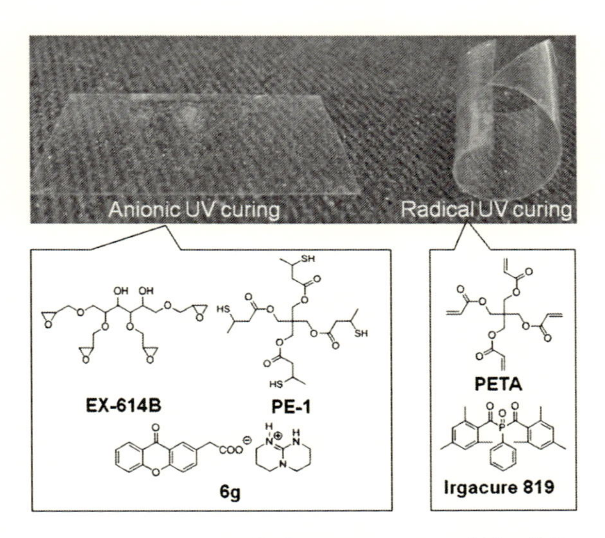

図８　アニオン UV 硬化膜とラジカル UV 硬化膜の比較

3　塩基増殖反応による高感度化

3.1　塩基増殖剤

光塩基発生剤から発生した微量の塩基を引き金として連鎖的に分解し，新たに塩基を放出する有機化合物（塩基増殖剤とよぶ）をアニオン UV 硬化系（図１(a)）に組み込めば，飛躍的な高感度化が期待できる（図１(b)）[3]。このようにすれば，光化学的に発生させる塩基は極少量でよく，露光エネルギーが短縮できるからである。

塩基増殖剤の設計・合成には次の３つの条件が要求される。

① 塩基触媒によりスムーズに分解する。

② その分解の過程で触媒能を有する塩基分子を新たに放出する。

③ 塩基が存在しなければ熱的に安定である。

これらの条件を満たす化合物として著者らが開発した塩基増殖剤を図9，図10に示す。基本的な構造は化合物8～12のようなカルバメートであり，いずれも増殖する塩基は脂肪族アミンである。これらの化合物の合成はきわめて容易であり，すべて室温で安定な固体として得ることが

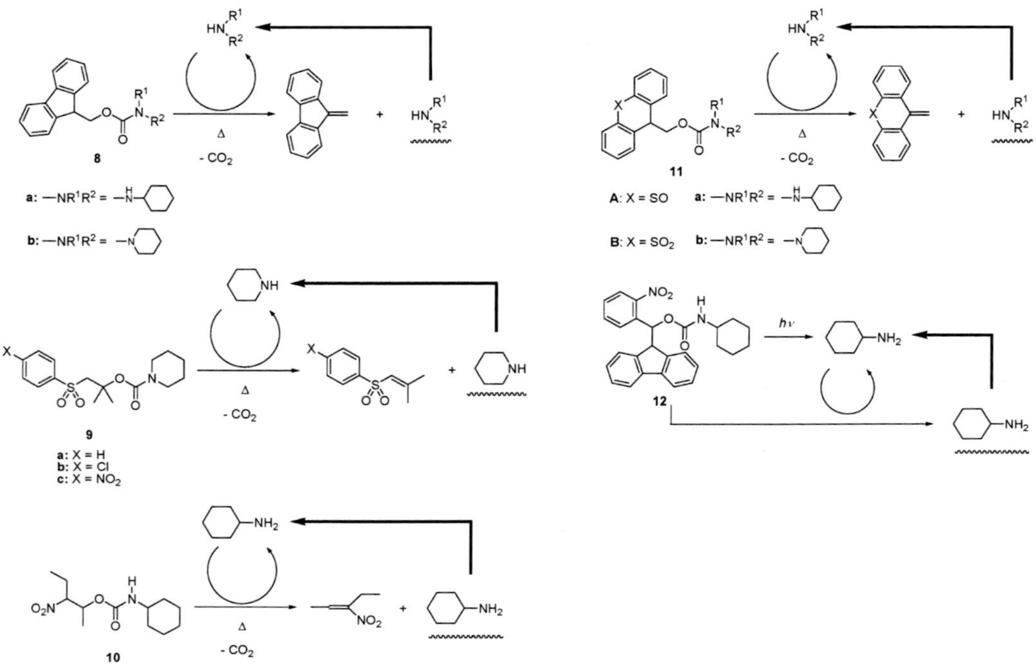

図9 多官能塩基増殖剤

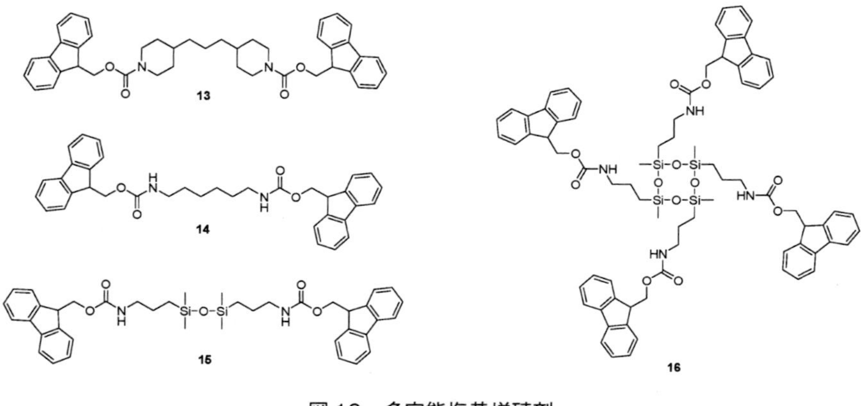

図10 多官能塩基増殖剤

できる。化合物8のフルオレニルメトキシカルボニル基は，ペプチド合成でよく用いられるアミノ基の保護基として知られるが，脂肪族アミンが増殖的に生成することは著者らが初めて見いだした現象である[3]。化合物9は，芳香環上の置換基Xを換えることで塩基増殖反応速度が制御できる[13]。また，化合物10は芳香環を有しておらず，アニオンUV硬化材料へ応用する際に，共存する他の光反応性化合物の光吸収を阻害しない利点を有する[14]。化合物11は，ヘテロ環のヘテロ原子の酸化数を変化させることで塩基増殖反応速度の制御が可能である[15]。さらに，化合物12は光の作用で塩基を発生し，その塩基の作用で塩基増殖反応をも引き起こすユニークな塩基増殖剤である[16]。化合物8～12が塩基触媒の作用でモノアミンを増殖的に生成するのに対し，化合物13[17]，14[17]，15[18]，16[19]は多官能アミンを増殖的に生成する。実際に，塩基増殖剤をアミンとエポキシ化合物の付加反応を利用したアニオンUV硬化材料に応用する際には多官能アミンが有効である。

3.2　アニオンUV硬化への応用

アニオンUV硬化材料に塩基増殖反応を組み込むことで飛躍的な硬化効率の向上が期待できる。光塩基発生剤17と液状エポキシ化合物18からなるアニオンUV硬化材料を例にとり，塩基増殖反応を組み込んだときの効果を述べる（図11）。化合物15，17，および樹脂18からなる液状の塗膜にUV光照射すると，まず17から少量のアミンが光化学的に発生する（光塩基発生反応）。この塗膜をさらに加熱すると，光化学的に発生した少量のアミンが引き金となり化合物15の塩基増殖反応が引き起こされ，新たにジアミンが増殖的に生成する（塩基増殖反応）。さらにこのとき，塗膜中で発生したアミンと樹脂18のエポキシ基との付加反応が進行し，樹脂18は3次元架橋体へと変化して塗膜の硬化が起こる。また，樹脂18には塩基反応性の部位としてエポキシ基以外に，残存するアルコキシシリル基がある。このアルコキシシリル基は塩基触媒の作用で加水分解縮合を引き起こすので，樹脂18のエポキシ基とアルコキシシリル基の両官能基が塗

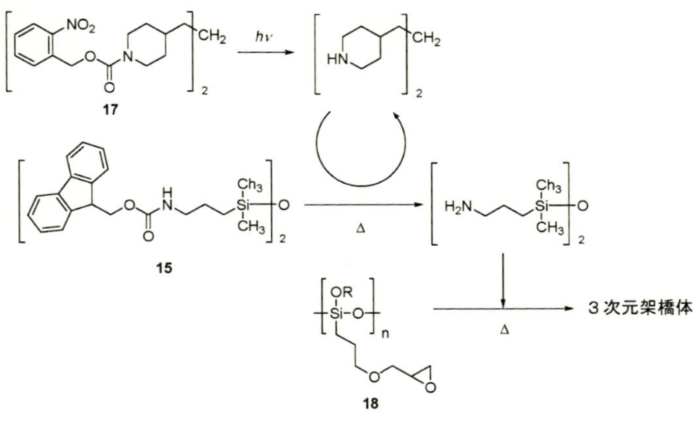

図11　塩基増殖剤15を用いたアニオンUV硬化材料の高感度化

表1　アニオン UV 硬化材料への塩基増殖剤の添加効果[a]

塩基増殖剤	添加量（wt%）	鉛筆硬度
なし	—	液体のまま
15	10	5B
	20	2B
	40	3H
16	10	H
	20	2H
	40	7H

[a]**17**：10 wt%，評価条件：
UV 光照射後，100℃で 60 分間加熱

膜の硬化に貢献することになる。4 官能の塩基増殖剤 **16** を用いて評価した結果を塩基増殖剤 **15** の添加効果とともに表 1 にまとめた。この表から明らかなように，塩基増殖剤の添加によりアニオン UV 硬化材料の硬化効率が飛躍的に向上していることがわかる。さらに，2 官能塩基増殖剤 **15** よりも 4 官能塩基増殖剤 **16** を用いた方がより効果的であることも確認できた[19]。このように，従来は硬化が困難であったアニオン UV 硬化材料に塩基増殖反応を組み込むことによって，高効率なアニオン UV 硬化が可能になったことは画期的なことである。

4　おわりに

アニオン UV 硬化はその感度さえ向上させることができれば，ラジカル UV 硬化やカチオン UV 硬化が抱える問題の多くを克服できる魅力的な硬化システムである。従来のアニオン UV 硬化材料では，十分な硬度を得るには光照射後に 100℃以上の加熱が必要であったが，著者らが開発した高感度で強塩基を発生する光塩基発生剤 **5**，**6**，および **7** を用いることで室温での UV 硬化が可能になった。きわめて大きな進歩であると思う。また，これらの光塩基発生剤と塩基増殖剤を併用することでさらなる高感度化も可能である。

本稿で紹介した光塩基発生剤の一部が和光純薬工業，東京化成工業から販売されており，手軽に高効率な光塩基発生剤が入手できる状況になった。これをきっかけにアニオン UV 硬化材料の研究開発が加速されることを期待している。

文　　献

1）有光晃二監修，UV・EB 硬化技術の最新応用展開，シーエムシー出版（2014）
2）有光晃二，有機合成化学協会誌，**70**, 508 (2012)
3）K. Arimitsu, M. Miyamoto, K. Ichimura, *Angew. Chem. Int. Ed.*, **39**, 3425 (2000)

4) J. F. Cameron, J. M. J. Fréchet, *J. Am. Chem. Soc.*, **113**, 4303 (1991)
5) M. Shirai, M. Tsunooka, *Prog. Polym. Sci.*, **21**, 1 (1996)
6) a) K. Arimitsu, Y. Takemori, T. Gunji, Y. Abe, *Polymer Preprints, Japan.*, **56**, 4263 (2007); b) K. Arimitsu, Y. Takemori, A. Nakajima, A. Oguri, M. Furutani, T. Gunji, Y. Abe, *J. Polym. Sci. A: Polym. Chem.*, (2015) in press; c) K. Arimitsu, A. Oguri, M. Furutani, *Mater. Lett.*, **140**, 92 (2015)
7) M. Katayama, S. Fukuda, K. Sakayori, *Proc. RadTech Asia*, 2011, 212 (2011)
8) K. Dietliker, K. Misteli, K. Studer, C. Lordelot, A. Carroy, T. Jung, J. Benkhoff, E. Sitzmann, Proc. RADTEC UV&EB Technical Conference 2008, p10 (CD-ROM) (2008)
9) a) K. Arimitsu, A. Kushima, H. Numoto, T. Gunji, Y. Abe, K. Ichimura, *Polymer Preprints, Japan* **54**, 1357 (2005); b) K. Arimitsu, A. Kushima, R. Endo, *J. Photopolym. Sci. Technol.*, **22**, 663 (2009); c) K. Arimitsu, R. Endo, *J. Photopolym. Sci. Technol.*, **23**, 135 (2010)
10) a) K. Arimitsu, R. Endo, *Polymer Preprints, Japan*, **59**, 5349 (2010); b) K. Arimitsu, Proc. RadTech Asia 2011, 210 (2011); c) K. Arimitsu, R. Endo, *Chem. Mater.*, **25**, 4461 (2013)
11) a) T. Ida, K. Arimitsu, *Polymer Preprints, Japan*, **60** (1), 1173 (2011); T. Ida, K. Arimitsu, *Polymer Preprints, Japan*, **60** (2), 4006 (2011)
12) X. Sun, J. P. Gao, Z. Y. Wang, *J. Am. Chem. Soc.*, **130**, 8130 (2008)
13) M. Miyamoto, K. Arimitsu, K. Ichimura, *J. Photopolym. Sci. Technol.*, **12**, 315 (1999)
14) K. Arimitsu, Y. Ito, T. Gunji, Y. Abe, K. Ichimura, *J. Photopolym. Sci. Technol.*, **18**, 227 (2005)
15) K. Arimitsu, H. Kitamura, R. Mizuochi, M. Furutani, *Chem. Lett.*, (2015) in press.
16) K. Arimitsu, K. Doi, T. Gunji, Y. Abe, K. Ichimura, *Proc. 86th Spring Meeting of The Chemical Society of Japan*, 3L1-27 (2006)
17) K. Arimitsu, K. Ichimura, *J. Mater. Chem.*, **14**, 336 (2004)
18) K. Arimitsu, M. Hashimoto, T. Gunji, Y. Abe, K. Ichimura, *J. Photopolym. Sci. Technol.*, **15**, 41 (2002)
19) K. Isoda, K. Arimitsu, T. Gunji, Y. Abe, K. Ichimura, *J. Photopolym. Sci. Technol.*, **18**, 225 (2005)

第Ⅲ編　プリント配線基板材料

第7章　プリント配線板用耐熱性エポキシ樹脂

平井孝好*

1　はじめに

エポキシ樹脂は，接着性，耐熱性，機械的特性などの硬化物性に優れる上に，成形が容易で大量生産に適することや樹脂・硬化剤ともに多くの種類があり，多様な要求に対応できる樹脂である。近年，エポキシ樹脂に対する高品質，高性能化の要求は，各応用分野における新技術の開発・発展，あるいは環境問題への対応に伴い，一層厳しくなってきている。主な用途分野としては，自動車用電着塗料，橋・船舶用防食塗料，ビールや清涼飲料などの缶用塗料分野，プリント配線板や半導体封止材などの電気・電子分野，橋やコンクリートの補強，建築物の床材などの土木建築・接着剤分野がある。そして，使用されるエポキシ樹脂の種類は，多種多様である。主な樹脂には，ビスフェノールＡ型，ビスフェノールＦ型，ビフェノール型，フェノールノボラック型，オルソクレゾールノボラック型，臭素化ビスフェノールＡ型，脂環型，多官能型などがある。本稿では，プリント配線板用エポキシ樹脂について紹介する。

2　高耐熱エポキシ樹脂開発

エポキシ樹脂は，高架橋硬化させることにより，耐熱性を上げることができる。エポキシ樹脂自体が，架橋点を多く持つ多官能エポキシ樹脂は，耐熱性向上に非常に有効である（図1）。高耐熱エポキシ樹脂の開発手法としては，前述のとおり，高架橋硬化させることがあげられる。高耐熱高架橋のイメージを図2に示した。また，剛直な構造を組み込むことにより耐熱性を上げる手法もある。高耐熱剛直構造のイメージを図2に示した。

プリント配線板用に使用されるエポキシ樹脂の硬化剤としては，耐熱性を上げるためにフェノールノボラック系樹脂が使用されることが多い。多官能エポキシ樹脂と多官能フェノール硬化剤の組み合わせでは，高耐熱硬化物を得ることができる。ただし，硬化物の吸水率が高くなるという欠点が生じる。吸水率が高くなる理由は，硬化反応時に2級水酸基が生成するためである。図3にイメージを示した。高耐熱高架橋にすると，吸水率も増加するという問題が生じる。高耐熱であり，かつ低吸水率であることが必要であり，この特性が切望されている。硬化剤をフェノールノボラック樹脂に固定し，各種エポキシ樹脂硬化物の吸水率とTgの関係を図4に示した。

＊　Takayoshi Hirai　三菱化学㈱　四日市事業所　開発研究所　機能化学研究室
電子光学材料Ｇ　グループマネジャー

(数値：代表値)

タイプ	名称	エポキシ当量 g/eq	軟化点 ℃	全塩素 wt ppm	可鹸化塩素 wt ppm
ﾌｪﾉｰﾙﾉﾎﾞﾗｯｸ型ｴﾎﾟｷｼ	152	174	(15ps@52℃)	2500	700
	154	177	(440ps@52℃)	3900	900
ﾋﾞｽﾌｪﾉｰﾙAﾉﾎﾞﾗｯｸ型ｴﾎﾟｷｼ	157S70	208	70	1000	80
3官能ﾌｪﾉｰﾙ型ｴﾎﾟｷｼ	1032H60	169	60	700	30
4官能ﾌｪﾉｰﾙ型ｴﾎﾟｷｼ	1031S	200	90	990	100
液状多官能ﾌｪﾉｰﾙ型ｴﾎﾟｷｼ	L2832	176	(1.4ps@100℃)	1240	160
4官能型ｸﾞﾘｼｼﾞﾙｱﾐﾝ	604	120	(80ps@50℃)	5500	160
3官能型ｸﾞﾘｼｼﾞﾙｱﾐﾝ	630	96	(6ps@25℃)	5000	1000
高純度3官能型ｸﾞﾘｼｼﾞﾙｱﾐﾝ	630LSD	95	(6ps@25℃)	1700	50

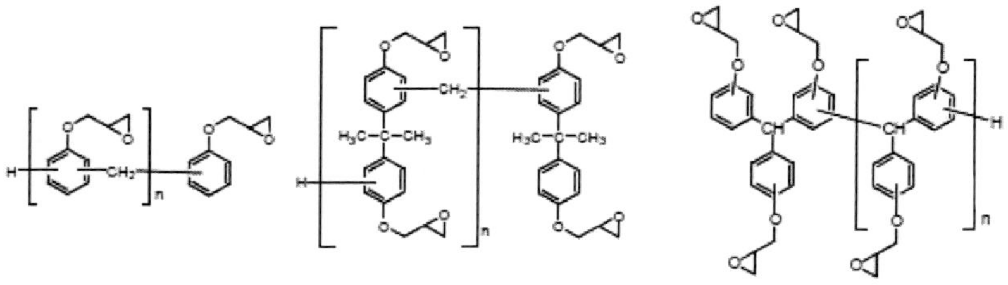

154　157　1032

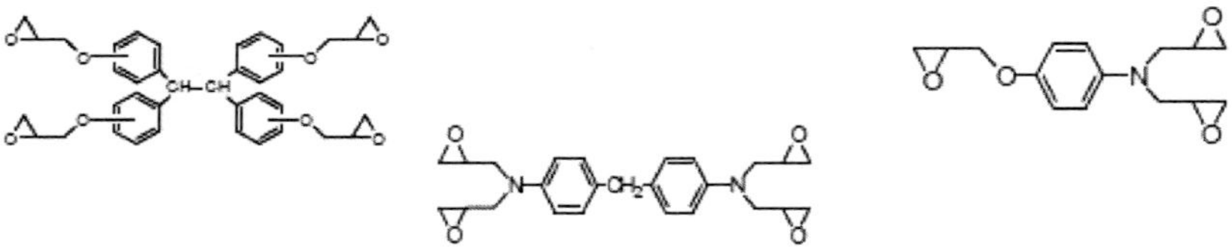

1031S　604　630

図1　多官能エポキシ樹脂

一般的にエポキシ樹脂として，高耐熱硬化物になるものは，高吸水率になり，耐熱性の低い硬化物は，低吸水率になる傾向があり，図4のグラフ上で右肩上がりの相関がみられる。この相関から逸脱する高耐熱かつ低吸水という特性が重要になってきている。そのため，現在，高耐熱かつ低吸水のエポキシ樹脂の開発を進めており，開発レベルではあるが有望なものも出来てきている。

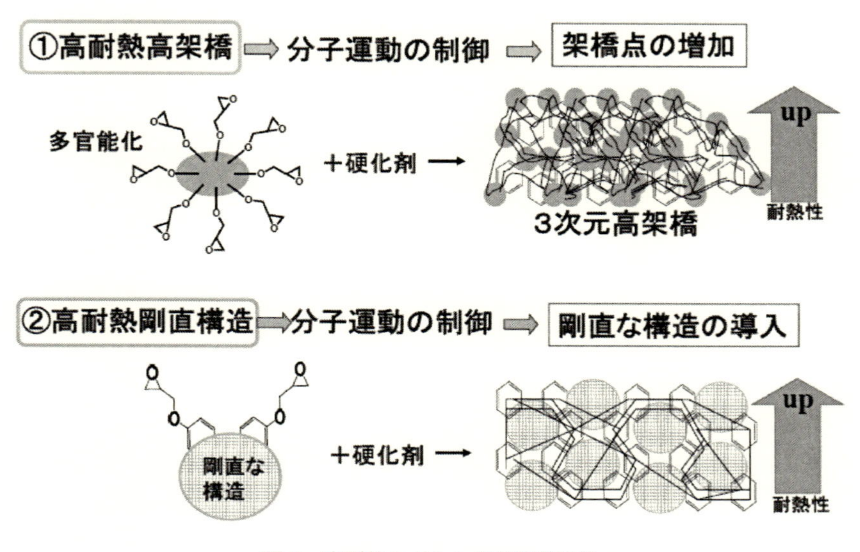

図2　高耐熱エポキシ樹脂開発手法

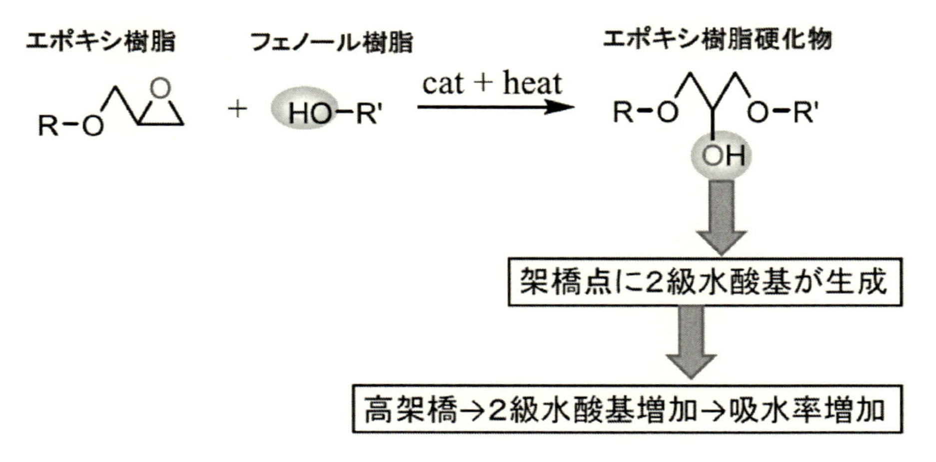

図3　エポキシ樹脂とフェノール樹脂の硬化反応

3　靭性付与としての可撓性エポキシ樹脂

高耐熱エポキシ樹脂は，前述のとおり，硬化物が高架橋密度であったり，剛直構造であったりする。そのため，硬化物は非常に硬くなり，脆くなる傾向がある。この脆くなるという欠点を改良する為には，可撓性エポキシ樹脂を配合系に添加することが有用である。可撓性エポキシ樹脂

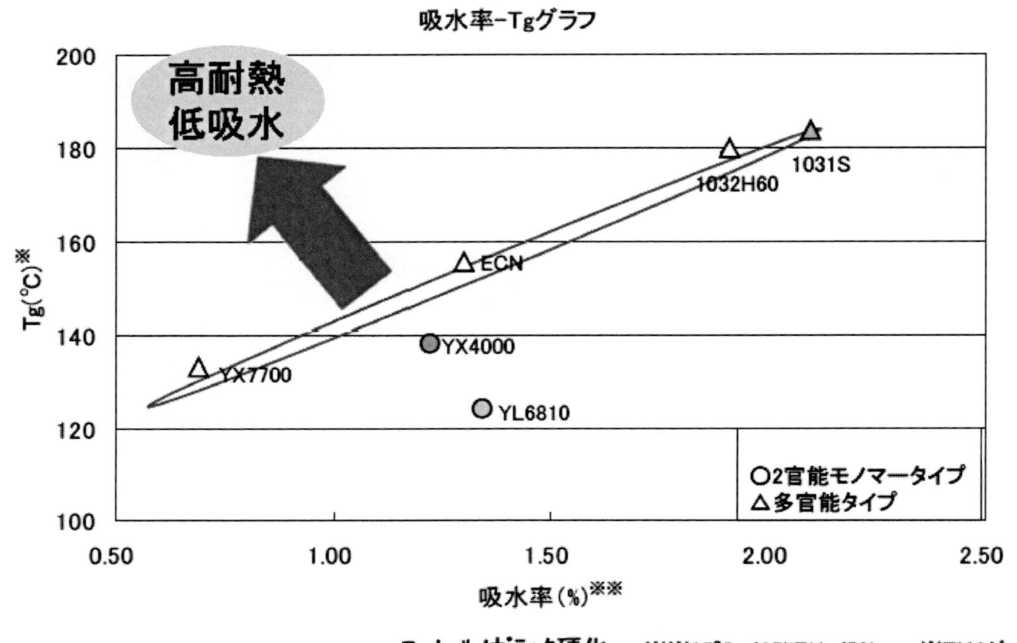

図4　低吸率・Tg の相関図

は，構造上耐熱性が低く，配合する際には，耐熱性の低下も考慮する必要がある。可撓性エポキシ樹脂の模式的な構造および硬化物性を図5に示した。YX7105 と YX7110 は，柔軟性骨格を導入した新規エポキシ樹脂であり，ビスフェノールAノボラック硬化でも柔らかい硬化物を得ることができる。図4中の表に YX7110 の硬化物性における曲げ弾性率・曲げ強度は，柔らかすぎて測定値が出ない結果となった。YX7105，YX7110 共に柔軟性骨格を導入しているが，硬化物の熱分解温度は，通常のエポキシ樹脂硬化物と同等であり，特に耐熱性に劣るという事は無い。また，靭性付与には，高分子量エポキシ樹脂の添加も有用である。

4　高分子量エポキシ樹脂の開発（jER 溶液シリーズ，図6）

電気・電子分野で使用されるエポキシ樹脂を用いた部品は，通常難燃性が要求され従来，火災安全性の目的で，主に TBBA（テトラブロモビスフェノールA）構造を有する臭素含有エポキシ樹脂が使用されてきた。しかし，近年の環境問題より，ハロゲン系難燃剤は，廃棄・焼却する際に有害なダイオキシン類似化合物を発生することが懸念されている。そこで環境意識の高まりから積層板メーカーなどは，より安全で耐湿信頼性，難燃性に優れるノンハロゲンタイプの製品の開発を進めており，使用するエポキシ樹脂もノンハロゲンタイプが求められている。

柔軟性骨格

YX7105、YX7110の硬化物性（ビスフェノールAノボラック硬化）

		YX7105	YX7110	参考871	参考157S70
ｴﾎﾟｷｼ当量	g/eq	487	1124	421	204
粘度 50℃	poise	62	2670	4-9 @25℃	固形
硬化物性(*1)					
Tg(TMA)	℃	31	25	-3	197
曲げ弾性率	MPa	103	柔らかすぎて測定値出ず		2610
曲げ強度	MPa	8.8			89
引張り弾性率	MPa	63	6.8	6.2	
引張り強度	MPa	18.6	12.3	3.7	
引張り伸び	%	153	234	68	
誘電率1MHz	−	4.2	4.3		3.6
誘電正接IMHz	−	0.031	0.036		0.024
熱分解温度(1%減)	℃	297	301	284	
(*2)　(5%減)	℃	336	342	362	
特徴		超可撓性	超可撓性	ﾀﾞｲﾏｰ酸GE	汎用多官能ｴﾎﾟｷｼ
化審法		低生産化審法	低生産化審法	既存	既存
開発段階		開発品	開発品	量産	量産

(*1) 硬化剤YLH129(ｴﾎﾟｷｼ基と当量), 促進剤EMI24(0.05phr), 硬化条件170℃/1hr

(*2) 昇温10℃/min、空気中

図5　可撓性エポキシ樹脂（YX7105, YX7110）

特徴

①多様なガラス転位温度 15 ～ 150℃　と特徴
　YX7180：粘着性、YX6954, YX7200：低誘電率 低吸水、
　YX8100：高接着、4256, YX6954, YX8100：難燃性
②両末端エポキシ基（従来の高分子量エポキシ樹脂は無制御）
③分子量分布がシャープで他材料との相溶性に優れる
④製膜性に優れる

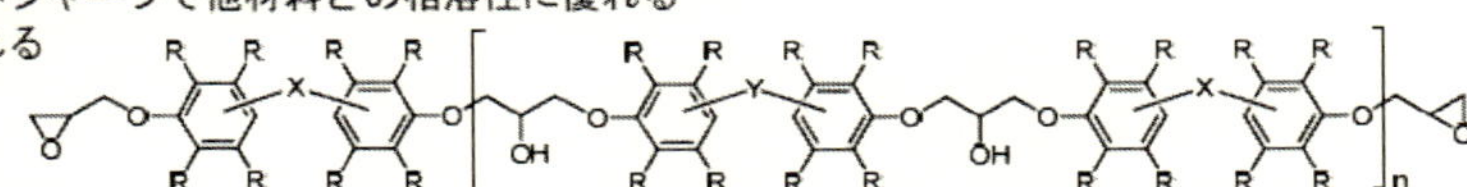

品番	構造	Tg (DSC) *1 (℃)	エﾎﾟｷｼ当量 (g/eq)	2級OH当量 (g/eq) *3	Mw (PSt換算)	Mn (PSt換算)	溶剤	樹脂含量 (%)	粘度 St@25℃	備考
YX7180BH40	可撓性骨格	15	10,000	215	56,000	9,700	MEK/ｼｸﾛﾍｷｻﾉﾝ	40	21	開発中
4256H40	BisF	65	10,000	256	62,000	8,000	ｼｸﾛﾍｷｻﾉﾝ	40	140	開発中
1256B40	BisA	98	7,800	284	48,000	10,000	MEK	40	45	量産
YX6954BH30	剛直骨格	130	13,000	325	39,000	14,500	MEK/ｼｸﾛﾍｷｻﾉﾝ	30	14	量産
YX8100BH30	剛直骨格	150	*2	308	38,000	14,000	MEK/ｼｸﾛﾍｷｻﾉﾝ	30	17	量産
YX7200B35	剛直骨格	149	8,000	347	29,000	11,000	MEK	35	6	開発中

＊1　生樹脂（溶剤除去後）のTg
＊2　測定溶剤に不要のため，測定不能（約10000と推定）
＊3　計算値

図6　jER 溶液シリーズ（高分子量エポキシ樹脂）

通常のビスフェノールA型高分子量エポキシ樹脂は，そのガラス転移温度（Tg）が約98℃であり，臭素化ビスフェノールA型高分子量エポキシ樹脂（Tg：約110℃）に比べて低く，耐熱性に劣る。そこで，臭素を含まず，耐熱性も高いタイプの樹脂が求められる。この要求に対する樹脂開発においては，より燃えにくい樹脂骨格についても考慮し，高分子量エポキシ樹脂：jER YX8100BH30を開発した。特殊な樹脂骨格を用いることで，樹脂自体のTgが，約150℃という高耐熱を達成できた。このjER YX8100BH30は，電気・電子用途における，高耐熱用途に使用するのに最適である。また，骨格に臭素を含まないことから，ノンハロゲン用途への適用も可能である。

最近では，コンピューターや情報通信機器の高性能・高機能化，ネットワーク化の進展に伴い，大量のデーターを高速で処理するため，扱う信号が高周波数化する傾向がある。それに伴い，プリント配線板材料にも，低誘電率化が求められてきている。この用途の樹脂開発においては，臭素を含まない・高耐熱性であるということを前提に，jER YX6954BH30を開発した。

jER YX8100BH30は，高耐熱ではあるが，溶剤への溶解性や他の樹脂への相溶性が良くないという欠点がある。そのため，高耐熱性を維持したまま，溶解性を改良し，更に低吸水化も達成したjER YX7200B35を開発した。高分子量タイプのエポキシ樹脂として，従来よりも，より柔軟性のある特徴を持たせた樹脂も開発している。柔軟な骨格を組み込むことにより，非常に柔らかく，樹脂自体のTgは，約15℃という高分子量エポキシ樹脂：YX7180BH40を開発した。最新の開発品としては，高耐熱性と樹脂自体の線膨張係数を下げる事を狙ったYL7600DMAcH25が挙げられる（図7）。これは，線膨張係数が低くなる樹脂骨格をベースに，新規に開発した高耐熱高分子量エポキシ樹脂である。図7中の硬化物性から，Tgと線膨張係数をグラフ化したものが図8である。この樹脂は，従来品に比べ，高Tgであり低線膨張の特徴を持っている。

YL7600DMAcH25は，まだ開発段階の樹脂であり，量産化には至っていない。弊社の高分子量エポキシ樹脂は，樹脂自体のTgで見ると，低温側は約15℃から高温側は約160℃までの温度範囲内でのバリエーションが可能になっている。

5 jER YX7700の紹介（図9）

jER YX7700は，弊社が新たに開発した芳香族固形エポキシ樹脂である。従来にない新しい構造を有しているため，さまざまな性能が期待できる。燃え難い樹脂骨格を有しているため，封止材用途においては，ノンハロ難燃処方に対応可能。また，低応力・低弾性率・低吸水・高接着力という特徴がある（図10；封止材評価）。更に，jER YX7700は，溶剤への溶解性（図11）も良く，ワニス化して使用することも可能であり，プリント配線板用に有用である。

jER YX7700の想定用途としては，半導体封止材・プリント配線板・レジスト・炭素繊維複合材料・絶縁粉体・特殊接着剤など幅広い用途への展開が可能である。法規関係では，国内化審法・韓国化審法・中国化審法（1000 t/年まで）へ登録済みである。

（代表値）

		YL7600DMAcH25 (開発品) 高Tg・低線膨張タイプ	特殊骨格高分子量エポキシ樹脂		
			YX8100BH30 高Tgノンハロタイプ	YX6954BH30 低誘電・低吸水タイプ	YX7200B35 低吸水タイプ
生樹脂物性	エポキシ当量 (g/eq)	-	-	13000	10000
	樹脂含量 (%)	25	30	30	35
	溶剤 -	ジメチルアセトアミド/シクロヘキサノン	MEK/シクロヘキサノン	MEK/シクロヘキサノン	MEK
	粘度 (25℃, St.)	20	17	14	11
	Mw (PS換算) -	33000	38000	39000	38000
	Mn (PS換算) -	12000	14000	14500	14000
	Tg(DSC) (℃)	160	150	130	149
	吸水率 (%)	1.3	1.0	0.8	0.3
硬化物性	Tg (TMA) (℃)	175	154	133	153
	CTE (30℃-150℃) (ppm)	61	78	82	71
		ラボベース	量産品	量産品	パイロット

*1吸水率測定条件　85℃, 85%RH, 168hrs

* 硬化条件
高分子量エポキシ樹脂：157S65B80：EMI-24 = 95：5：0.5（固形分）
◇ 160℃ 1.5h + 200℃ 1.5h硬化

図７　高耐熱・低線膨張タイプ：YL7600DMAcH25

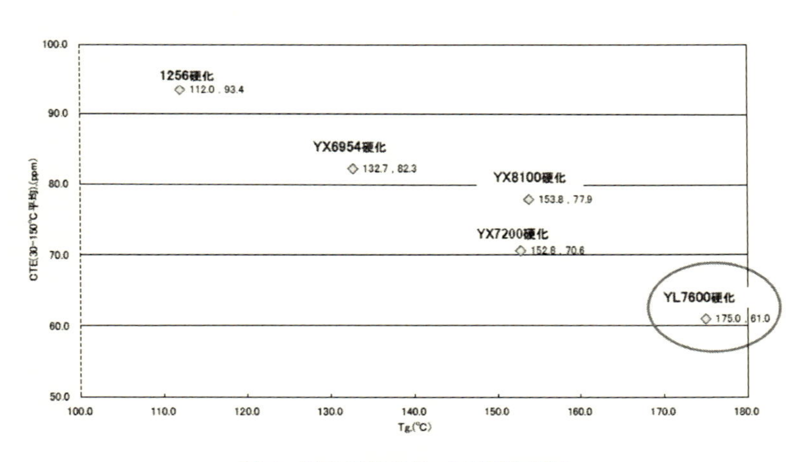

図８　硬化樹脂の Tg と線膨張係数

（代表値）

	YX7700	クレゾールノボラック型エポキシ樹脂(ECN)
外観	黄色透明 固形樹脂	淡黄色透明 固形樹脂
エポキシ当量(g/eq)	270	200
軟化点(℃)	65	63
溶融粘度 (P、150℃コーンプレート)	2. 5	2. 5
加水分解性塩素(ppm)	300	500
化審法	登録	登録

図９　jER YX7700 の紹介

<モデル封止材組成>
エポキシ樹脂：YX7700,YX4000,ECN
硬化剤：フェノールアラルキル，
促進剤：トリフェニルホスフィン（1phr）
離型剤：カルナバワックス（1phr），
カップリング剤：エポキシシラン（1phr）
Filler Content：80%（溶融シリカ）

試験条件
85℃/85%RH/72hr，168hr
PCT:130℃/100%RH/100hr

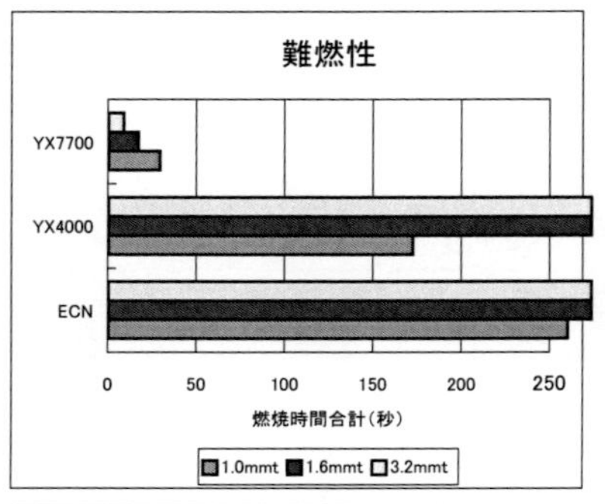

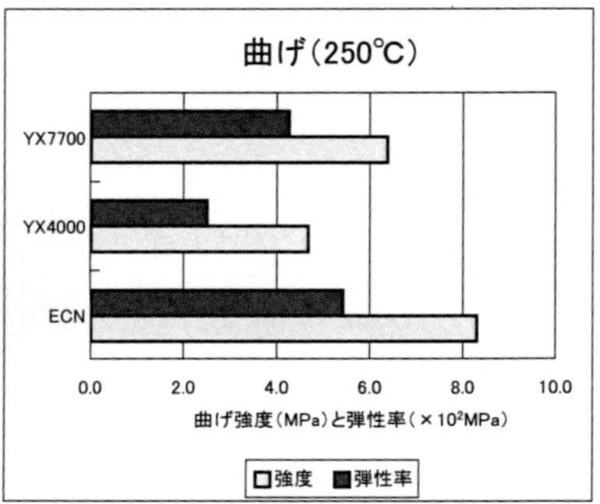

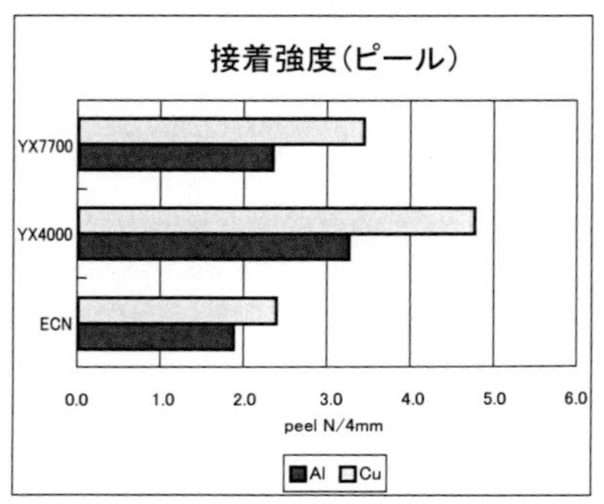

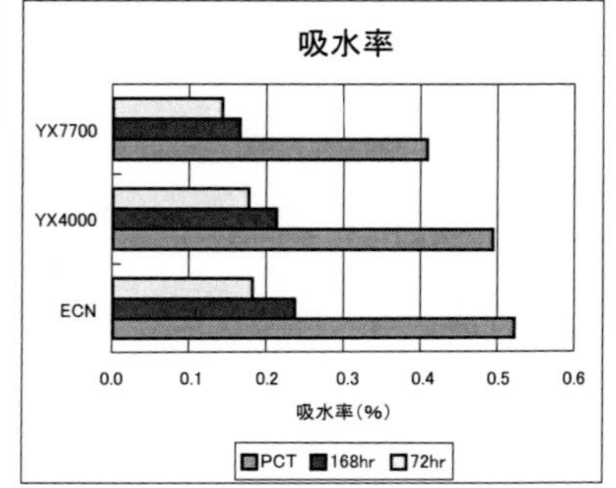

図10　jER YX7700の封止材評価

溶剤種	MEK			シクロヘキサノン			トルエン			エタノール		
R/C	25%	50%	75%	25%	50%	75%	25%	50%	75%	25%	50%	75%
直後	○	○	○	○	○	○	○	○	○	×	×	×
1週間後	○	○	○	○	○	○	○	○	○	×	×	×
1カ月後	○	○	○	○	○	○	○	○	○	×	×	×
4カ月後	○	○	○	○	○	○	○	○	○	×	×	×
12カ月後	○	○	○	○	○	○	○	○	○	×	×	×

○：溶解、×：不溶
試験方法
①50mlサンプル瓶にYX7700：10g、各種溶剤を計量し、超音波洗浄機で溶解。
②溶解or不溶を目視で確認。
③サンプルを23℃/50%RHの恒温室に保管し、目視で溶解or不溶を再確認。

図11　jER YX7700の溶剤溶解性

第8章　フィラーによる封止材の高熱伝導化・低熱膨張化技術

西　泰久*

1　はじめに

フィラーとは樹脂，ゴム等への充填材として使用される物質の総称である。フィラーの役割を大きく分類すると，次の4つが挙げられる。目的や用途に応じてフィラーを使い分けることによって，材料の特性を大きく改善することができる。

(a)　**増量，コスト低減**

タルク，炭酸カルシウム，クレーなど安価なフィラーが，コスト低減のため増量材として用いられる。増量，軽量化のためには，ガラスバルーン，シラスバルーンが用いられることもある。

(b)　**特性改善**

樹脂，ゴム等の力学的性質（機械的強度，弾性率），熱的性質（熱伝導性，耐熱性，熱膨張性）改善のために用いられる。

(c)　**機能性付与**

樹脂，ゴム等に，難燃性，導電性，摺動性，遮光性，光散乱性，紫外線防護，電磁波吸収性，磁性などの特殊機能を付与するために用いられる。

(d)　**加工性改善**

樹脂，ゴム等の流動性，粘性，離型性を改善するために用いられる。

パワーデバイス用封止材には，樹脂の高熱伝導化，低熱膨張化といった特性改善の目的で，フィラーが用いられている。本稿では，パワーデバイス用封止材料に充填されるフィラーについて，最新の設計技術，高熱伝導化技術，低熱膨張化技術を紹介する。

2　封止材用フィラーの種類

表1に代表的な封止材用フィラーを示す。これらのフィラーの中で，溶融シリカは，最も熱膨張率が小さく，化学的安定性，電気絶縁性が高いことなどから，封止材用フィラーとして最も多く使用されている。結晶シリカは熱伝導率が高く，安価で入手できることから，主にディスクリート（個別半導体）封止材用フィラーとして使用されている。

高熱伝導性フィラーとして最も使用されているものはアルミナである。なかでも球状アルミナ

---

*　Yasuhisa Nishi　電気化学工業㈱　大牟田工場　第四製造部　課長

表1 代表的な封止材用フィラー

	溶融シリカ SiO_2（非晶質）	結晶シリカ SiO_2（結晶質）	アルミナ Al_2O_3	窒化ホウ素 BN	窒化ケイ素 Si_3N_4	窒化アルミ AlN
熱伝導率（W/m･K）	1.3	10	26	a 軸 110 c 軸 2	33	270
熱膨張係数（ppm/K）	0.5	14	7.3	4.0	3.5	4.6
比重（－）	2.2	2.7	4.0	2.3	3.2	3.3
ビッカース硬度（Hv）	6	10	20	1～2	15	12
比誘電率（－）	3.8	4.6	8.9	4.1	8.0	8.8

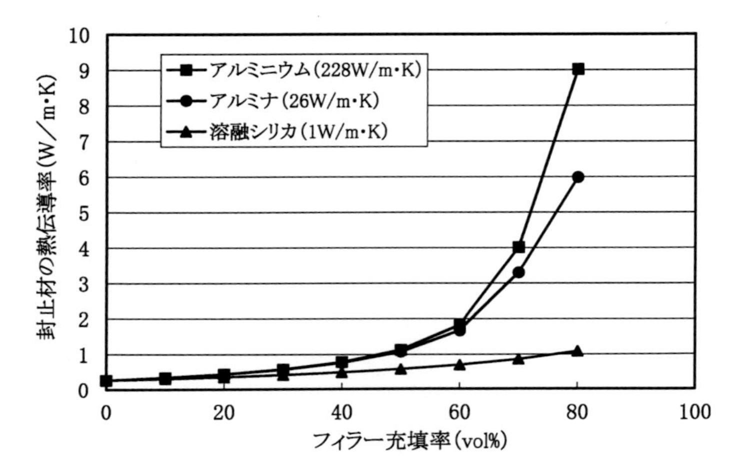

図1 フィラー充填率と封止材の熱伝導率との関係

は樹脂への充填性に非常に優れるため，高充填すれば4～6 W/m･K の熱伝導率を有する封止材を製造することが可能となる。また球状であることから金型の摩耗も少なく，近年，封止材フィラーとしての適用例が急増している。

3 フィラー充填材料の熱伝導率

フィラー充填材料の熱伝導率については Bruggeman の式とよく一致することが知られている[1)]。この式をみると，複合材料の熱伝導率を上げるためには，①フィラーの熱伝導率を上げる，②フィラーの充填率を上げる，③樹脂の熱伝導率を上げる，ことが重要であることが示されている。

図1にフィラー充填率と封止材の熱伝導率との関係を示す。フィラーを50 vol%以上に高充填しないと，熱伝導経路が形成されず，フィラーが有する高熱伝導特性が十分に発現しないことがわかる。

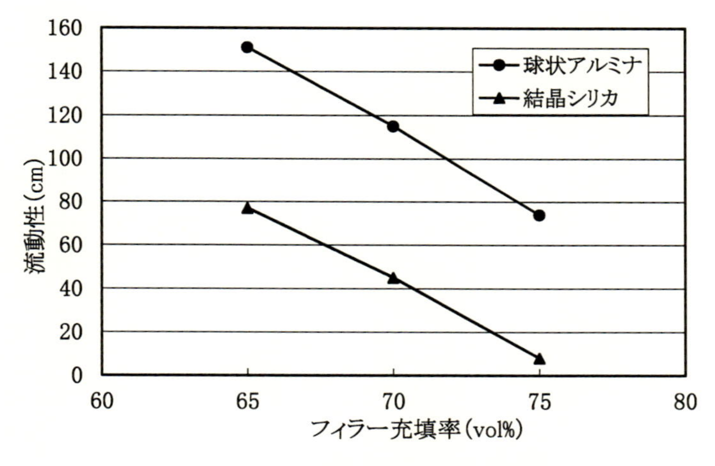

図2　フィラー充填率と流動性との関係

4　フィラー高充填技術

封止材の熱伝導率を上げるためには，フィラーの充填率を上げる必要がある。しかし，図2に示すように，フィラーを高充填するに従い，流動性，成形性が損なわれていく傾向がある。フィラーを高充填しても流動性，成形性を損なわないようにするためには，フィラー側の設計技術として，次の三つの方法が有効である。

4.1　粒度分布の適正化

フィラーの充填率を向上させる一つ目の方法は，フィラーの粒度分布を最密充填構造とすることである。粉体の最密充填理論で，よく知られたものの一つに，図3に示すHorsfieldの最密充填モデルがある[2]。これは，六方最密充填された一次球の隙間をちょうど満たすように小粒子を最密充填していくことを想定し，最も密なる充填状態を実現できる配合比，粒子径比を求めたものである。このような考えのもと，五次球まで充填すると，理論空間充填率は，85 vol%（シリカフィラーとエポキシ樹脂を組み合わせた場合，93 wt%相当）となる[3]。

しかし封止材用フィラーには，高密充填性の他に，封止時に必要な特性となる高流動性も要求され，最適な粒度分布は，静的モデルであるHorsfieldの最密充填モデルとは少し異なる。充填性および流動性を両立するためには，図4に示すような粗粉，微粉，超微粉を組み合わせた粒度分布が最も適していることがわかっており，多くの特許が出願されている[4~7]。

4.2　超微粉の適正化

フィラーの充填率を向上させる二つ目の方法は，充填する超微粉の粒子径と，それらの充填率を最適化することである。粗粉と微粉の隙間を満たすために超微粉の添加が必要であるが，粒子径が小さすぎたり，添加率が高すぎたりすると，逆に封止材が増粘してしまう。封止材を増粘さ

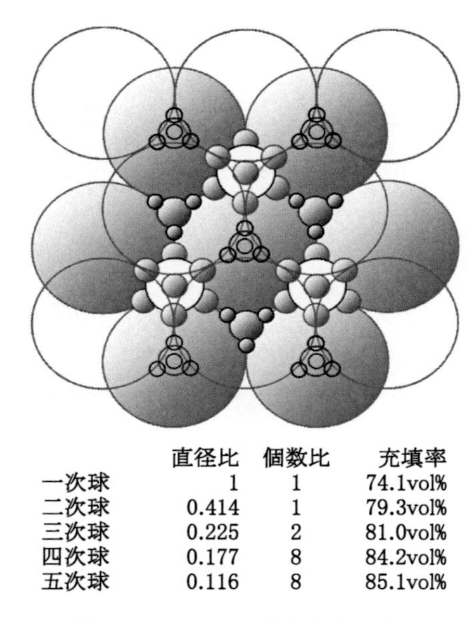

	直径比	個数比	充填率
一次球	1	1	74.1vol%
二次球	0.414	1	79.3vol%
三次球	0.225	2	81.0vol%
四次球	0.177	8	84.2vol%
五次球	0.116	8	85.1vol%

図３　Horsfieldの最密充填モデル

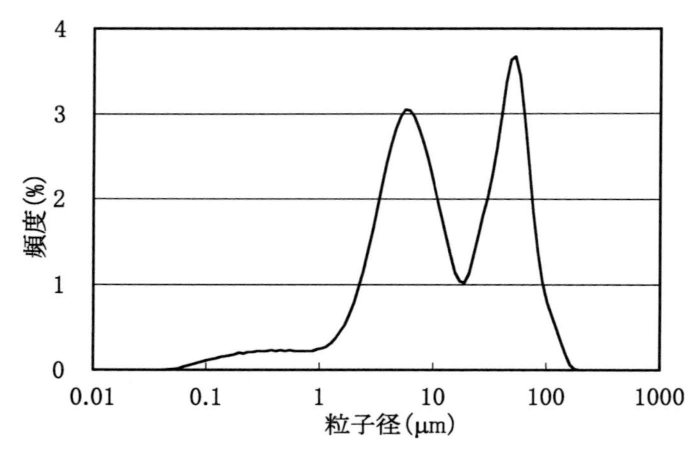

図４　粗粉，微粉，超微粉を組み合わせた粒度分布

せないように，最密充填となるサイズの超微粉を最適量充填することが重要である。図5に超微粉の粒子径と流動性の伸び率との関係を示す[8]。一般的には0.3～0.8 μm程度の超微粉を5～20 wt%添加することで最も特性が向上する傾向にある。

4.3　粒子形状の適正化

フィラーの充填率を向上させる三つ目の方法は，粒子形状を真球に近づけることである。真球に近いほど充填性が向上し，流動時の抵抗も小さくなるので，封止材の流動性も向上する。図6に粒子の球形度と流動性との関係を示す[8]。

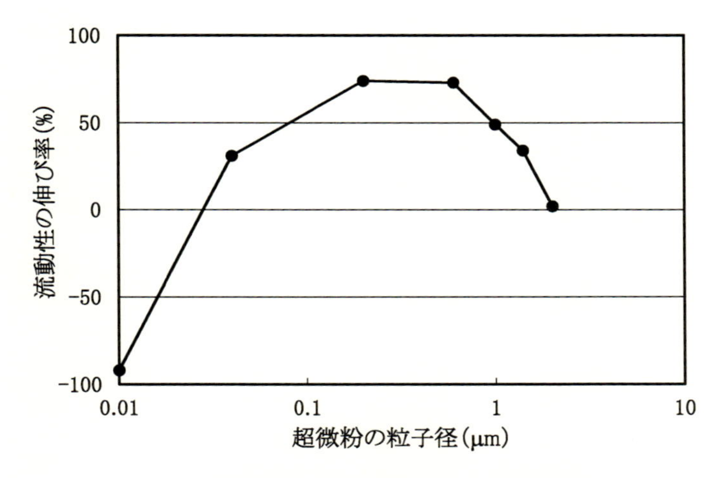

図５　超微粉の粒子径と流動性の伸び率との関係

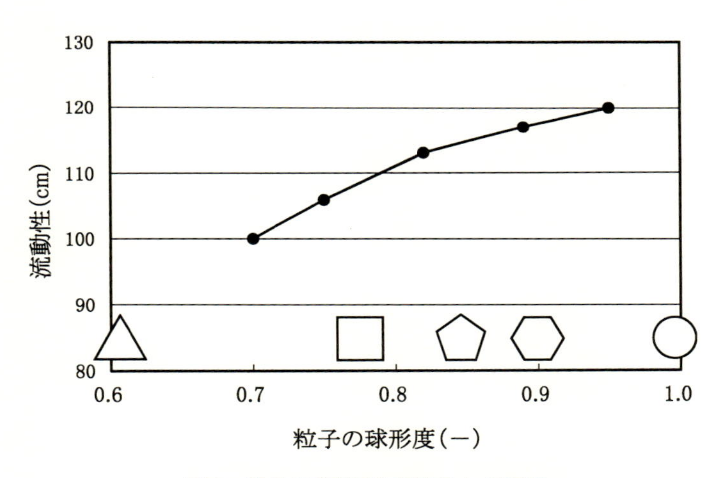

図６　粒子の球形度と流動性との関係

また，アルミナなどのように硬度が高いフィラーについては，球状とすることで金型摩耗を抑えることができるというメリットもある。次項以降は，各種フィラーの特徴について詳述する。

5　シリカ（SiO_2）フィラー

図７に各種シリカフィラーの製造方法を示す。結晶シリカは，珪石をミクロンオーダーに粉砕して製造される。溶融シリカには，破砕タイプ，球状タイプの二種類がある。樹脂に高充填でき，封止材の熱膨張率低減や，難燃化付与への寄与が大きいことから，最近では球状シリカフィラーが主流となっている。表２および図８に高充填性／高流動性球状シリカの代表特性を示す。写真１に球状シリカおよび，球状シリカ超微粉の電子顕微鏡写真を示す。

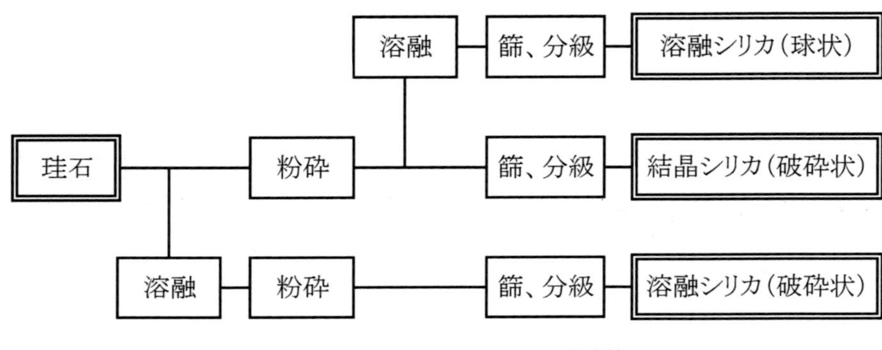

図7　各種シリカフィラーの製造方法

表2　高充填性／高流動性球状シリカの代表特性

グレード／項目	高充填性／高流動性グレード				超微粉グレード
	FB-105	FB-940	FB-9454	FB-950	SFP-30M
平均粒子径（μm）	12	16	20	24	0.6
比表面積（m^2/g）	4.5	2.6	3.1	1.5	6.1
SiO_2（%）	>99.9	>99.9	>99.9	>99.9	>99.9
Fe+（ppm）	4	3	3	2	5
Na+（ppm）	0.3	0.3	0.3	0.2	0.9
Cl−（ppm）	0.2	0.2	0.2	0.1	0.8

電気化学工業㈱

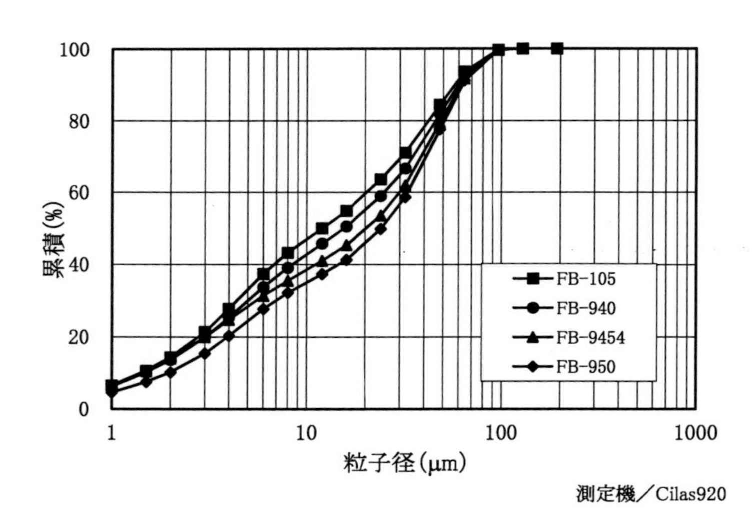

図8　高充填性／高流動性球状シリカの粒度分布

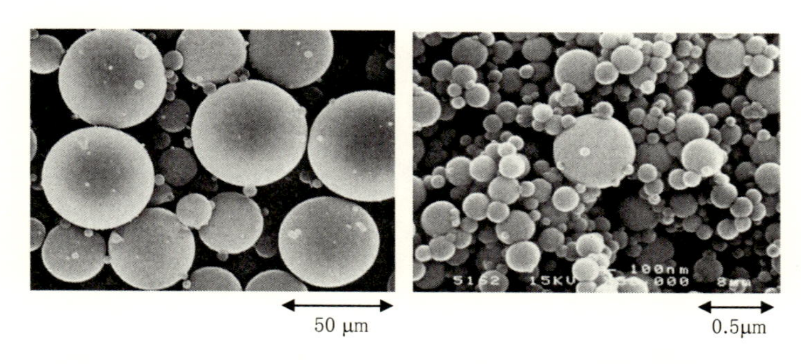

写真1　球状シリカ（左），球状シリカ超微粉（右）の電子顕微鏡写真

表3　球状アルミナの代表特性1

グレード／項目	標準グレード		低 Na グレード		低 Na&高球形グレード	
	DAM-45	DAM-05	DAW-45	DAW-05	DAS-45	DAS-05
平均粒子径（μm）	45	5	45	5	45	5
比表面積（m^2/g）	0.2	0.5	0.2	0.5	0.2	0.5
Al_2O_3(%)	>99.9	>99.9	>99.9	>99.9	>99.9	>99.9
Fe^+（ppm）	20	10	8	3	7	3
Na^+（ppm）	40	180	5	5	4	4
Cl^-（ppm）	0.5	1.0	0.5	0.5	0.2	0.3

電気化学工業㈱

表4　球状アルミナの代表特性2

グレード／項目	高充填性／高流動性グレード				超微粉グレード
	DAB-10SI	DAB-30SI	DAB-45SI	DAB-70SA	ASFP-20
平均粒子径（μm）	10	9	15	7	0.3
比表面積（m^2/g）	1.8	1.4	0.6	1.9	15
Al_2O_3(%)	90	95	95	95	>99.9
Fe^+（ppm）	14	13	12	14	3
Na^+（ppm）	5	6	6	6	30
Cl^-（ppm）	0.5	0.3	0.2	0.3	0.2

電気化学工業㈱

6　アルミナ（Al_2O_3）フィラー

熱伝導率が高く，比較的安価であるアルミナは，コストパフォーマンスに優れるため，高熱伝導性フィラーの代表的な存在となっている。中でも球状アルミナは樹脂への充填性に優れ，4～6 W/m･K の熱伝導率を有する封止材を調製することが可能となる。また，球状であることから金型摩耗性も少ないという特徴もある。

表3，表4，図9に球状アルミナの代表特性を示す。図10に球状アルミナを充填した封止材の熱伝導率，図11に金型摩耗性を示す。写真2に球状アルミナおよび，球状アルミナ超微粉の電子顕微鏡写真を示す。最近では，球状アルミナを高充填できるように，あらかじめ粒度分布を調

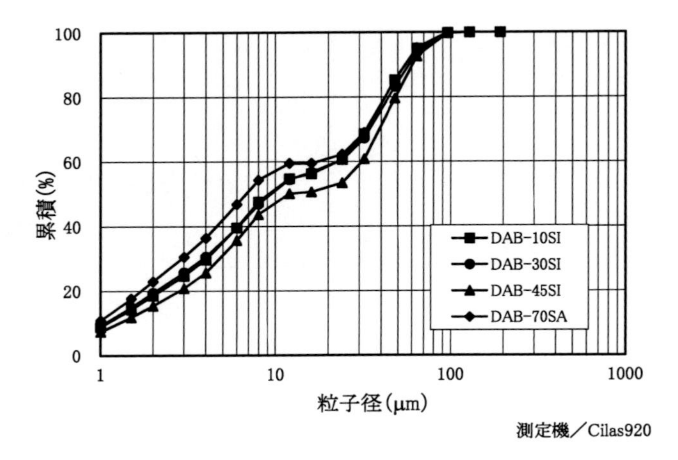

図９　高充填性／高流動性球状アルミナの粒度分布

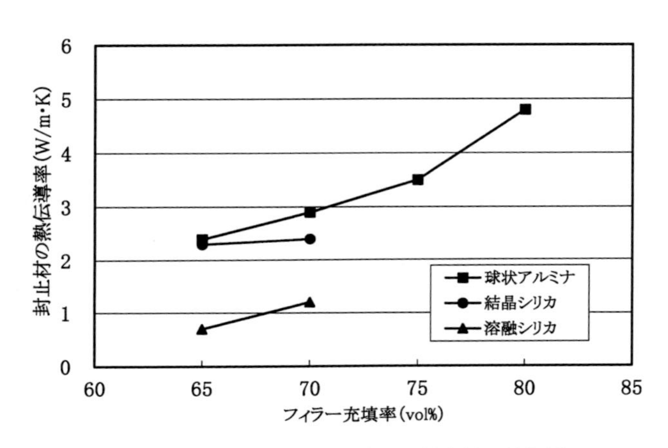

図10　球状アルミナを充填した封止材の熱伝導

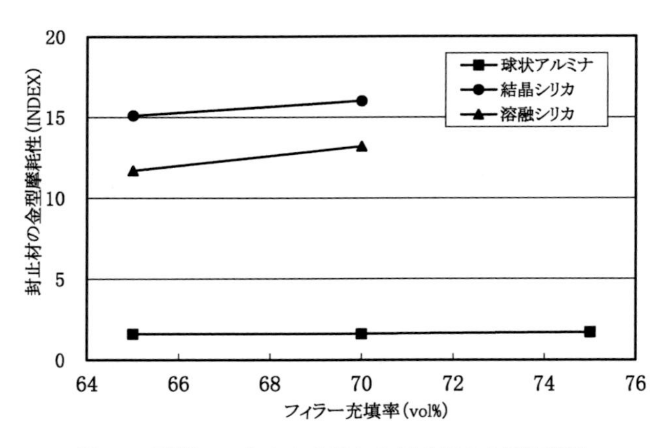

図11　球状アルミナを充填した封止材の金型摩耗性

写真2　球状アルミナ（左），球状アルミナ超微粉（右）の電子顕微鏡写真

整した高充填性 / 高流動性グレードや球形度を高めたグレードも市販されており，6 W/m·K を超える熱伝導率を示す封止材の製造も可能になりつつある。

7　窒化ホウ素（BN）フィラー

窒化ホウ素は人工鉱物であり天然には存在しない。主に，ホウ酸化合物（ホウ素，ホウ酸塩，ホウ砂）と窒素化合物（アンモニア，尿素，メラミン）との反応によって製造される。高熱伝導性フィラーとしての歴史は古く，1970年代後半にはすでに，パワートランジスター放熱用の絶縁性シートとして，シリコーン樹脂にBNフィラーを充填したものが実用化されている[9]。

BNフィラーは結晶性が高くなるほど熱伝導率も高くなるが，同時に鱗片形状を呈するようになる。熱伝導率には異方性があり，鱗片の厚さ方向は，面方向よりも熱伝導率が二桁劣る。そのため，BNフィラーを樹脂に混合後，配向が生じないように成形する方法や，配向が生じないように粒子形状に特徴を持たせる技術，たとえば球状BNフィラーの開発も検討され，実用化されつつある[10]。表5に窒化ホウ素の代表特性を示す。写真3に窒化ホウ素の電子顕微鏡写真を示す。

8　窒化ケイ素（Si_3N_4）フィラー

金属ケイ素を直接窒化する方法，イミドSi（NH）$_2$を熱分解する方法，シリカをカーボンの存在下，還元窒化する方法などによって製造される。ケイ素原子と窒素原子との共有結合性が高いため，高い高温強度，耐摩耗性および耐熱衝撃性を有する。このためエンジニアリングセラミックスとして自動車部品，切削工具，ベアリングボールなどに使用されている。また共有結合性の強さに由来して，熱伝導率も高く，高熱伝導性セラミックス基板，高熱伝導性フィラーとしても用いられる。

窒化ケイ素は非常に硬度が高く，高熱伝導性フィラーとして使用する場合は，金型や成型機の摩耗に注意が必要である。酸化物であるシリカやアルミナは高温で融解するので球状化が可能であるが，窒化ケイ素は常圧では融解しないため球状化することができない。微粉の窒化ケイ素

表5　窒化ホウ素の代表特性

項目＼グレード	SGP	GP	HGP	SP-2	SGPS
平均粒子径（μm）	18	8	5	4	12
比表面積（m^2/g）	2	8	11	34	2
G. I.（%）	0.9	0.9	1.2	7.5	1.5
BN（%）	99	99	99	97	86
B_2O_3（%）	0.1	0.1	0.2	0.2	0.1
O（%）	0.3	0.5	1.0	1.8	7.0

電気化学工業㈱

写真3　窒化ホウ素の電子顕微鏡写真（左 SGPS，中央 SGP，右 GP）

フィラーと，粗粉の球状アルミナフィラーを組み合わせて使用するケースも多い。表6に窒化ケイ素の代表特性を示す。写真4に窒化ケイ素の電子顕微鏡写真を示す。

9　窒化アルミニウム（AlN）フィラー

金属アルミニウムを直接窒化する方法，アルミナをカーボンの存在下，還元窒化する方法などによって製造される。窒化アルミニウムは窒化ホウ素や窒化ケイ素よりも熱伝導率が高く，金に匹敵するほどの熱伝導率を有する。

しかしながら，水分が存在すると加水分解してアンモニウムイオンを発生することから，イオン性不純物を嫌う分野においては高熱伝導性フィラーとしての適用例も限られている。最近では，表面改質により耐湿信頼性を向上したグレードや，造粒により球状化したグレードも市販されており，高熱伝導性フィラーとしての期待がますます高まっている。

10　おわりに

今後も，封止材料には高放熱化が求められ，高熱伝導性フィラーのニーズがますます高まると予想される。所望する熱伝導率を得るためには，やはり高熱伝導性フィラーを高充填することが

表6　窒化ケイ素の代表特性

項目＼グレード	SN-7	SN-9S	SN-9FWS	NP-200	NP-600
平均粒子径（μm）	4.3	1.1	0.7	0.7	0.7
比表面積（m^2/g）	5	7	11	11	13
α分率（%）	73	92	92	93	88
Fe（ppm）	2000	2000	200	500	130
Al（ppm）	2000	1000	1000	700	800
Ca（ppm）	2000	2000	2000	200	60
O（%）	1.5	1.7	0.8	1.6	1.2

電気化学工業㈱

写真4　窒化ケイ素の電子顕微鏡写真（左 SN-9S，右 SN-9FWS）

必須である。高充填性の球状アルミナや，球状アルミナをベースとした複合化フィラー，球状窒化ホウ素，球状窒化アルミニウム，球状酸化マグネシウムなどの新規フィラーの実用化が期待される。

文　献

1） D. A. G. Bruggeman, *Ann. Phys.*, **24**, 636～679 (1935)
2） 粉体工学会編，粉体工学便覧 P.105～106 (1986)
3） 高橋，工業材料 **42** (15) P.112～116 (1994)
4） 特許第 3483817 号
5） 特許第 3571009 号
6） 特許第 3868272 号
7） 特許第 3868347 号
8） 長坂，「半導体封止用材料の開発と信頼性技術」技術情報協会 P.253～264 (2000)
9） 特許公報　特公昭 62-26906 号
10） R. T. Paine *et al.*, *Polym. Mater. Sci. Eng.*, **82**, 255 (2000)

第9章　エポキシ樹脂の高耐電圧性

今井隆浩*

1　はじめに

電子機器の高性能化・小型化が進むにつれ，電子部品の高密度実装への要求が高まっている。高密度実装することで，導体間の距離は短くなり，プリント配線基板の層間材料などには，優れた電気絶縁性が求められている。また，高周波環境での優れた高速伝搬性を可能にするため，比誘電率と誘電正接の低減も求められている。

図1(a)に，電力機器と比較した電子機器の使用電界（電圧がかかっている空間の状態を電界という）を示す[1)]。電子機器で主に使用される電源は直流であり，電気機器で使用される交流と異なるが，電子機器での絶縁材料にかかる電界は，電気機器での絶縁材料にかかる電界と同程度，あるいはそれ以上となっている。

また，電子機器の劣化として，図1(b)に示すように，電気的，電気化学的，機械的，熱的な要因を挙げることができる[2)]。これらの要因に環境条件が加わることで，劣化要因が複合化され，電子機器の劣化が加速されることになる。電子機器で使用される絶縁材料では，複合化された劣化要因により，導体と絶縁材料の界面などにおいて，部分放電（微小な空間で発生する微弱な放

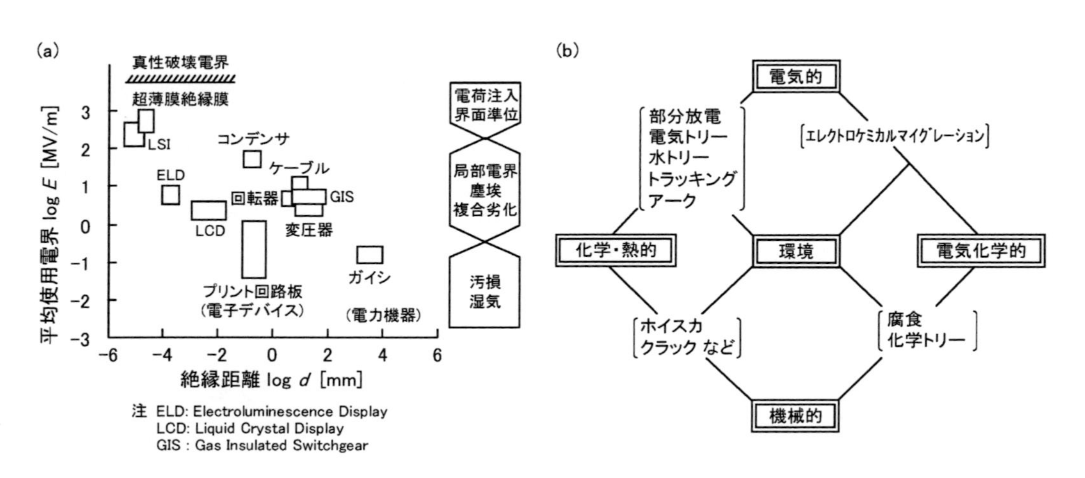

図1　電子機器における高密度実装化と劣化要因
(a)絶縁距離と平均使用電界の関係[1)]，(b)劣化要因と劣化形態の関係図[2)]

＊　Takahiro Imai　㈱東芝　電力・社会システム技術開発センター
高機能・絶縁材料開発部　主務

電）や電気トリー（樹枝状の絶縁破壊痕），エレクトロケミカルマイグレーション（イオンマイグレーション）が発生し，最終的には絶縁破壊に至ることになる。

以上のように，電子部品の高密度実装化には，優れた電気特性をもつ材料が不可欠となっている。そこで，本稿では，絶縁材料における基礎的な電気現象と，比誘電率を低減したエポキシ樹脂硬化物（以下，エポキシ樹脂）や，絶縁劣化の形態である絶縁破壊，電気トリー，部分放電，エレクトロケミカルマイグレーションなどに対する耐性を高めたエポキシ樹脂について紹介する。

2　固体絶縁材料（高分子材料）における電気現象

固体絶縁材料（高分子材料）の基礎的な電気現象は，表1に示すように，誘電性と電気絶縁性に分けることができる。以下に，誘電性と電気絶縁性について解説する。

(1)　誘電性

固体絶縁材料に電圧を印加すると，正・負の電荷が互いに反対方向に微小に変位する。また，材料中にイオンが含まれる場合，正・負イオンはお互い反対方向に微小に変位する。これを誘電分極といい，誘電分極のしやすさは，真空の誘電率を1としたときの比である比誘電率（ε_r）で表される。また，固体絶縁材料に交流電圧を印加した場合，誘電分極が周波数に追随できなくなり，電気エネルギーの一部が熱エネルギーに変わり損失する。電気エネルギー損失の程度を示す数値が誘電正接（$\tan\delta$）であり，比誘電率（ε_r）に誘電正接（$\tan\delta$）をかけた値が誘電損である。プリント配線基板で使用される固体絶縁材料では，比誘電率（ε_r），誘電正接（$\tan\delta$）は小さいことが望ましい。

誘電分極には，電子分極，原子分極，双極子分極（配向分極），空間電荷分極，界面分極などの種類がある。プリント配線基板用材料として汎用されるエポキシ樹脂も，極性をもつ分子構造が含まれるため，図2(a)に示すように，電圧の印加により材料内に電荷の偏りが現れる。加えて，誘電分極は，図2(b)に示すように，周波数依存性を示す。通常の電気絶縁では，直流（0 Hz）から1 MHz程度までが対象となるため，空間電荷分極，界面分極，双極子分極（配向分極）などが現れることになるが，プリント配線基板用材料ではGHz帯まで使用されるため，原子分極まで現れることになる。また，誘電損は，特定の周波数帯において極値をもつ。

表1　固体絶縁材料の基礎的な電気現象

基礎的な電気現象		物性値
誘電性	誘電分極	比誘電率（ε_r）
	誘電損	ε_r×誘電正接（$\tan\delta$）
電気絶縁性	電気伝導	導電率（σ），抵抗率（$\rho=1/\sigma$）
	絶縁破壊	絶縁破壊強さ（E_{BD}）

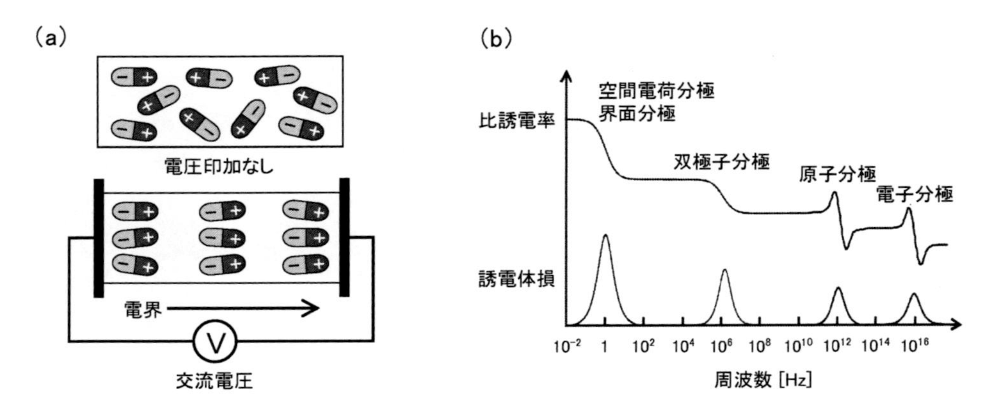

図２　固体絶縁材料の誘電分極
(a)電圧の印加による分極現象，(b)比誘電率と誘電体損の周波数依存性率

表２　種々の化学構造のモル分極率とモル体積

化学構造	モル分極率 (P_m)	モル体積 (V_m)	P_m/V_m	化学構造	モル分極率 (P_m)	モル体積 (V_m)	P_m/V_m
$-CH_3$	5.64	23.9	0.236	$-CH_2-$	4.65	15.85	0.293
>CH−	3.62	9.45	0.383	>C<	2.58	4.6	0.561
	25.5	72.7	0.351		25.0	65.5	0.382
−O−	5.2	10.0	0.520	− CO −	10	13.4	0.746
−COO−	15	23.0	0.652	− CONH −	30	24.9	1.205
−O−COO−	22	31.4	0.701	− F	1.8	10.9	0.165
−Cl	9.5	19.9	0.477	− CN	11	19.5	0.564
−CHCl−	13.7	29.35	0.467	− S −	8	17.8	0.449
−OH (アルコール)	6	9.7	0.619	− OH (フェノール)	20	9.7	2.062

固体絶縁材料の比誘電率は，化学構造により決定される。比誘電率と化学構造については，下記のClausius-Mossottiの理論式が知られている。

$$\varepsilon = \frac{1+2\ (P_m/V_m)}{1-(P_m/V_m)} \quad , \ P_m：モル分極率,\ V_m：モル体積$$

この式によると，水酸基のような極性の高い分子構造の濃度が低く，脂肪族環状炭化水素のような空間占有体積が大きい（嵩高い）分子構造をもつ材料が，比誘電率の低い材料となる。表2に，種々の分子構造におけるモル分極率（P_m）とモル体積（V_m）を示す。つまり，P_m/V_mが小さい分子構造により構成される材料が比誘電率の低い材料となる[3)]。

(2) 電気絶縁性

固体絶縁材料は，図3(a)に示すように，電圧を加えると非常に僅かではあるが電流が流れ，低電界領域（Ⅰの領域）では，電圧と電流の関係はオームの法則に従う。一方，電圧が高くなると，電圧と電流の関係はオームの法則に従わなくなり（高電界領域（Ⅱの領域）），さらに電圧が高く

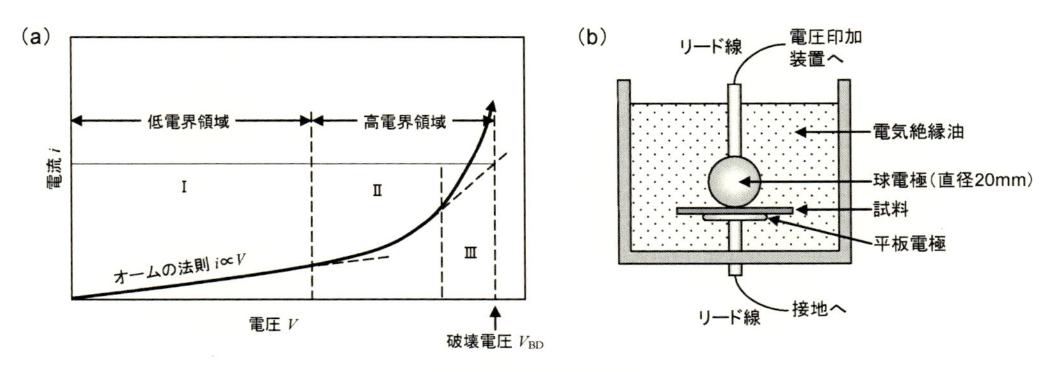

図３　固体絶縁材料の電気絶縁性
(a)固体絶縁材料の電圧－電流特性，(b)絶縁破壊電圧を測定するための電極構成（球－平板電極）

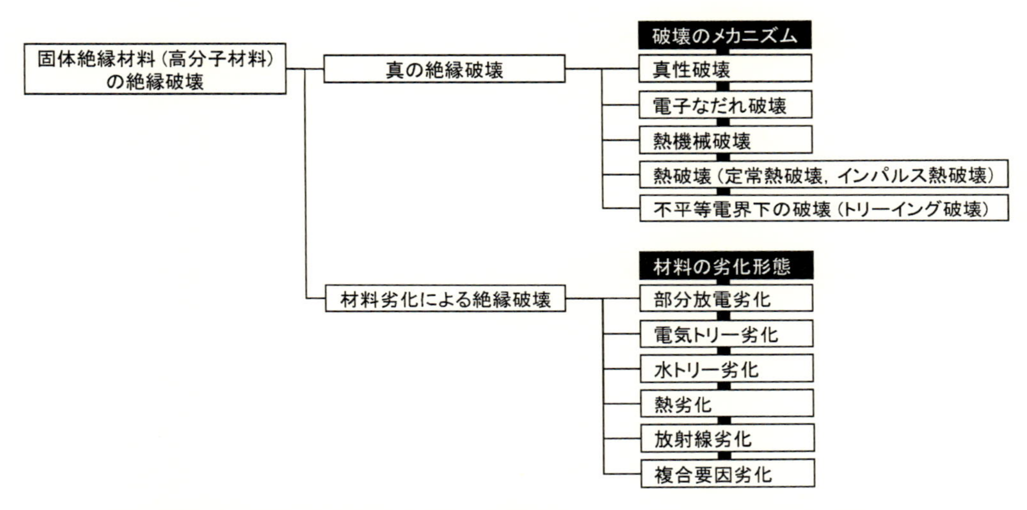

図４　固体絶縁材料の絶縁破壊（真の絶縁破壊のメカニズムおよび材料の劣化形態）

なると電流が急激に増加し絶縁破壊に達する。この時の電圧を絶縁破壊電圧と呼ぶ。絶縁破壊電圧は，図３(b)に示すような球－平板電極を用いて測定することが一般的であり（JIS C 2110－1：2010），絶縁破壊電圧を試料の厚みで割った値を絶縁破壊強さ（E_{BD}）という。また，材料の絶縁破壊電圧は，電極の構成，試験電圧の種類（直流，交流），測定温度，電圧の上昇速度，電圧の印加方法など，試験方法の影響を受ける。

固体絶縁材料の絶縁破壊は，材料そのものが絶縁破壊する場合（真の絶縁破壊）と，材料の劣化が起こり，実質的な材料の厚み（絶縁厚さ）が薄くなって絶縁破壊する場合がある。図４に，真の絶縁破壊のメカニズムと，材料の劣化形態についてまとめる[4)]。

表３　ナノフィラー分散によりエポキシ樹脂の比誘電率が低下する例[5)]

材料	ナノフィラーの種類	比誘電率（1 MHz）	低下の割合
エポキシ樹脂	−	3.52	−
ナノフィラー分散エポキシ樹脂	窒化アルミニウム（2 wt%）	3.40	−3.6%
ナノフィラー分散エポキシ樹脂	アルミナ（2 wt%）	3.28	−7.4%
ナノフィラー分散エポキシ樹脂	マグネシア（2 wt%）	3.06	−15.0%

3　無機ナノフィラー分散による誘電率の低減

プリント配線基板用材料として使用されるエポキシ樹脂は，エポキシ樹脂単体で使用されることは少なく，熱膨張率を小さくする，熱伝導性を高めるなどの目的でシリカ（SiO_2），アルミナ（Al_2O_3），チタニア（TiO_2），窒化ホウ素（BN），窒化アルミニウム（AlN），マグネシア（MgO）などの無機フィラーを分散する場合が多い。エポキシ樹脂に無機フィラーを分散した複合材料の比誘電率は，エポキシ樹脂と無機フィラーの比誘電率と体積分率からおおよそ算出することができる。

$$\varepsilon_a^k = V_f \cdot \varepsilon_f^k + (1 - V_f) \cdot \varepsilon_{ep}^k$$

ε_a：エポキシ樹脂に無機フィラーを分散した複合材料の比誘電率

ε_f：無機フィラーの比誘電率，ε_{ep}：エポキシ樹脂の比誘電率

V_f：無機フィラーの複合材料全体に対する体積分率

この式は，界面分極が顕著に現れない高周波数帯の比誘電率予測に有効であり，k の値は理論式や実験データを基に決定される。

一般的に，エポキシ樹脂の比誘電率は 3.0〜4.5 であり，無機フィラーの比誘電率はエポシ樹脂よりも高い。たとえば，シリカの比誘電率は 3.7〜4.5，アルミナの比誘電率は 9〜10，チタニアの比誘電率はアナターゼ型が 30〜50，ルチル型が 90〜120，窒化アルミニウムの比誘電率は 8.5〜8.8，マグネシアの誘電率は 9〜10 である。このため，エポキシ樹脂に無機フィラーを分散した複合材料の比誘電率は，前述の式に従うと，元のエポキシ樹脂の比誘電率よりも高くなるのが通常である。

一方，近年，ナノサイズの無機フィラー（以下，ナノフィラー）を分散したエポキシ樹脂において，比誘電率が元のエポキシ樹脂よりも低くなる例が報告されている[5)]。表３に示すように，ナノフィラー（窒化アルミニウム，アルミナ，マグネシア）を２重量％（以下，wt%）分散したエポキシ樹脂では，元のエポキシ樹脂よりも比誘電率が低くなっており，特にマグネシアを分散した場合では 15% も低くなっている。数 MHz 帯の高周波域において，比誘電率の低下が起こる場合，双極子分極を形成するポリマーの分子運動をナノフィラーが抑制する可能性が指摘され

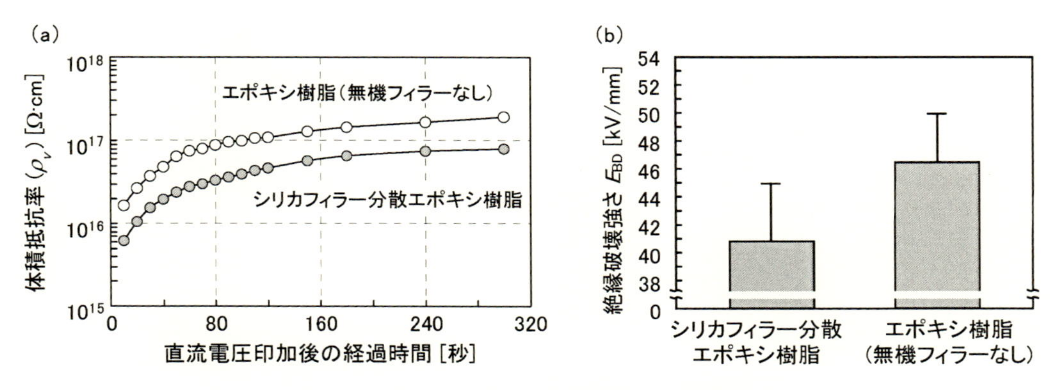

図 5　無機フィラー分散エポキシ樹脂の電気絶縁性
(a)体積抵抗率，(b)絶縁破壊強さ[6)]

ている。

4　無機フィラー分散による電気絶縁性の向上

エポキシ樹脂に無機フィラーを分散した複合材料では，無機フィラーが電気絶縁性に影響を与える。

たとえば，エポキシ樹脂にシリカフィラーを約 60 wt%分散した場合の体積抵抗率を図 5(a)に示す。直流電圧（500 V）を印加後，試料を流れる微量な電流の時間変化を計測し，体積抵抗率として示している。シリカフィラーを分散することで，体積抵抗率は低下していることがわかる。シリカフィラーには，ナトリウムイオン，鉄イオン，塩化物イオンなどのイオン成分が含まれるため，これらのイオン成分が材料全体の抵抗率を低下させる場合がある。

続いて，エポキシ樹脂にシリカフィラーを約 67 wt%分散した場合の絶縁破壊強さ（球電極を使用）を図 5(b)に示す[6)]。エポキシ樹脂（無機フィラーなし）よりも，絶縁破壊強さが低下していることを確認できる。シリカフィラーを分散することで，エポキシ樹脂とシリカフィラーの界面が絶縁破壊の弱点となり，絶縁破壊強さが低下する場合がある。

エポキシ樹脂を中心とする固体絶縁材料への無機フィラーの分散は，材料の電気絶縁性に影響を与えるが，材料の低熱膨張率化，高熱伝導率化のためには不可欠である。電気絶縁性と他の特性を両立させるため，さまざまな開発が行われており，以下にその一部を紹介する。

(1)　絶縁破壊電圧の向上

球状シリカフィラーとコアシェルゴムフィラーをエポキシ樹脂に分散することで，絶縁破壊電圧を向上した絶縁材料が開発されている[7)]。この絶縁材料は，図 6(a)に示す電子顕微鏡写真のように，十数 μm の球状シリカフィラーと数 μm 以下のコアシェルゴムフィラーをエポキシ樹脂に分散することで，線膨張係数（α_1）は 18 ppm/K となっており，導体用材料として汎用される銅と同程度である。

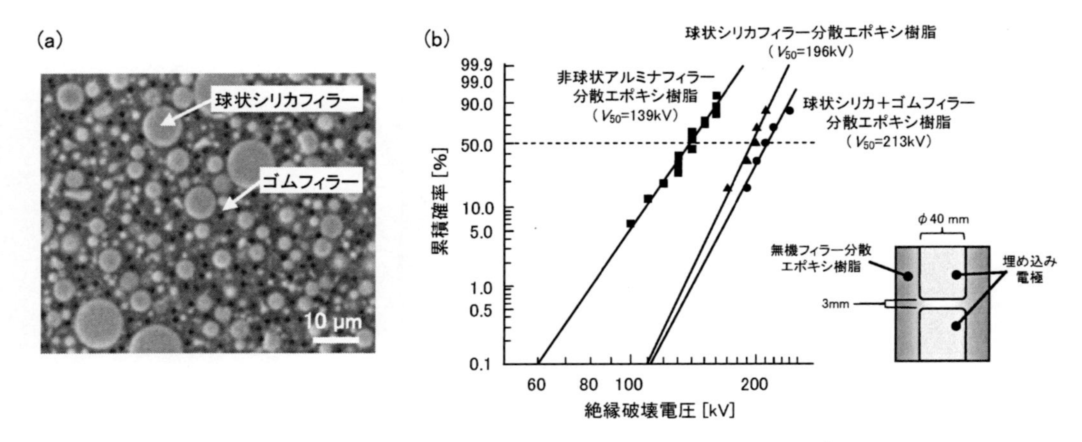

図６　球状シリカフィラー分散エポキシ樹脂の電気絶縁性[7)]
(a)球状シリカフィラーとゴムフィラーを分散したエポキシ樹脂の電子顕微鏡写真，
(b)無機フィラー分散エポキシ樹脂における絶縁破壊特性の比較

図6(b)に示すように，直径40 mmの埋め込み電極（電極間距離は3 mm）により絶縁破壊電圧を測定すると，非球状アルミナフィラー分散エポキシ樹脂，球状シリカフィラー分散エポキシ樹脂，球状シリカ＋ゴムフィラー分散エポキシ樹脂の50 %絶縁破壊電圧（V_{50}）は，それぞれ139 kV，196 kV，213 kVとなっており，非球状アルミナフィラー分散エポキシ樹脂と比較して，球状シリカフィラー分散エポキシ樹脂は1.4倍，球状シリカ＋ゴムフィラー分散エポキシ樹脂は1.5倍の絶縁破壊電圧となっている。

一般的に，無機フィラー分散エポキシ樹脂では，エポキシ樹脂／フィラー界面に電界が集中し，特に非球状フィラーの場合はその角張ったエッジが絶縁破壊の弱点となる傾向がある。球状シリカフィラー分散エポキシ樹脂では，エポキシ樹脂／フィラー界面における電界集中が緩和され，さらに，球状シリカ＋ゴムフィラー分散エポキシ樹脂では，ゴムフィラーによりエポキシ樹脂内部の残留応力が緩和されるため，絶縁破壊電圧が向上すると考えられる。

(2)　耐トリーイング性の向上

絶縁材料における劣化形態の１つとして，電界が集中する突起部などから，電気トリーが発生し，進展することで絶縁破壊に至る場合がある。シリカフィラー約60 wt%とナノフィラー（クレイ）数wt%をエポキシ樹脂に分散することで，電気トリーに対する耐性を高めた絶縁材料が開発されている[8)]。この絶縁材料は，図7(a)に示す電子顕微鏡写真のように，十数μmのシリカフィラーと数100 nmのナノフィラー（クレイ）をエポキシ樹脂中に分散することで，線膨張係数（α_1）は24 ppm/Kとなっており，導体用材料として汎用されるアルミニウムと同程度である。

絶縁材料の耐トリーイング性は，図7(b)に示すような針電極を埋め込んだ試料により評価することができ，電圧印加後，電気トリーが発生し，進展により絶縁破壊するまでの時間を計測する。シリカフィラーとナノフィラー（クレイ）を分散したエポキシ樹脂は，シリカフィラーのみを同じ割合で分散したエポキシ樹脂と比較して，絶縁破壊するまでの時間が24倍以上となっている。

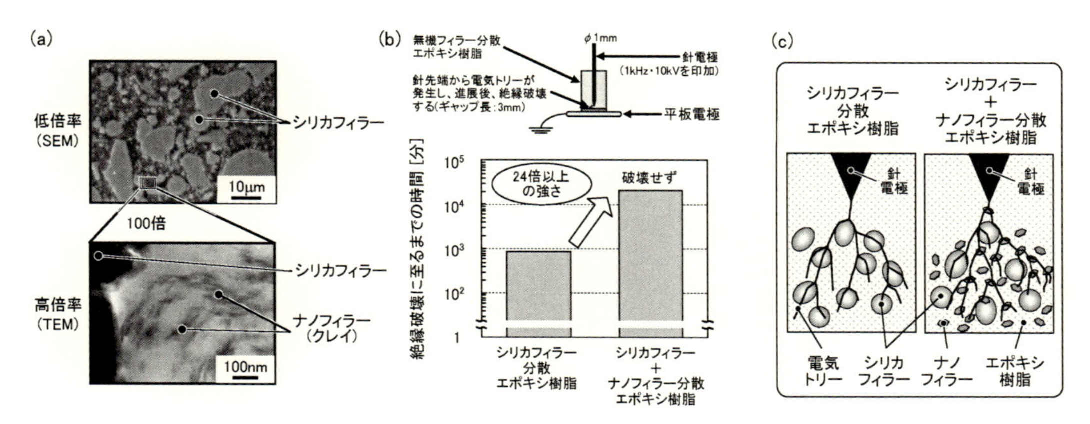

図7　ナノフィラー分散による耐トリーイング性の向上[8)]
(a)シリカフィラーとナノフィラーを分散したエポキシ樹脂の電子顕微鏡写真，(b)針電極による耐トリーイング性の評価，(c)ナノフィラーによる電気トリーの進展抑制

高密度に分散したナノフィラー（クレイ）が，図7(c)に示すように，電気トリーの進展を抑制するため耐トリーイング性が向上すると考えられる。

(3)　耐部分放電性の向上

絶縁材料の熱伝導性を高める場合，結晶シリカ（熱伝導率：13 W/(m・K)），アルミナ（熱伝導率：25 W/(m・K)），窒化ホウ素（熱伝導率：60 W/(m・K)），窒化珪素（熱伝導率：200 W/(m・K)）などの熱伝導性フィラーが分散される。マイクロサイズ（一次粒径：10 μm）とナノサイズ（一次粒径：7 nm）のアルミナフィラーをエポキシ樹脂に分散することで，部分放電に対する耐性を高めた高熱伝導性の絶縁材料が開発されている[9)]。

絶縁材料における劣化形態の1つとして，導体と絶縁材料の界面などで部分放電が発生し，絶縁破壊に至る場合がある。図8(a)に示すような，プリント回路基板を模擬した電極構成において，試料表面に部分放電を発生させた場合，図8(b)に示すように，マイクロサイズのアルミナフィラー（60 wt%）のみ分散したエポキシ樹脂では，1.5時間で絶縁破壊するが，マイクロサイズ（60 wt%）とナノサイズ（数 wt%）のアルミナフィラーを分散したエポキシ樹脂では2時間後も絶縁破壊しない。ナノサイズのアルミナフィラーが，部分放電による絶縁材料の侵食を抑制するため，絶縁破壊に至らなかったと考えられる。

(4)　エレクトロケミカルマイグレーションの抑制

電子部品の高密度実装化が進むにつれて，絶縁材料における劣化形態の1つであるエレクトロケミカルマイグレーションが問題になっている。絶縁材料に直流電圧を印加した場合，金属電極がイオンとして溶解され進展し，溶解した金属イオンが還元されて析出する場合がある。この析出物を起点として，最終的に絶縁破壊に至ることがある。

エポキシ樹脂にナノフィラーを分散することで，エレクトロケミカルマイグレーションを抑制できることが報告されている[10)]。エポキシ樹脂にナノフィラー（シリカ）1 wt%を分散した絶縁

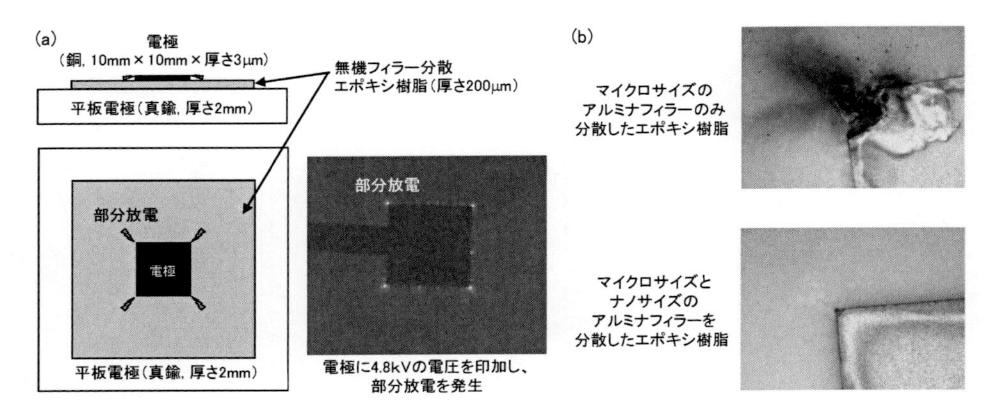

図８　高熱伝導性絶縁材料における耐部分放電性の向上[9)]
(a)プリント回路基板を模擬した耐部分放電性の評価方法，(b)部分放電の発生により劣化させたアルミナフィラー分散エポキシ樹脂（電極角部の写真）

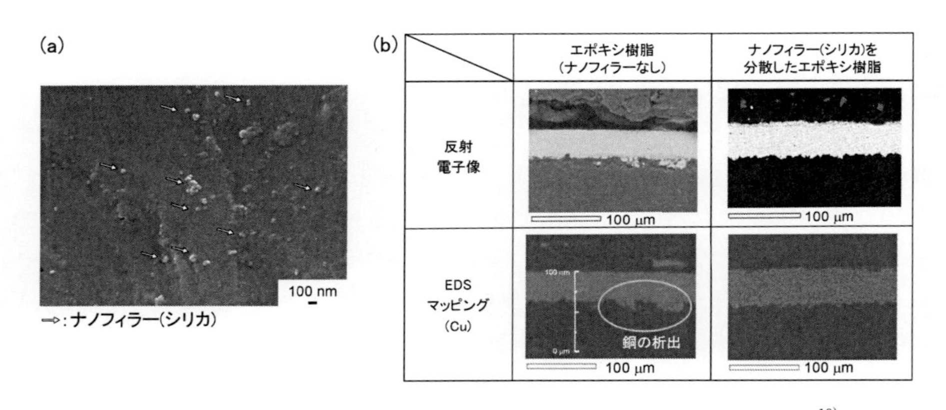

図９　エポキシ樹脂におけるエレクトロケミカルマイグレーションの抑制[10)]
(a)ナノフィラー（シリカ）分散エポキシ樹脂の電子顕微鏡写真，
(b)銅箔電極近傍の断面図（SEM と EDS）

材料の電子顕微鏡写真を図９(a)に示す。ナノフィラー（シリカ）が 100 nm 程度の大きさで均一に分散していることを確認できる。

この絶縁材料を，プリント回路基板の環境試験規格を参考に，温度 85 ℃，湿度 85 %RH で 20 時間吸湿させた後，銅箔電極を陽極として，電圧（平均電界：3 kV/mm）を 100 時間印加すると，エポキシ樹脂（ナノフィラーなし）では，図９(b)に示すように，エポキシ樹脂層へ銅が析出し，15 μm 程度進展している。一方，ナノフィラー（シリカ）を分散したエポキシ樹脂では，銅箔電極からエポキシ樹脂層へ銅が進展している様子は確認できず，耐エレクトロケミカルマイグレーション性が向上している。今後，ナノフィラー（シリカ）分散により，エレクトロケミカルマイグレーションが抑制される詳細な機構解明が期待される。

5　まとめ

本章では，固体絶縁材料（高分子材料）における基礎的な電気現象，無機フィラー分散による比誘電率の低減，および電気絶縁性能の向上について紹介した。特に，絶縁材料における劣化形態として，絶縁破壊，部分放電，電気トリー，エレクトロケミカルマイグレーションを取り上げ，それらに対する耐性を高めた材料について解説した。

今後も，電子部品の高密度実装化が進み，導体間の距離は短くなり，絶縁材料にかかる電界は高くなると予想される。また，高周波環境での高速伝搬性が要求され，比誘電率のさらなる低減が必要になると推定される。実装技術の発展において，絶縁材料が担う役割は増しており，従来材料以上に，優れた電気絶縁性と高い絶縁信頼をもった材料の開発が望まれている。

文　　献

1）津久井勤，回路実装学会誌，**12**（6），397（1997）
2）津久井勤，電気学会 論文誌 A, **119**（5），541（1999）
3）平井孝好，電気・電子材料技術セミナー 講演予稿集，133（2014）
4）田中祀捷，Polyfile, **51**（603），46（2014）
5）R. Kochetov *et al.*, *IEEE Trans. Dielectr. Electr. Insul.*, **19**（1），107（2012）
6）L. Flandin *et al.*, *J. Phys. D : Appl. Phys.*, **38**, 144（2005）
7）藤井茂良ほか，東芝レビュー，**59**（12），56（2004）
8）今井隆浩，東芝レビュー，**61**（12），60（2006）
9）Z. Li *et al.*, *Proceedings of IEEE International Conference on Properties and Applications of Dielectric Materials*（*ICPADM*），**H-6**, 753（2009）
10）大木義路ほか，電気学会研究会資料，**DEI-11-079**, 13（2011）

第10章　プリント配線板用基板材料の環境対応

垣谷　稔*

1　プリント配線板用基板材料の用途と要求特性[1,2]

プリント配線板用基板材料（以下，「基板材料」と称する）は各種電子機器用プリント配線板や半導体パッケージ基板に用いられている。車載用途では基板が加工しやすいこと，低価格化が容易である等の理由でセラミック基板から有機基板への代替が進んでいる。有機基板においてもセラミック基板並みの高い耐熱性，信頼性が要求されるようになってきた。スマートフォン，タブレットPCに代表される情報端末および情報インフラにおいては，通信の大容量化，高速通信化が急速に進んでおり，高周波対応化および軽薄短小化に対応した高密度化が可能な基板材料の要求が高まっている。

一方，地球環境保護の観点から環境対応型基板材料は次の4つの基板材料に分けられる。

(1)　RoHS指令やREACH規則など法規制による使用禁止または使用量に制限（しきい値）がある対象化学物質を使用しない基板材料

(2)　将来の法規制に対応すべく自主的な環境対応の制限を課した基板材料のうち，はんだの鉛フリー化に対応した耐熱性を有する基板材料

(3)　同様の自主規制，燃焼によるダイオキシンなどの環境汚染物質発生を抑制するため，臭素系難燃剤を使用しないハロゲンフリー基板材料

(4)　CO_2削減のために製造工程の低エネルギー化および省資源化に対応した基板材料

以上の4つの環境対応はいずれの用途にも適用され基板材料物性に強く影響を与える。それぞれの分野における環境対応の時期は異なっているが，確実に環境対応化が進んでいる。特にハロゲンフリー化対応に関してはその技術的難易度が高いにもかかわらず，エポキシ樹脂の改良を含む材料技術が最近の10年で大幅に進歩している。最も重要なことは，表1に示しているように，要求される基板特性を確保する技術と環境対応技術は多くの場合トレードオフの関係にあることである。本稿では，特に(1)～(3)に関する最新技術に関して述べる。

---

*　Minoru Kakitani　日立化成(株)　機能材料事業本部　基盤材料事業部　配線板材料開発部　主任研究員

表1　環境対応技術の基板特性に対する影響の一般的傾向

基板特性		主な該当分野	鉛フリー技術	ハロゲンフリー技術
熱・機械特性	ガラス転移温度（Tg）	PKG材	↗	→
	熱膨張係数（CTE）	PKG材	↗	→
電気特性	誘電率（Dk）	ITインフラ材	↘	↘
	誘電正接（Df）	ITインフラ材	↗	↘
耐熱的特性	耐リフロー耐熱性	全分野	↗	↗
信頼性特性	耐CAF性	全分野	→	↗
基板加工性	メカニカルドリル性	PKG材	↘	↘

↗　特性向上傾向　→　特性への影響少ない　↘　特性低下傾向

表2　RoHS 6物質

RoHS規制6物質	閾値
カドミウムおよびその化合物	100 ppm
鉛およびその化合物	1000 ppm
銀およびその化合物	1000 ppm
6価クロム化合物	1000 ppm
PBB（ポリブロモビフェニル類）	1000 ppm
PBDE（ポリブロモジフェニルエーテル類）	1000 ppm

2　環境対応要求の動向

2.1　環境関連物質の管理，RoHS規制

全世界的な地球環境保護への関心の高まりから，電気電子機器に関してもその使用物質を制限するRoHSや廃電気電子機器の扱いに関するWEEEをはじめとしたさまざまな規制が設けられてきた。RoHS指令は，EUで2006年7月から施行されており，電気電子機器に関して表2に示すように，カドミウム，水銀，鉛，六価クロム，PBB（ポリブロモビフェニル），PBDE（ポリブロモジフェニルエーテル）の6物質の含有率を制限するものである[3)]。同様の内容の規制は，EUに次いで中国，日本，韓国，米国（州法）でも施行されており，実質的にほぼ世界全域で無視できない状況である。

また，大手セットメーカーを中心に，RoHS等法規制をふまえて，使用禁止物質・管理物質リストを設け，対象物質が製品に含有されないことを確実にするためのサプライチェーンシステムが構築されてきた。材料・部品メーカーもそれに呼応し，資材購入から製造，納入までの全工程において対象物質が含有されないシステムの確立を図っている。

2.2　はんだの鉛フリー化

鉛は雨水中への溶出による地下水の汚染などによって人の健康への影響が懸念される物質である。プリント配線板への部品実装に使用されるはんだは，従来の鉛使用はんだ（Pb-Sn）から鉛フリーはんだへの切替えが進行している。鉛の有害性は以前から問題視され，米国では90年代初頭から法規制の動きがあり，代替候補となる各種鉛フリーはんだが開発検討されていた。日本

では，91 年の廃掃法や 94 年の水質汚濁防止法などで鉛の管理が強化された。98 年には日本電子工業振興協会と回路実装学会が「鉛フリーはんだのロードマップ」[4]を発表するなどの大きな動きが業界でみられた[5,6]。そして 2001 年に家電リサイクル法が施行され，さらに RoHS 規制で鉛が実質的に使用禁止になることが確実視された数年前から急激に実用化が進んできている。

鉛フリーはんだには，Sn-Ag-Cu 系，Sn-Zn 系，Sn-Cu 系，Sn-Ag-Bi-Cu 系などさまざまな組成があるが，いずれも従来はんだと比較して融点が高いため[7]，部品実装温度が高くなる。たとえば代表的な鉛フリーはんだ組成 Sn-3Ag-0.5Cu の融点は 218℃であり，従来はんだの融点 183℃より 35℃高い。それにより部品実装温度は従来と比較し，30℃程度高くなっており，基板材料メーカーには，鉛フリーはんだによる部品実装温度の 260℃程度の高温化に耐えられる材料，すなわち高耐熱性材料が求められている。このような高い耐熱性をもつ基板を得るために下記の技術開発を進めている。

2. 2. 1　マトリックス樹脂として熱分解温度の高い樹脂を選択し，リフロー工程での熱分解を低減する

本稿に関する取り組みは，各種用途の材料の開発において進められている。一般的に熱分解温度を上げる手段の一つとして，従来の一般 FR-4 グレードの多層材（ガラス転移温度；130℃）のエポキシ樹脂組成物に比べてガラス転移温度が高い熱硬化性樹脂組成物が提案される傾向がある。

2. 2. 2　ガラスクロスと樹脂の界面接着性を高める

プリント基板の補強材料として，シリカを主成分とするガラスクロスが使用されている。このガラスクロス表面は，一般的にアミノシラン系カップリング剤で処理されており，エポキシ樹脂との結合を確保している。

2. 2. 3　適切な無機フィラー化合物を利用する

搭載されるシリコンチップの熱膨張係数（CTE；3～5 ppm/K）と基板の熱膨張係数（CTE；16～18 ppm/K）のミスマッチングにより，基板の反りや接続信頼性の問題が発生する。この対応技術として，カップリング剤で処理したシリカフィラーを樹脂に添加することが多い。また次節にも述べるが，プリント基板の難燃性を発現するために，金属水和物を併用することが多い。一般に，シリカ系フィラーは熱分解しないので樹脂の耐熱性は向上する。しかし，水酸化アルミニウムはリフロー温度より低温で水和物の脱水を開始するので，使用にあたっては対応策が必要である。

また，鉛フリーはんだ使用時にしばしば問題となるリフトオフ現象の抑制について①基材の低熱膨張化（低 CTE 化），②特に，高温領域の低 CTE 化および，③ピール強度の確保のための高 Tg 化が必要との報告がある[8]。基材の低 CTE 化には上記(3)で示したアミノシラン処理やエポキシシラン処理によるシリカフィラーの高分散化検討のほか，ナノシリカの高充填検討もされている。以上のように，鉛フリーはんだ対応基板材料には，高耐熱性，高 Tg 特性および低 CTE 特性が求められている。

2.3　ハロゲンフリー化対応技術について

塩素や臭素といったハロゲン元素を含む材料を燃焼させた際にダイオキシンが検出されたとの報告が1985年にドイツでなされた[9]。その頃からヨーロッパでは，従来から難燃剤として基板材料に長年の実績のある臭素系難燃剤を使用しない基板材料が要望されはじめ，94年ドイツで施行されたダイオキシン法令を機に，基板材料のハロゲンフリー化の気運が盛り上がった。それと並行して各種臭素化合物（デカー，オクター，ペンターブロモジフェニルエーテル，TBBAなど）のリスクアセスメントが93年頃から2003年頃までEUを中心に進められた[10]。その間，業界やEU国間で見解の相違があり，規制の動向が不透明で流動的な期間が続いた。従来から基板材料に使用されてきたTBBA系臭素化合物は，リスクアセスメントの結果，危険性はさほど高くないとのことで結局，法規制対象とはならず，RoHS規制対象となった臭素化合物はPBBとPBDEの2種だけである。この2つは基板材料には一般的に使用されているものではない。

基板材料関係のハロゲンフリー化は，はんだの鉛フリー化が本格化するよりも早い時期に実用化が進むのと並行して，ハロゲンフリーの規格はIEC，JPCAで表3に示されるように定義されている[11]。

しかし，ハロゲン化合物は上記の特殊なものを除いて，RoHSなどの法規制で制限されているわけではなく，従来の臭素系難燃剤を使用したものも法規制に抵触しないこと，また，コストアップが伴う等から，その広がりの速度はメーカーの自主的な環境対応や市場，用途に応じて異なる。以下，ハロゲンフリー難燃化の技術の最近の進歩について述べる。

2.3.1　基板用樹脂の難燃化技術の進歩

環境対応型プリント基板の難燃化の方法としては，表4に示すような方法があるが[12]，表5に示すように，基板特性のバランスをとることは大変難しい。

リン源の導入については図1に示す代表的な化合物があり，反応型リン化合物として9, 10-dihydro-9-oxa-10-phosphaphenantrene-10-oxide（DOPO）や10-(2, 5-dihydroxyphenyl)-10H-9-

表3　ハロゲンフリーの規格（IEC，JPCA）

臭素（Br）	0.09 wt%以下（900 ppm以下）
塩素（Cl）	0.09 wt%以下（900 ppm以下）
合計（臭素+塩素）	0.15 wt%以下（1500 ppm以下）
分析法	イオンクロマト法

表4　基材の難燃化手法

項目	無機水酸化物の導入	リン源の導入	窒素源の導入	難燃（芳香族）骨格の増加
難燃機構	吸熱燃焼ガス拡散	炭化促進炭化層形成	吸熱不燃ガス発生	難熱分解難酸化
長所	無害性	難燃効果大	特性低下小	低害性
短所 問題点	多量必要加工性，成形性，耐熱性の低下	耐トラッキング性，機械物性の低下赤リンは自然発火性	耐熱性，耐薬品性の低下	配合制約のため他特性との両立が困難

表5　ハロゲンフリー難燃剤と基板材料への影響の一般的傾向

分類	難燃剤	基板材料特性への影響					
		Tg	CTE	耐熱性	誘電特性	耐薬液性	コスト効果
反応型リン化合物	DOPO	↘	→	→	→	→	↗
	DOPO － HQ	↗	→	→	→	→	↘
非反応型リン化合物	リン酸エステルオリゴマー	↘	→	→	↗	→	↗
	ホスファゼン	→	→	→	↗	→	↘
窒素化合物	アミノトリアジンノボラック	↗	→	↘	↘	↘	↗
	ベンゾオキサジン	↗	↘	↘	↗	→	↗
金属水和物	水酸化アルミニウム	→	↗	↘	↘	→	↗
	水酸化マグネシウム	→	↗	→	→	↘	↗

↗　特性向上傾向　　→　特性への影響少ない　　↘　特性低下傾向

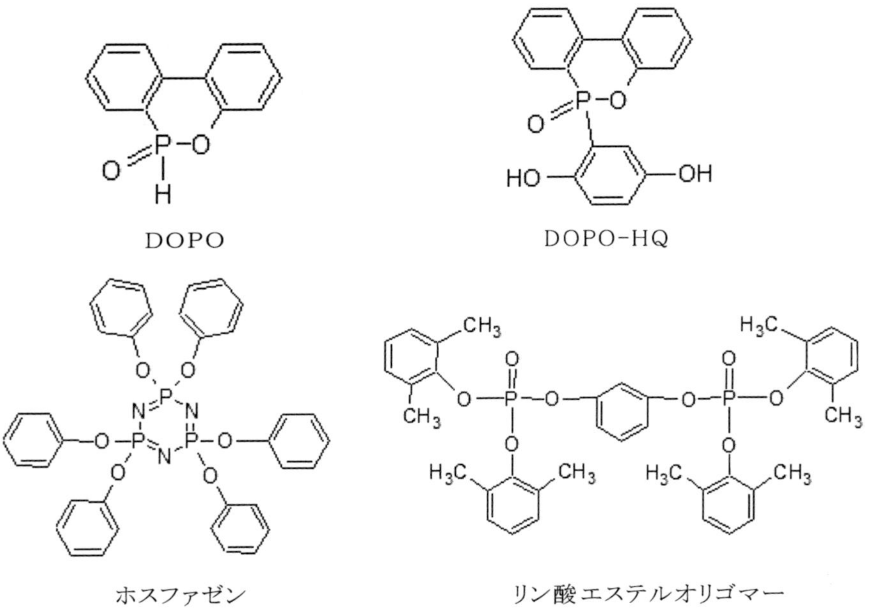

DOPO

DOPO-HQ

ホスファゼン

リン酸エステルオリゴマー

図1　リン系化合物

oxa-10-phosphaphenanthrene-10-oxide（DOPO-HQ）の各種エポキシ化物やフェノール化物が一般的である。これらのDOPO系化合物は，コスト，種々の特性バランスがよい点で，ハロゲンフリー基材には広く使用されている。非反応型リン化合物として，Resorcinol bis（di-2, 6-xylyl phosphate）（リン酸エステルオリゴマー）やHexaphenyltricyclophosphazene（ホスファゼン）等の化合物がある。リン酸エステルのモノマー型は耐熱性や大幅なTgの低下をもたらす

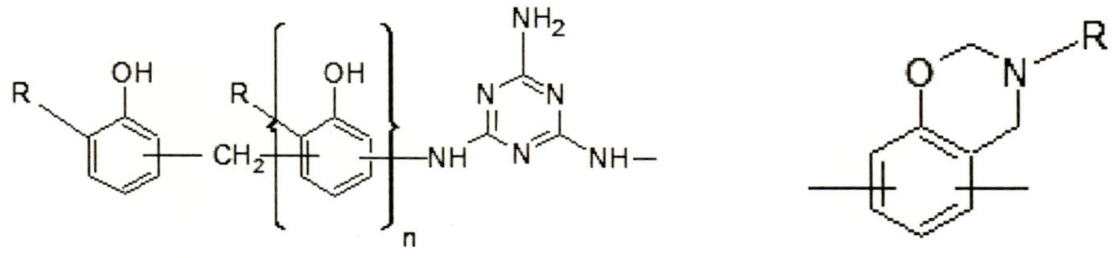

アミノトリアジンノボラック　　　　ベンゾオキサジン

図2　窒素系化合物

が，オリゴマー化により，耐熱性や Tg 特性が比較的良好である。ホスファゼンは P，N の両方をもつ構造であり，難燃性に優れ，誘電特性の低下がないことから，高周波材料に使用されている。

窒素源の導入については，図2に示すような，メラミンノボラック，ベンゾオキサジンを樹脂骨格に導入する方法がある。メラミンノボラックは比較的熱分解温度が低いので，耐熱性の向上対策が必要となっている。ベンゾオキサジンはエポキシ樹脂に比べて誘電特性が良好で，全体的な特性バランスも比較的よい。ビスマレイミドは剛直で高 Tg 化が容易で，比較的難燃性，誘電特性が優れていることから，エポキシ樹脂等を併用し，高機能用途に使用されている。

無機水和物の導入に関しては，水酸化アルミニウムや水酸化マグネシウム等の金属水和物が広く使用されている。熱分解温度が250℃と低い水酸化アルミニウムは，表面処理剤による水酸化アルミニウムの耐熱化技術（熱分解温度；270℃以上）が開発されており，熱分解温度が450℃以上であるベーマイト（AlOOH）も使用されている。一方，熱分解温度が350℃の水酸化マグネシウムについては，プリント配線板の製造工程のエッチング溶液に溶解しやすいという問題が残っている。

3　基板材料の環境対応の概要

前述のような背景をふまえた基板材料の環境対応について，当社を例に述べてみたい。当社では環境対応基板材料として，鉛フリーはんだ対応基板材料，ハロゲンフリー基板材料を開発している。当社の環境対応基板材料の開発コンセプトを図3に示す。

以下に当社の環境対応基板材料開発経緯を示す。ハロゲンフリー材の要求が，まず AV 機器などの民生用電子機器から本格化した90年代半ばに，片面・両面プリント配線板用としてハロゲンフリー紙基材フェノール樹脂銅張積層板を上市した[13,14]。紙基材フェノール樹脂銅張積層板については，環境対応のひとつとしてフェノール臭などの臭気低減も同時に実施した。これを皮切りに一般多層用途に使用される一般多層材料，パッケージ用途，モジュール用途に使用される高弾性低熱膨張多層材料，ルーター，サーバー等の IT インフラ用に使用される高周波用多層材料を相次いで開発・上市し，各市場の要求特性のロードマップに応じて適宜新製品を開発・上市してきた。

環境対応基板材料開発コンセプト

RoHS指令対応

・当社のすべての基板材料は，RoHS規制6物質を不使用

鉛フリーはんだ対応

・はんだづけ条件の高温化に対応した耐熱性を確保

ハロゲンフリー対応

・ハロゲン化合物，アンチモン，赤リンを使用せず，難燃性UL94V-0を達成

図３　当社の環境対応基板材料開発コンセプト

表６　代表的なハロゲンフリー材の特性

分類	単位	ハロゲンフリー材			一般 FR-4
		FR-4	先端高周波材	先端 PKG 材	
ガラス転移温度 Tg（TMA）	℃	155-170	190-210	260-280	120-130
熱膨張係数（X，Y）	ppm/K	13-17	12-15	1.5-2.0	13-17
誘電率（1 GHz）	−	4.4-4.6	3.2-3.4	3.9-4.1	4.1-4.2
誘電正接（1 GHz）	−	0.014-0.016	0.002-0.003	0.004-0.006	0.018-0.020
熱分解温度（5%　TgA）	%	380-390	370-390	430-450	300-320

環境対応（ハロゲンフリー）基板材料の特性を表６に示す。FR-4 グレードのみならず，高周波用グレードおよび半導体用 PKG グレードなど高機能分野にもハロゲンフリー基材は開発されており，すぐれた特性を示している。

4　まとめ

はんだの鉛フリー化は，RoHS をはじめとした各種法規制の施行に伴い，業界全体で急速に進んでいる。また，基板材料のハロゲンフリー化は，臭素系難燃剤のリスクアセスメントの点から法規制に関しては紆余曲折があったが，環境対応を掲げるヨーロッパや日本のセットメーカーの主導によるハロゲンフリー基板材料採用の推進や，プリント配線板業界によるハロゲンフリー定義の制定など，業界主体の活動により広がってきた。

多くの基板材料メーカーは，前述したように，これらの動向に応えるべく技術面・コスト面の課題を克服しながら推進しており，電気電子機器の環境対応に大きな役割を果たしている。

今後も電気電子機器の高機能化に伴う特性向上要求がますます高度化すると同時に，環境対応要求，低価格化の要求も厳しくなると予想される。これらをバランスよく両立させる道を，業界全体で探索していく必要がある。

文　　献

1) 中村吉宏，環境対応型プリント基板技術，電子部品用エポキシ樹脂の最新技術Ⅱ，シーエムシー出版（2011）
2) 矢野正文，プリント配線板用機材材料の環境対応，有機絶縁材料の最先端，シーエムシー出版（2007）
3) Official Journal of the European Union, Directive 2002/95/EC of the European Parliament and of the Council of 27 January, 2003
4) 須賀唯知ほか，鉛フリーはんだロードマップ：その実用化へのシナリオ，第12回回路実装学術講演大会講演論文集，63～64 (1998)
5) 須賀唯知，鉛フリーはんだロードマップ，エレクトロニクス実装学会誌，Vol.3 No.5 (2000)
6) 谷口芳邦，鉛フリーはんだプロジェクト－JEIDA/EIAJ, Vol.3 No.5 (2000)
7) 須賀唯知，鉛フリーはんだ技術，日刊工業新聞社（1999）
8) 池田謙一他，溶接科学シンポジウム 11th　P.243 (2005)
9) O. Hutzinger，Formation of Polybrominated Dioxins and Furans from the Pyrolysis of Some Flame Retardants，福岡ダイオキシン会議要旨集，DL08 (1986)
10) 日本難燃剤協会編，難燃技術セミナー2000　臭素系難燃プラスチックスの処理及びWEEEの最新情報（2000）
11) IEC 61249-2-21 Nonhalogenated Epoxide Woven Glass Laminate of Defined Flammability (2003)
12) 西沢仁，ポリマーの難燃化，大成社（1989）
13) 矢野正文，基板材料における環境問題への対策，サーキットテクノロジ，Vol.9 No.6 (1994)
14) 矢野正文ほか，ノンハロゲン紙フェノール銅張積層板“MCL-432F”の開発，日立化成テクニカルレポート，28, 37-40 (1997)

第11章　ナノコンポジット技術を利用した高熱伝導性エポキシ絶縁材料

小迫雅裕*

1　はじめに

近年，高熱伝導性かつ電気絶縁性を両立する材料に対する市場性は高い。しかし，相反する両特性の双方向上は容易では無い。近年，有機/無機ナノコンポジット技術の導入により，ポリマー母材，およびマイクロサイズのフィラー（充填材）が充填されたマイクロコンポジットの電気絶縁性を大幅に向上させることが可能となってきた。ナノコンポジット技術とは，およそ100 nm以下の無機粒子をナノフィラーとして，ベースのポリマー材に一様分散させて各種機能性を高める技術である。本稿では，熱伝導性を高めるためにアルミナあるいは窒化アルミのマイクロフィラーを多量充填したエポキシマイクロコンポジットに，アルミナあるいはシリカのナノフィラーを少量充填してナノコンポジット化（ナノ・マイクロコンポジット）した際の熱伝導率および電気絶縁特性への影響[1~5]について紹介する。電気絶縁特性として，短時間破壊現象である絶縁破壊強度，および長時間破壊現象である耐部分放電性および耐電気トリー性について取り上げる。なお，本稿に関する多くのデータに関しては，参考文献[6~8]を引用されたい。

2　ナノ・マイクロコンポジットの作製方法[1~3]

ナノフィラーをポリマー材にナノレベルで一様分散することは容易ではなく，ナノフィラー凝集体がポリマー中に存在すると欠陥となって絶縁性を低下させてしまう。ナノフィラーを一様分散させるためには溶媒中で強力な剪断力が必要であり，著者は超音波式ホモジナイザー，高圧式ホモジナイザー，三本ロールミル，自転公転ミキサー，などを用いている。この中では，エポキシ樹脂に対しては高圧式ホモジナイザーが最も有効だと評価している。図1にナノ・マイクロコンポジットの作製方法例を示す。ナノフィラーを樹脂に均一分散させてから，マイクロフィラーを充填する。ナノフィラーを混合する際には，シランカップリング剤も適量添加している。図2にナノ・マイクロコンポジットの試料破断面のSEM像の一例を示す。マイクロフィラーの隙間にナノフィラーが均一分散されている様子がわかる。

＊　Masahiro Kozako　九州工業大学大学院　工学研究院　電気電子工学研究系　准教授

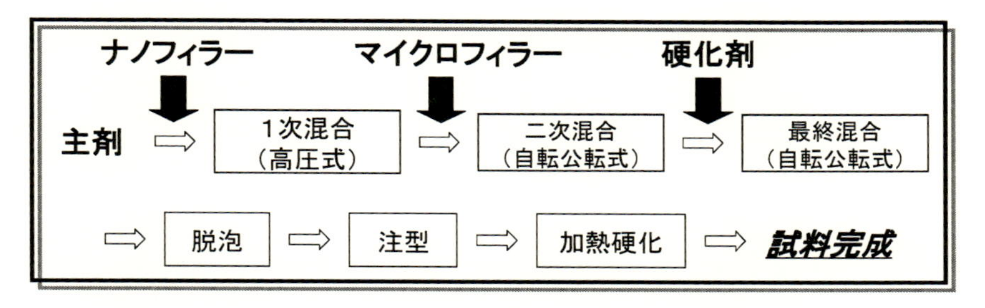

図1　ナノ・マイクロコンポジットの作製方法

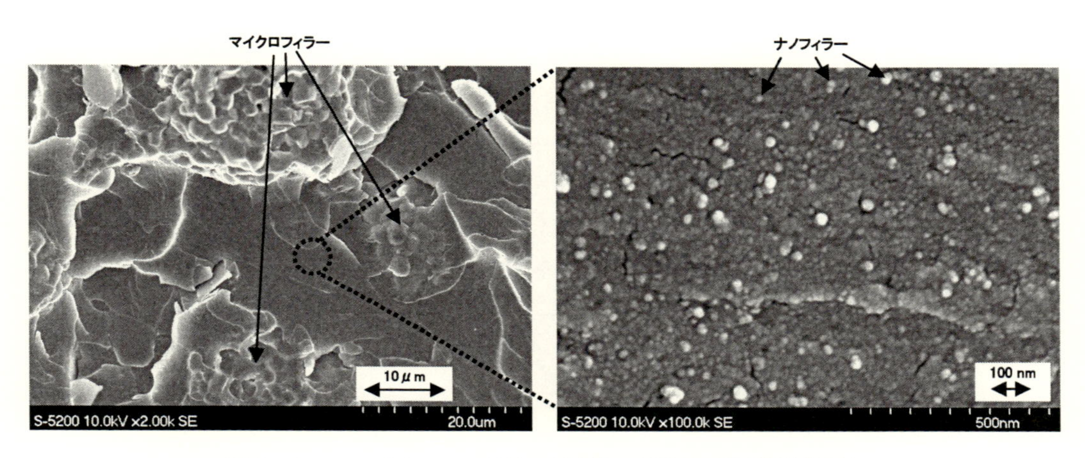

図2　ナノ・マイクロコンポジット試料の破断面の電子顕微鏡写真
マイクロフィラー：窒化アルミ（粒径：30 μm，35 vol％充填）
ナノフィラー：アルミナ（粒径：30 nm，2 vol％充填）

3　ナノ・マイクロコンポジットの熱伝導率[2〜4]

試料の熱伝導率をレーザーフラッシュ法により評価した。図3に試料の熱伝導率のフィラー充填率依存性を示す。同図中の理論曲線はBruggemanの式から求めた。従来からいわれているように，フィラーの充填率の増加により熱伝導率が増加し，実測値は理論値におおむね一致する。NMMC試料は，マイクロフィラー35 vol％とナノフィラー2 vol％の共充填されたナノ・マイクロコンポジットであるが，同じ充填率で比較するとマイクロコンポジット試料とほぼ同等の熱伝導率を有することがわかる。つまり，ナノフィラーの少量充填により熱伝導率に大きな影響は与えないことがわかる。熱伝導率の大きな向上には，マイクロフィラー高充填のみならず，フィラー電界配向制御技術[9,10]も有効である。

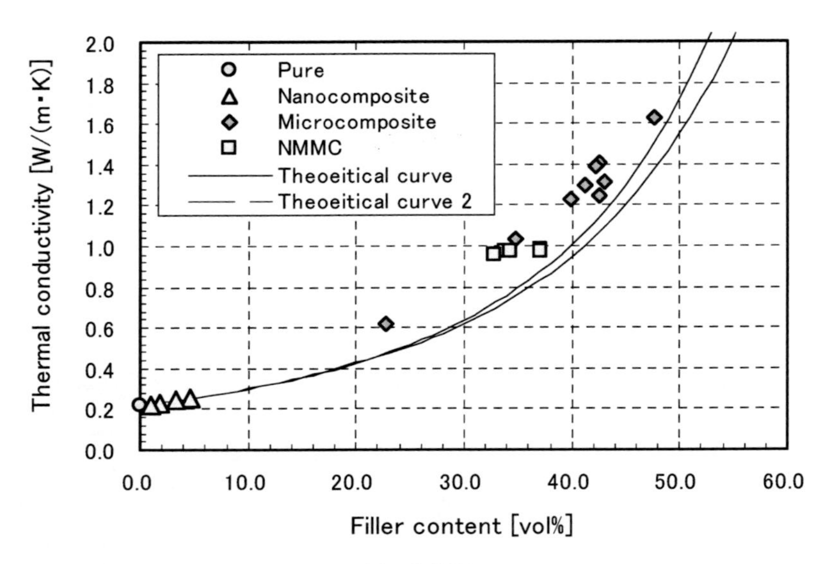

(a) 全体図

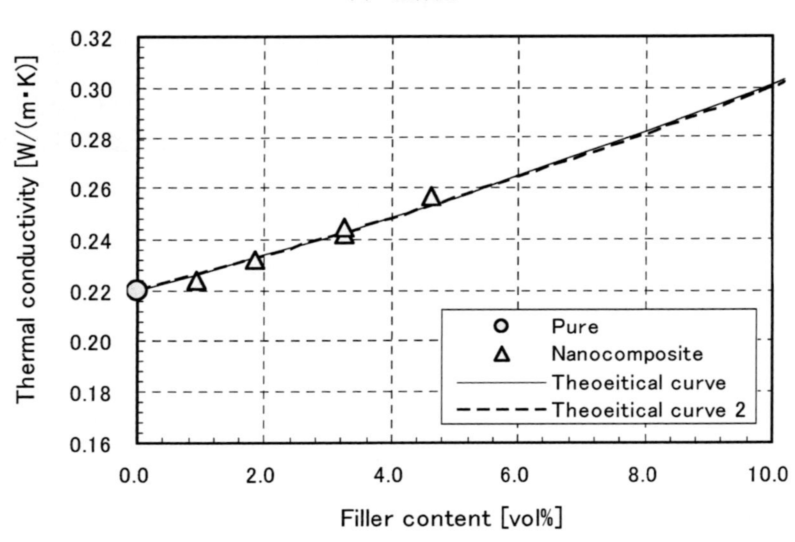

(b) 拡大図

図３ 熱伝導率のフィラー充填率依存性

マイクロフィラー：窒化アルミ（粒径：30 μm）
ナノフィラー：アルミナ（粒径：30 nm）
ナノ・マイクロコンポジット NMMC：マイクロフィラー35 vol%とナノフィラー1vol%の共充填
理論曲線1：フィラーの熱伝導率＝170 W/(m・K)（窒化アルミニウム）
理論曲線2：フィラーの熱伝導率＝30 W/(m・K)（アルミナ）

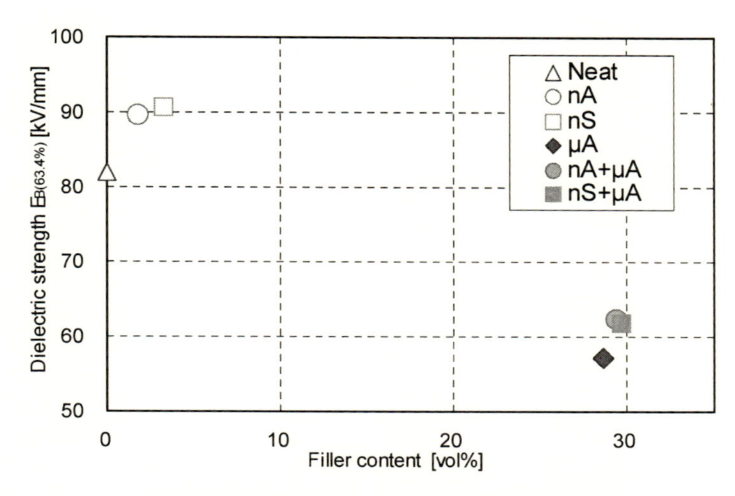

図4　絶縁耐力とフィラー充填率との関係
マイクロフィラーμA：アルミナ（粒径：10 μm）
ナノフィラーnA：アルミナ（粒径：14 nm）
ナノフィラーnS：シリカ（粒径：12 nm）
ナノ・マイクロコンポジット：nA＋μA および nS＋μA

4　ナノ・マイクロコンポジットの電気絶縁性

4.1　絶縁破壊強度[3,4)]

球－平板電極間に試料を挟み，絶縁液体に浸して一定昇圧の交流電圧を印加し，絶縁破壊した電圧を試料厚で割ることで，絶縁破壊強度を算出する。試料数は10点で，ワイブル分布から平均値を評価した。図4に絶縁破壊強度とフィラー充填率との関係を示す。試料厚は0.2 mmに統一している。フィラー無添加試料（Neat）にアルミナ・ナノフィラー（nA）あるいはシリカ・ナノフィラー（nS）を2～3 vol%充填すると絶縁破壊強度が約10%向上することがわかる。樹脂の熱伝導率を上げるために，アルミナ・マイクロフィラー（μA）を30 vol%充填すると絶縁破壊強度が約30%低下してしまうが，そこへ同様にアルミナあるいはシリカのナノフィラーを約1 vol%共充填すると絶縁破壊強度が低下した値から約10%向上することがわかる。マイクロフィラーの隙間にナノフィラーがナノレベルで均一分散することで電界ストレスが軽減されたと考えられる。

4.2　耐部分放電性[5)]

図5(a)に示すような電極を用いて試料表面に部分放電を曝して劣化をみることで耐部分放電性を評価した。これは絶縁基板上の高電圧半導体素子を模擬したような構造である。同図(b)にフィラー無添加エポキシ（ニート）試料表面の上部電極端部の写真を示す。一定の高電圧（4.8 kV_{rms}）を上部電極に2時間印加し，部分放電劣化後の状態が同図(c)～(e)である。前節と同様に，アルミ

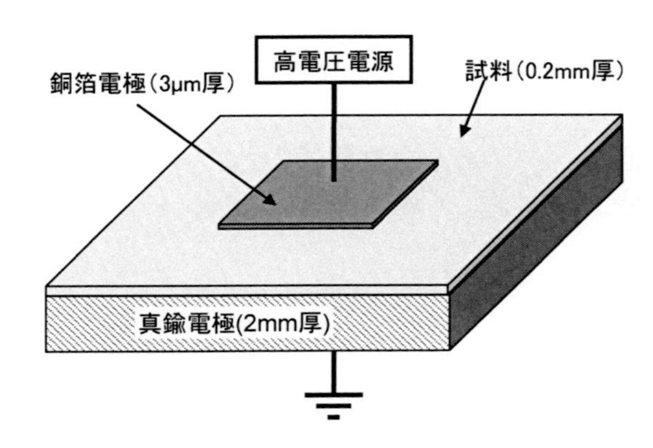

(a) 耐部分放電性評価用電極の構造

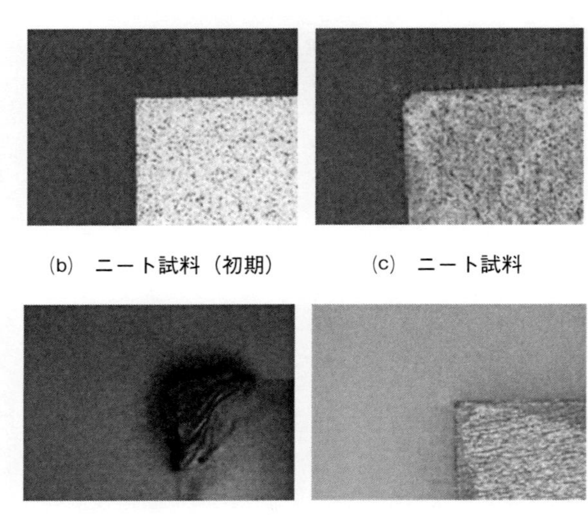

(b) ニート試料（初期）　(c) ニート試料

(d) マイクロポジット μA　(e) ナノマイクロコンポジット nA＋μA

図５ 耐部分放電性評価用電極および試験結果
（試料は図４と同じ）

ナ・マイクロフィラー30 vol％充填試料での結果は同図(d)のように1.5時間で絶縁破壊してしまったが，そこへ同様にアルミナ・ナノフィラーを約１vol％共充填すると絶縁破壊せずに部分放電劣化のみに留まっていることがわかる。つまり，ナノフィラーが充填されることで耐部分放電性が劇的に向上された。ナノフィラーがナノレベルで均一分散することで部分放電による樹脂の劣化が抑制されたと考えられる。

4.3 耐電気トリー性[1,2)]

図６(a)に示すような電極を絶縁液体に浸し，針－平板電極間に20 kV_{rms} 一定の交流電圧（60 Hz）を印加し，絶縁破壊するまでの時間を測定することで耐電気トリー性を評価した。ト

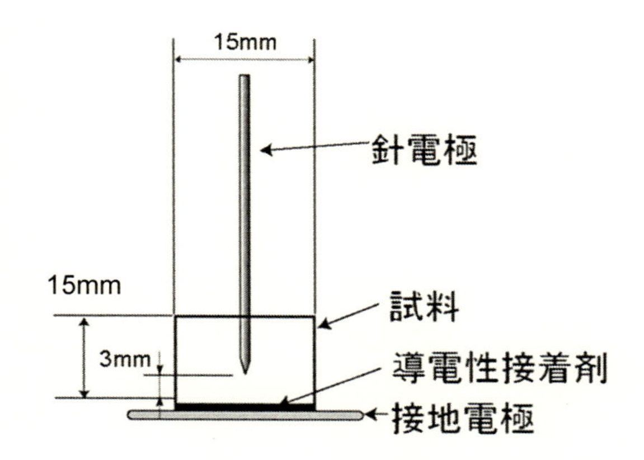

(a)　耐電気トリー性評価用電極の構造

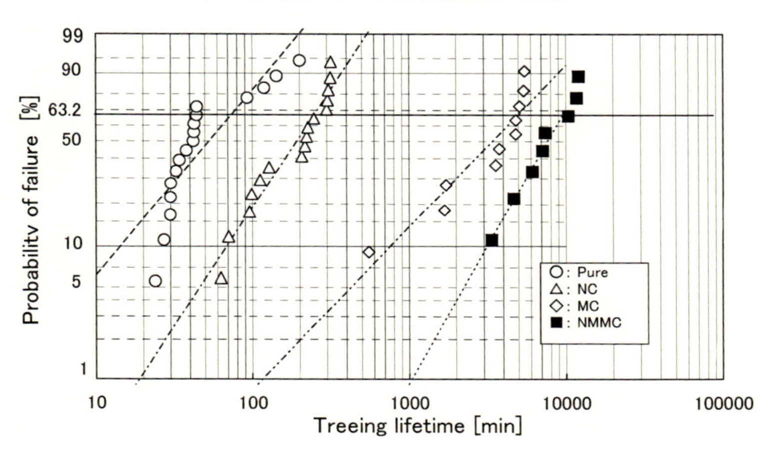

(b)　電気トリー試験による破壊時間

図6　耐電気トリー性評価用電極および試験結果
MC：窒化アルミ・マイクロフィラー（粒径：30 μm）35 vol%充填
NC：アルミナ・ナノフィラー（粒径：30 nm）2 vol%充填
NMMC：マイクロフィラー35 vol%とナノフィラー1 vol%の共充填

リー破壊時間は，ワイブル分布を用いて評価した。トリー電極の試料数は各条件において，10～20個とした。4種類の試料のトリー破壊時間のワイブル分布を図6に示す。ワイブル分布の尺度パラメータをトリー破壊時間として比較評価すると，ナノフィラーのみを2 vol%充填したナノコンポジット（NC）およびマイクロフィラーのみを35 vol%充填したマイクロコンポジット（MC）は，無添加試料よりトリー破壊時間がそれぞれ4倍および60倍延長された。更に，ナノ・マイクロコンポジット（NMMC）はマイクロコンポジットよりもトリー破壊時間が更に2倍延長されており，今回の試料の中では最も優れた耐トリー性を有することがわかった。つまり，ナノフィラーが充填されることで耐電気トリー性が劇的に向上された。ナノフィラーがナノレベルで均一分散することで電気トリーの進展を抑制し，更にトリーチャネル径の拡張を抑制した結果，寿命が延長されたと考えられる。

5 おわりに

本稿では，熱伝導性を高めるためのマイクロコンポジットに，少量ナノフィラーを共充填してナノコンポジット化（ナノ・マイクロコンポジット）した際の熱伝導率および電気絶縁特性への影響について紹介した。今回の結果では，熱伝導率に大きな影響は与えない。電気絶縁特性の中でも長時間破壊現象である耐部分放電性および耐電気トリー性には劇的な向上がみられた。特に，絶縁破壊強度および耐電気トリー性には，ナノフィラーの種類・サイズ・形状・充填率・分散状態なども大きく影響を与えるため，評価には十分な注意が必要である。

今後，高熱伝導性・電気絶縁性材料の需要がますます増えると思われる。高熱伝導化が達成できても電気絶縁性が後回しになってしまう事例もあり，両方を常に見据えた材料開発が必要である。高熱伝導化には樹脂とフィラーの両方の開発も重要である。電気絶縁性の向上にはナノコンポジット化が有効であるので，高熱伝導化技術とナノコンポジット技術の融合が鍵になるといえよう。

文　献

1) 小迫雅裕，大木義路，向當政典，岡部成光，田中祀捷，「エポキシ／ベーマイトアルミナナノコンポジットの創製と各種特性の基礎的検討」，電気学会　誘電・絶縁材料研究会，DEI-05-83, p.17-22 (2005)
2) 小迫雅裕，岡崎祐太，大木義路，金子周平，岡部成光，田中祀捷，「ナノ／マイクロ複合粒子を充填したエポキシ樹脂の熱伝導性および電気絶縁性の予備的検討」，平成 20 年電気学会放電／誘電・絶縁材料／高電圧合同研究会，No.ED-08-36/DEI-08-36/HV-08-36，p.103-107 (2008)
3) 岡崎祐太，富永卓樹，小迫雅裕，大塚信也，匹田政幸，田中祀捷，「エポキシ／アルミナマイクロコンポジットの熱伝導率および絶縁破壊強度におけるナノアルミナ粒子添加の影響」，電気学会第 40 回電気電子絶縁材料システムシンポジウム，No.B-2, p.39-44 (2009)
4) Y. Okazaki, M. Kozako, M. Hikita, T. Tanaka, 2010 IEEE International Conference on Solid Dielectrics, No.B2-28, 279-282 (2010)
5) T. Tanaka, M. Kozako, K. Okamoto, *Journal of International Council on Electrical Engineering*, **2** (1) 90-98 (2012)
6) 電気学会技術報告書，第 1051 号「ポリマーナノコンポジット材料の誘電・絶縁技術応用」(2006)
7) 電気学会技術報告書，第 1148 号「革新的なポリマーナノコンポジットの性能評価と電気絶

縁への応用」(2009)

8) 先端複合ポリマーナノコンポジット誘電体の応用技術調査専門委員会編集,「ナノテク材料—ポリマーナノコンポジット絶縁材料の世界—」(2014)

9) 岡崎祐太, 小迫雅裕, 匹田政幸, 田中祀捷,「エポキシ複合材料における電場による低充填アルミナ板状粒子の配向制御」, 第 41 回電気電子絶縁材料システムシンポジウム, No. C-1, p.79-84 (2010)

10) 小迫雅裕, 木下智志, 匹田政幸, 田中祀捷,「電場配向エポキシ複合材の熱伝導率と絶縁耐力におけるナノ粒子とマイクロ粒子の役割」, 平成 23 年電気学会基礎・材料・共通部門大会, No. XVIII-3, p.397 (2011)

第Ⅳ編　半導体実装材料

第12章　ダイシング・ダイボンディングテープ

山岸正憲*

1　はじめに

近年，スマートフォン，タブレット型端末などに代表されるモバイル型情報通信端末の小型化，大容積化が加速している。特にスマートフォンでは，限られたモバイル機器製品容積の中で電池容量の拡大のため，実装面積の縮小が強く求められている。また，インテル社が提唱するUltrabook™に代表される超薄型，超軽量ノートパソコンでは高速化，省電力化のため，記憶装置にHDDではなくSSDを採用する場合が一般的になってきた。これらの例が示すように，電子機器の製造において半導体パッケージの重要度は，近年ますます大きくなっているといえる。今後は先に挙げた従来の情報通信端末のみでなく，さまざまな生活機器がインターネットに接続されるIoT（Internet of Things）やM2M（Machine to Machine）の普及によりICチップの数，情報を処理するデータセンタの高性能化が必須となるため，ICチップの高集積化が進行するものと考えられる[1~2]。

ICチップの高集積化の進行のためファブレス，IDM（Integrated Device Manufacturer）各社にてさまざまな形態のパッケージが開発，実用化されている。従来から存在する有機材料基板フリップチップBGA（Ball Grid Array），ICチップと基板のサイズが同等であるCSP（Chip Scale Package）や，特に近年ではモバイル機器などの用途で，ウェハの段階でICチップに銅・ポリイミド再配線を施し，フリップICチップ接続部の応力緩和と接続部ピッチ緩和を狙ったWLP（Wafer Level Package）などが新規パッケージ開発の主力となっている。更なる高集積化のため，ICチップスタック型MCP（Multi Chip Package），PoP（Package on Package），CoC（Chip on Chip）といった三次元積層パッケージがいくつか実用化されており，次世代の技術としてかねてから開発が進められていたTSV（Through Silicon Via）を装備したICチップによる3次元積層パッケージの実用化も一部行われてきている[3]。

これらのICチップの微小化，高集積化を実現するには先に説明したパッケージデザイン設計のみならず，ウェハ薄型化技術，ICチップ個片化技術，ダイボンディング技術が重要である。近年のこれらの技術の躍進について説明する。ウェハ薄型化技術では，これまでネックとなっていた薄層ICチップの欠け，反りの問題を大幅に軽減できるDBG（Dicing Before Grinding）技術が開発された。従来では，求める厚さに裏面研削した後ICチップを個片化するが，DBGプロセスにおいてはこれらの工程が逆転する。まずブレードにてウェハの厚さ方向にハーフカットを

---

*　Masanori Yamagishi　リンテック㈱　研究所　製品研究部　電子材料研究室

施しておき，裏面研削にて，ICチップを個片化，任意の厚さに仕上げる。一般的にDBGプロセスを経たICチップ分割済み極薄ウェハは，その後，ダイボンディングテープが貼られ，ダイボンディングテープをレーザによりダイシングする場合が多い。現状，このDBG技術を用いて生産されたICチップが実際にメモリカードに採用されるに至っている[4)]。また近年では後述するステルスダイシング+DBG+エキスパンド工程も普及してきている。

ICチップ個片化技術においては，ICチップの小型化のネックとなっていた裏面チッピング，切削屑の問題を軽減するため，従来のダイヤモンドブレードを使用した一般ダイシング手法に変わり，ステルスダイシング技術が普及してきている。ステルスダイシング技術とはブレードを用いずにレーザを用いる。レーザをウェハ内部に焦点を結ぶように集光させ，ステルスダイシング層を形成し，その後の裏面研削プロセスやエキスパンド時にICチップに個片化する。また，このプロセスはブレードを用いないためウェハがブレード冷却水によって汚染されることが無く，ブレードによるカーフロスも無いためウェハ一枚当たりのICチップ高集積化が可能となった。

ダイボンディング技術では，従来のペースト型ダイボンディング剤からフィルム型の利用に置き換わった。薄型ICチップの積層の際に，ペースト型ダイボンディング剤を使用する場合，図1に示すような不具合がいくつか指摘されている。塗布量のばらつきやボンディングツールの調整不足の理由により，ペーストのはみ出し，ブリード，巻き上がりが発生し，場合によってはICチップ端部の汚染や，ICチップの傾きにより，次工程であるワイヤボンディングの不具合が発生する事があった。これらの問題解決のため，あらかじめ均一な厚みで塗布して作成したフィルム型ダイボンディング剤が普及した。フィルム型ダイボンディング剤と従来のペースト型ダイボンディング剤の比較を表1に示す。フィルム型になったことでICチップ全面に接着剤が均一に塗布でき，接着剤量，ツールの調整が必要無くなり，硬化時の不具合も低減できるため，工程のタクト短縮，歩留まりの向上につながった。

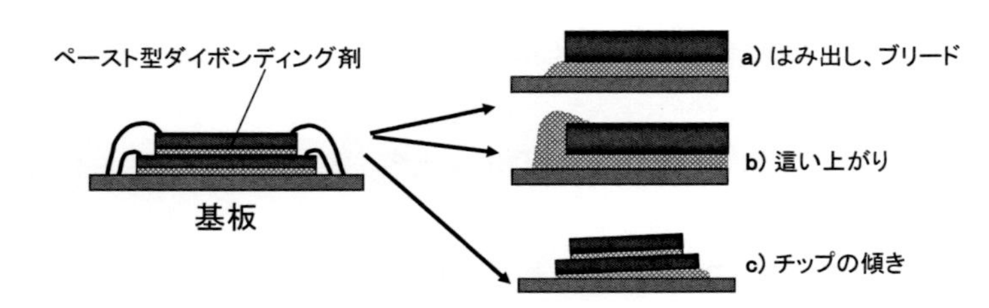

図1　スタックドパッケージにおけるペースト型ダイボンディング剤の問題点

表1　フィルム型ダイボンディング剤とペースト型ダイボンディング剤の比較

項目	フィルム型	ペースト型
接着剤の形態	均一・全面接着	不均一・部分接着
チップサイズの影響	受けない	受ける
接着剤量及びツールの調整	不要	必要
硬化時の接着剤のブリード	無し	有り

表2　Adwill®LE シリーズの用途別分類

LE テープ	ダイシング形態	接合面	スタック形態
基板実装用	ブレード	基板－チップ	－
薄型スタックドパッケージ用	ブレード	チップ－チップ	薄型スタック
レーザダイシング用	レーザ	チップ－チップ	薄型スタック
セイムサイズスタック用	ブレード	チップ－チップ	セイムサイズスタック
工程簡略型	ブレード	基板－チップ，チップ－チップ併用	薄型スタック

2　Adwill®LE テープの種類と特徴

多岐にわたるパッケージ形態，IC チップ微小化，高集積化プロセスに対応するため，それぞれに要求されるダイシング・ダイボンディングテープが求められており，われわれはダイシング・ダイボンディングテープ「Adwill®LE テープ」を開発するに至った[5,6]。LE テープとは，ウェハを IC チップに個片化するダイシング工程においてはダイシングテープとして，ダイボンディング工程ではフィルム型ダイボンディング剤として2つの機能を併せ持ち，工程を簡略化することが可能なテープである。当社の代表的な LE テープを，接合する素材や使用工程により表2のように分類した。基板実装用 LE テープは当社において標準的な位置づけの LE テープであり，粘接着剤の弾性率をコントロールすることで，基板の凹凸に対する追従性を付与している。薄型スタックドパッケージ用 LE テープは，IC チップの高集積化のため，粘接着剤層自体も薄型化設計を行ったタイプである。薄型化による接着力低下を回避するため，接着成分の最適化を行っている。レーザダイシング用 LE テープは，先に述べた DBG プロセスに対応した LE テープである。レーザによる粘接着剤層切断に対応すべく従来のブレードダイシングでは発生しなかったレーザによる基材の溶融および切断，基材を透過したレーザによる半導体ウェハを固定する吸着テーブルの破損に対応したテープを開発している。セイムサイズスタックドパッケージ用 LE テープはワイヤ部分をしっかりと粘接着剤層に埋め込むため，ダイボンディング時の溶融粘度をコントロールした設計となっている。また，粘接着剤層の膜厚を厚く設計したことで，ワイヤが損傷したり，上層 IC チップの底面に接触したりすることが無いため，安定したセイムサイズ・スタックを実現している。工程簡略型 LE テープは基板－IC チップ，IC チップ IC チップに対応し，かつ従来の弾性率コントロールを見直し，さらに工程を簡略化すべく開発された LE テープである。

3　LE テープを用いた半導体パッケージの製造工程

図2に LE テープを用いた半導体パッケージの製造工程を示す。ウェハに LE テープを貼付後，テープ側から紫外線照射が行われ，次のダイシング工程でウェハは IC チップに個片化される。次のピックアップ工程において粘接着剤層と基材フィルムの界面で剥離が生じ，IC チップ裏面に粘接着剤層が IC チップと同一サイズで均一に転着される。ダイシング工程前の紫外線照射は，

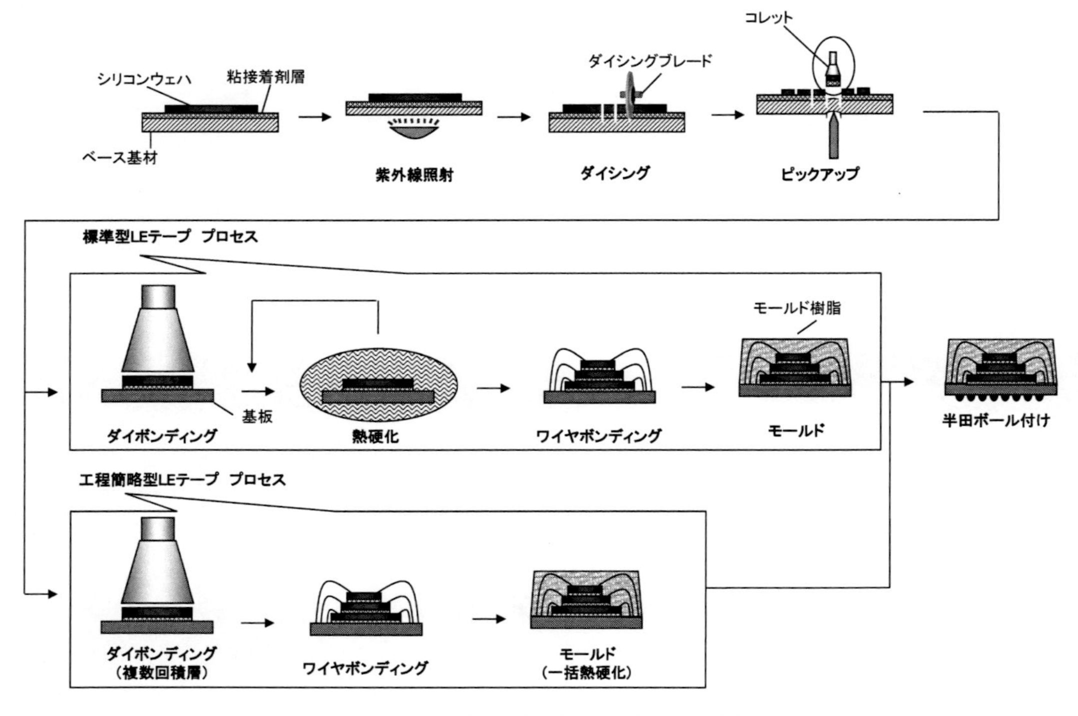

図２　LE テープを用いた半導体パッケージの製造工程

紫外線硬化型樹脂をあらかじめ硬化しダイシング適性を向上させると共に，IC チップの易剥離性を発現させる。得られた IC チップは裏面の粘接着剤層を介し，そのまま基板あるいは IC チップに仮接着される。その後，従来型 LE テーププロセスでは，強固な接着，もしくはワイヤボンド時のズレや傾きが無いように，加熱により本硬化させる。この本硬化は IC チップの積層を重ねるごとに実施されるため，多積層パッケージになればなるほど多くの時間を費やすことになる。一方，工程簡略型 LE テーププロセスでは IC チップの積層毎の本加熱を必要としないため，大幅な時間の短縮が可能となる。ワイヤボンディングが終了したウェハは，外装保護，難燃性付与，耐湿性向上のためモールド樹脂によるパッケージの保護が施される。最終的にパッケージへの半田付け，ボードへの接合が行われる。このように LE テープは製造上の作業性のみならず，半導体パッケージ内部に取り込まれる直接材料として多くの特性が要求される。

4　LE テープ設計のための弾性率コントロール

当社における標準的な位置づけの LE テープは図 3 に示すような組成を基本としている。紫外線硬化型粘着テープの知見に基づき，アクリル酸エステル共重合体，紫外線硬化型樹脂からなる組成物に，ダイボンディング剤で一般的に用いられているエポキシ樹脂を主とした熱硬化型樹脂接着成分として配合している。この組成物の紫外線硬化，熱硬化後の貯蔵弾性率を，硬化前との比較を図4に示す。ウェハ貼付，ダイシング，ピックアップ，ダイボンド，ワイヤボンドに最適な粘接着剤層の弾性率を調査した結果，図4に示す領域が該当することがわかった。まずウェハにLEテープを貼付するプロセスでは，室温付近にて簡便に貼付できるように，LEテープの粘接着剤は常温付近にてある程度のタックが発現する弾性率に設計されている。従来のフィルム型ダイボンディング剤のように高温で貼付する必要が無いため，加熱によるBGテープの収縮に起因したウェハ破損を回避できる。ダイシング，ピックアッププロセスでは，ウェハ切断時のチッピング抑制，ピックアップ性向上のため，紫外線照射を実施する。ウェハ貼付時にはタック発現のために用いられていた紫外線硬化型樹脂が硬化反応することで，弾性率は大きく上昇しダイシング工程でのチッピングを抑制し，硬化収縮により粘接着剤層と基材フィルムの界面で剥離が生じ，容易にICチップのピックアップが可能となる。ダイボンディング工程では高温で加熱されることで弾性率は大きく低下し，基板およびICチップに対する濡れ性が増大する。LEテープの粘接着剤層は高温でも弾性率の低下が比較的穏やかであるため，ペースト型ダイボンディング剤のようにICチップ側面からブリードすることなくダイボンディングすることが可能である。

図5の工程簡略型LEテープの弾性率をみると，紫外線照射や熱硬化といったトリガーによる

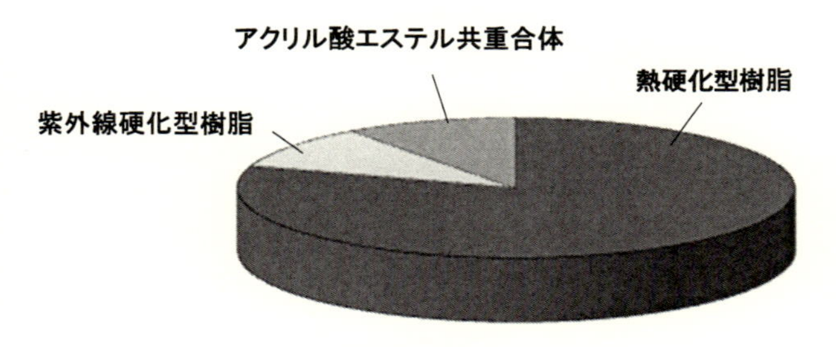

図3　粘接着剤層の基本組成

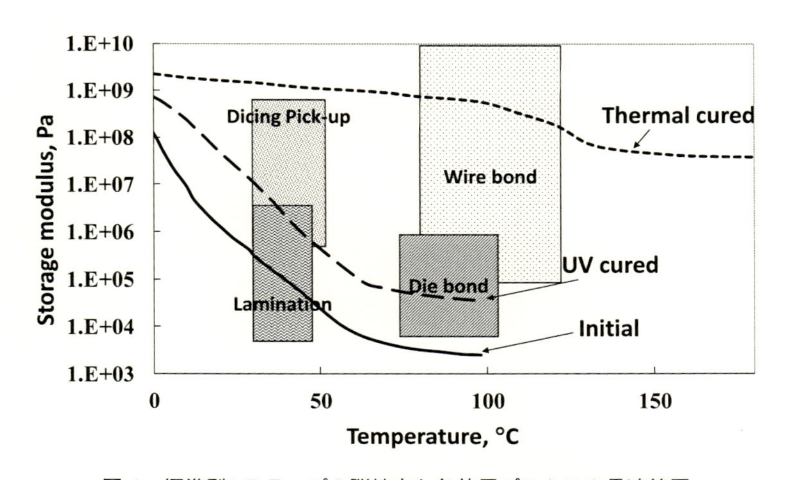

図4　標準型LEテープの弾性率と各使用プロセスの最適範囲

粘接着剤層の大きな弾性率変化を引き起こす必要も無く，使用温度の変更だけで，ウェハ貼付，ダイシング，ピックアップ，ダイボンド，ワイヤボンドに最適な弾性率が達成できている。図6に標準型LEテープと工程簡略型LEテープのモールド樹脂封止前，モールド樹脂封止後の粘接着剤の基板への接着状態を示した。標準型LEテープはモールド樹脂封止前，モールド樹脂封止後共にきれいな接着面であることがわかる。これはダイボンド時の温度にて低粘度になるよう設計しているため，ボイドが入ることなく接着できているからである。一方，工程簡略型LEテープはダイボンド時は接合基板と粘接着剤間にボイドがあるが，モールド樹脂封止後は標準型LEテープ同様にきれいな接着面であることがわかる。図4，5を見比べると工程簡略型LEテープは従来型LEテープと比較してボンディング時の温度にて高粘度なため，基板に追従せずボイドが存在する。しかし，モールド樹脂封止による十分な熱と静水圧によりボイドがほとんど抜け，きれいな接着面となる（図7）。

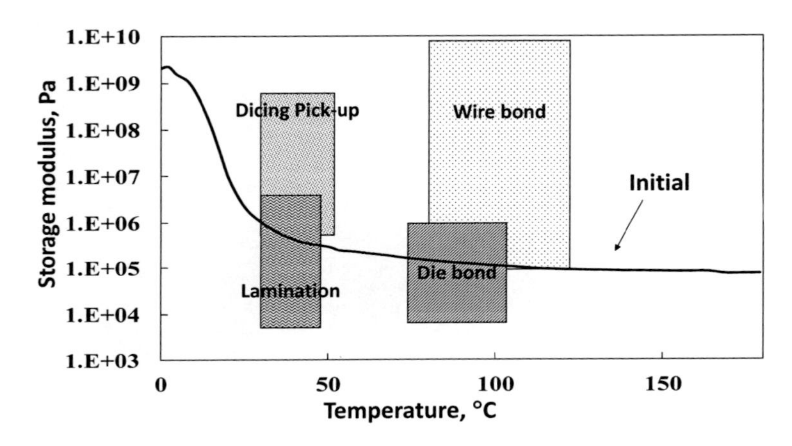

図5　工程簡略型LEテープの弾性率と各使用プロセスの最適範囲

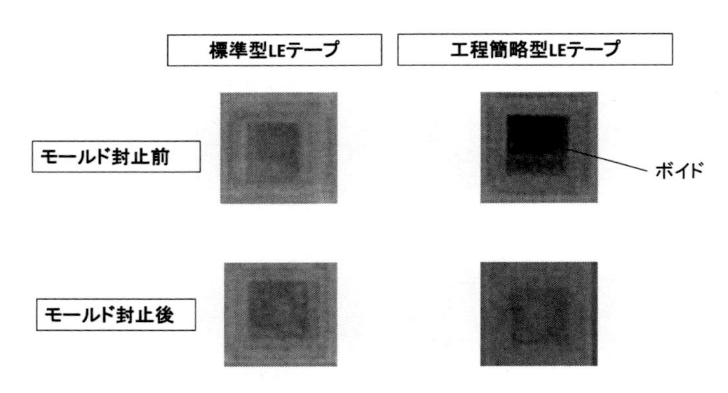

図6　超音波探傷装置による標準型LEテープと工程簡略型LEテープの粘接着剤の基板への接着状態の観察

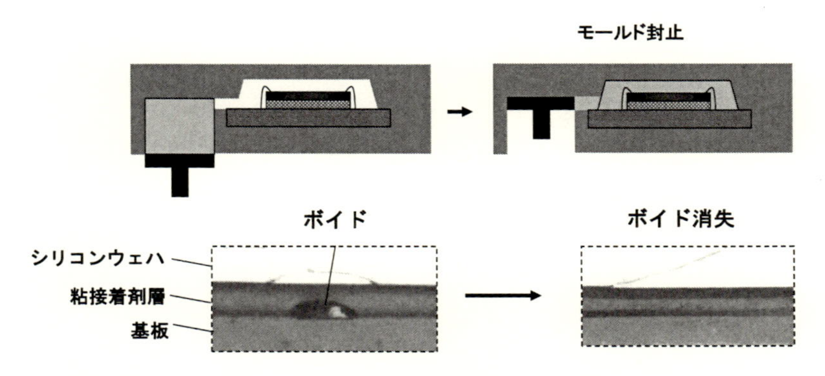

図7　モールド樹脂封止工程を利用した接着プロセスとパッケージ断面

5　LEテープ設計のためのエポキシ樹脂設計

冒頭に述べたようにICチップは薄型化が進んでいる。ICチップはシリコンが材料として主であり，非常に脆く割れやすい性質を持っている。そのため，ダイシング・ダイボンディングテープを設計するに当たっては，強力な接着性に加えてICチップに余計な応力がかからぬよう，応力緩和性も必要となる。強力な接着性と応力緩和性を両立するためのエポキシ樹脂設計の一例を紹介する。試料には，アクリロイル基を導入したエポキシ樹脂とアクリル共重合体をブレンドした組成物を用いた。アクリロイル基を紫外線硬化，次いでグリシジル基を熱硬化する2段階硬化を行い，硬化物の応力緩和性，接着物性について検証した。

図8に材料の構造式，表3に粘接着剤試料の組成を示す。初めに各試料硬化物の相分離構造を観察した（図9 紫外線硬化条件：200 mJ/cm^2　熱硬化：175℃，5h）。アクリロイル基を導入したエポキシ樹脂（OCN-AE）をアクリル共重合体とブレンドした試料（Run1），*o*-クレゾールノボラック型エポキシ樹脂（OCN-E）および紫外線硬化樹脂として*o*-クレゾールノボラック型エポキシアクリレート（OCE-A）を用いた試料（Run2）は，OCN-Eを用いた試料（Run3）と比較すると，島のサイズが小さくなった。またOCN-E添加量がRun3の半分である試料（Run4）では，島のサイズが小さくなったもののRun1，Run2と比較するとサイズの大きい島が点在していた。これらの傾向はOCN-A，OCN-AEがアクリロイル基を有するため，OCN-Eよりもアクリル共重合体との相溶性が高いことによると考えられる。また，OCN-A，OCN-AEが紫外線硬化することで熱硬化時の相分離構造の成長を抑制している可能性もある。次いで，試料の応力緩和性について評価した（図10）。Run1，2は島のサイズがほぼ同等であったが，Run1はRun2より応力緩和性に優れる結果となっており，Run2，3は同等の応力緩和性を示した。また，熱硬化成分が少ないため，Run4もRun1と同様に高い応力緩和性を示した。このことから，相分離構造が類似してみえてもRun2のようにアクリロイル基，グリシジル基を有する材料を別々にブレンドする場合よりも1分子中に両方の官能基を有するRun1の方が応力緩和性に優れることがわかった。これらの試料のせん断強度を図11に示す。紫外線硬化，熱硬化後のせん断強度は

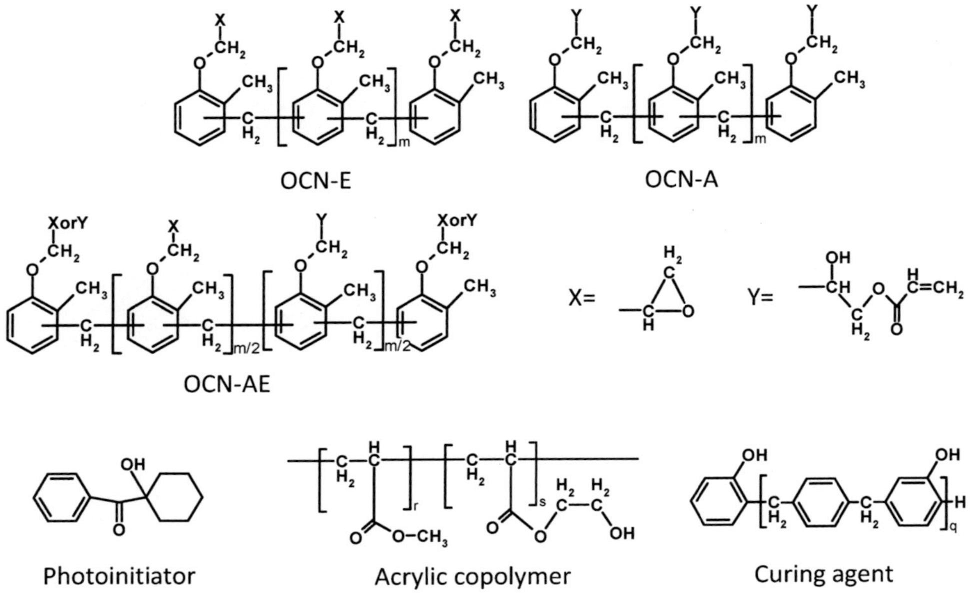

OCN-E　OCN-A

OCN-AE

X=　Y=

Photoinitiator　Acrylic copolymer　Curing agent

図８　使用した材料

表３　粘接着剤試料の組成

Run No.	OCN-E	OCN-AE	OCN-A	Curing agent
Run 1		23 g（44/44 mmol）		7.4 g（44 mmol）
Run 2	11 g（44 mmol）		12 g（44 mmol）	7.4 g（44 mmol）
Run 3	22 g（88 mmol）			15 g（88 mmol）
Run 4	11 g（44 mmol）			7.4 g（44 mmol）

Acryl copolymer：70 g（0.20 mmol）, Photoinitiator：4.0 mol%of acryloyl group
1)（ ）amount of reactive functional group
2)（/）amount of glycidyl group/acryloyl group

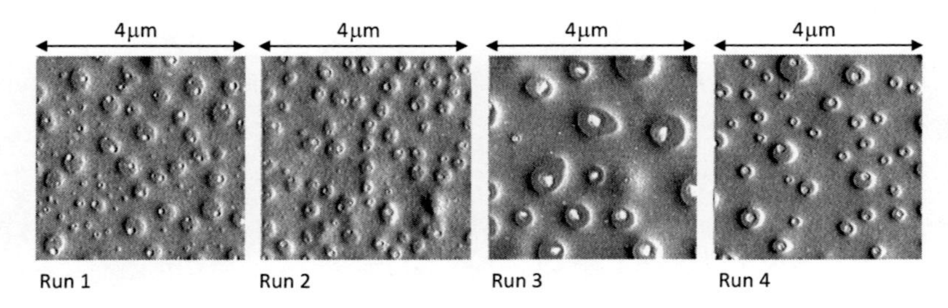

図９　熱硬化後の粘接着剤の SPM 像

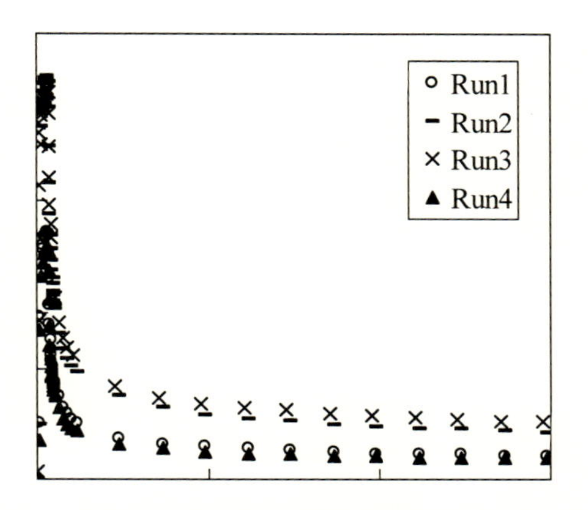

図10　熱硬化後の粘接着剤の応力緩和性（10%伸長）

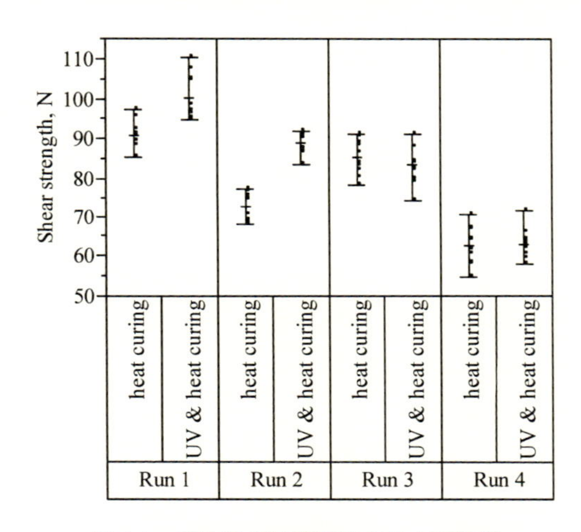

図11　硬化後の粘接着剤のせん断強度

Run1＞Run2＞Run3＞Run4の順となった。結果，アクリロイル基を導入したエポキシ樹脂をアクリル共重合体とブレンドした組成物を用いたことで，エポキシ樹脂 / アクリル共重合体をブレンドした組成物もしくはエポキシ樹脂 /UV 硬化性樹脂 / アクリル共重合体をブレンドした組成物の硬化物と比較して，高い応力緩和性と接着性を発現するフィルム型粘接着剤を得ることができた[7)]。

6　おわりに

IC チップの微小化，高集積化を実現するために，当社のダイシング・ダイボンディングテープである LE テープとその使用プロセスおよび高品質なテープの設計について当社の取り組みの一部を紹介した。IC チップの高性能化のためにはダイシング・ダイボンディングテープの更なる高品質化，高機能化，さまざまなプロセスへの対応が重要となることが予想される。

文　献

1) K. Ashton, *RFID Journal*, 22 June 2009.
2) 日経エレクトロニクス vol.1125 P24-41 (2014)
3) エレクトロニクス実装学会誌, vol.17 No.3 P163-168 (2014)
4) 大森純, 東芝レビュー, Vol.66 No.9 P28-31 (2011)
5) 江部和義, 妹尾秀男, 杉野貴志, 山崎修, 日本接着学会誌, **44**, 289 (2004)
6) 江部和義, 妹尾秀男, 杉野貴志, 山崎修, 日本接着学会誌, **41**, 128 (2005)
7) N. Saiki *et al.*, *Journal of Applied Polymer Science*, (117) 3466-3472 (2010)

第13章　ソルダーレジスト材料

北村太郎*

1　はじめに

ソルダーレジスト（Solder Resist）とはプリント配線板の表裏に形成される絶縁性の保護膜のことである。ソルダーレジストは，半導体チップやコンデンサなどの電子部品をプリント配線板表面へ実装する際に，はんだブリッジによる回路がショートすることを防止，また部品・コネクタなどとの接続部分以外へのはんだ付着を防止する役割がある（図1）。また，永久絶縁塗膜として銅回路パターンの防錆や外部衝撃からの保護を行い，回路間の絶縁信頼性を維持する。このことからソルダーレジストには基板との密着性，耐熱性，耐酸性，耐アルカリ性，耐溶剤性，マイグレーション耐性が要求される。

さらに，1990年代に表面実装パッケージであるCSP（Chip Size Package）やBGA（Ball Grid Array）が普及し始めると，ソルダーレジストは，従来の配線保護の役割の他に半導体パッケージの構成材料としてクラック耐性，高解像性が要求されるようになった。

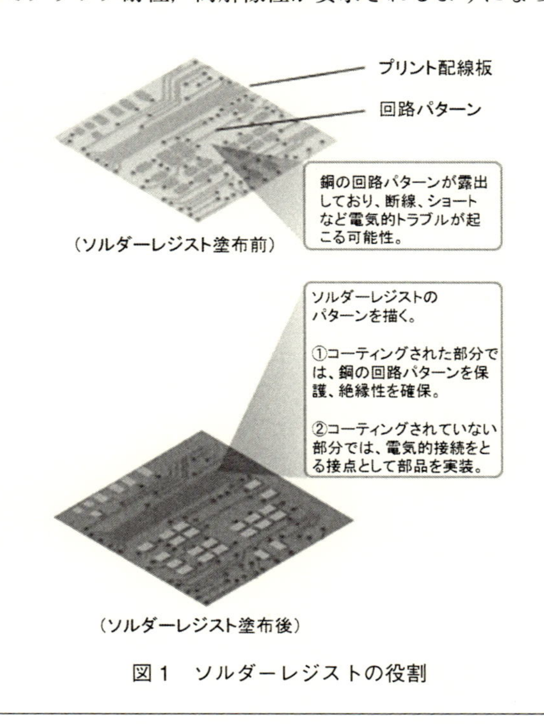

図1　ソルダーレジストの役割

*　Taro Kitamura　太陽インキ製造㈱　技術開発本部　開発部　開発二課

一般にプリント配線板を見ると緑色のものが多いが，この緑色がソルダーレジストである。緑色の他にも LED モジュール用途などに用いられる白色，回路の隠蔽性を高めるための黒色など，現在は用途ごとにさまざまな色のバリエーションがある。

2　ソルダーレジストの歴史

ソルダーレジストはプリント配線板が実用された1950年半ばより使用され，開発当初はメラミン変性エポキシ樹脂などの熱硬化樹脂を組成とした熱硬化タイプが使用されており，スクリーン印刷でパターン印刷を行っていた。その後，メラミン変性エポキシ樹脂と比較して熱に強く，熱硬化時にホルマリンを発生しないエポキシ樹脂系を使用した熱硬化型ソルダーレジストが使用された。さらに工程短縮を図るために，エポキシ樹脂にアクリル酸を付加させたエポキシアクリレート樹脂と光ラジカル発生剤を組成とし，パターン印刷後，紫外線照射により短時間で硬化させることを可能とした紫外線硬化型のソルダーレジストが開発された。この時点では，熱硬化型は信頼性に優れていたため，高信頼性を要求される産業用に，紫外線硬化型は民生用という分類で使い分けられていた。

プリント配線板の多層化や回路の細線化による高密度化が進むことで，ソルダーレジストに対しても形成パターンの高精細化が要求されるようになった。生産現場ではスクリーン印刷法における解像性の限界に達しつつあった。そこで1980年代初めに光反応性と熱硬化性の機能を持つエポキシビニルエステル樹脂を組成とし，フォトリソグラフィーを用いた溶剤現像型ソルダーレジストが開発された。工法はプリント配線板の全面にベタ印刷をして，乾燥することで溶剤を揮発させてタックフリー化させ，フォトマスクを用いた紫外線露光により必要なパターンを光硬化させた後，未硬化部分を溶剤にて洗い流す現像工程にてパターンを形成させる。その後，加熱することで熱硬化成分を硬化させる。現像型ソルダーレジストは高い精度と量産性を持ちながら熱硬化型と同等の耐熱性，耐酸性，耐アルカリ性，耐溶剤性，マイグレーション耐性も兼ね備えた。1985年には，1 wt％炭酸ナトリウム水溶液を現像液に使用するアルカリ現像型ソルダーレジストが開発された。アルカリ現像型ソルダーレジストは弱アルカリ水溶液で現像でき，溶剤現像よりも環境負荷が小さく，耐水性に優れ，溶解現像型のため，膨潤剥離タイプの溶剤現像型に比べ解像性に優れたことから急速に普及した。露光におけるフォトマスクを変更することで容易なパターン変更を可能とする現像型ソルダーレジストは，今日までソルダーレジストの主流となっている。

表面実装パッケージである CSP（Chip Size Package）や BGA（Ball Grid Array）などの普及に伴いソルダーレジストの表面平滑性が要求されようになってきた。そのため，ドライフィルムタイプのソルダーレジストが増加している。ドライフィルムは液状のインクを支持フィルム上に塗布し，乾燥させ，保護フィルムを張り付けたフィルム状の製品である。スクリーン印刷のように基板に塗布するのではなく，真空ラミネーターを用い，基板にフィルムを貼り付ける（ラミネート工程）ことで基板上に塗膜を形成する。ドライフィルムタイプの利点は，ラミネート工程のみのため，工程が短縮され取り扱いによる不良等の発生を抑えることが出来る。また乾燥工程がないため，乾燥時の異物の付着がなく歩留りの向上が図れる。さらに溶剤の揮発がなく環境負荷が小さい点が挙げられる。特性面では膜厚精度よく塗布されたフィルムをラミネートするため，ソルダーレジストの膜厚管理が容易であり，得られる基板の平滑性も優れている。さらに真空でラミネートを行うため，ビアへの穴埋め性も優れており，またスクリーン印刷では塗布が困難な薄い基板に対してもラミネートは容易である特徴が挙げられる。

3　近年におけるソルダーレジストへの要求

近年，スマートフォンに代表される携帯電子機器の小型化，高性能化に伴い，コアの薄型化，小型化が進んでおり，ソルダーレジストの物性がPKG基板へ与える影響が大きくなっている。半導体チップとPKG基板は一般にはんだ等で接続されているが，半導体チップとPKG基板間における熱膨張係数（CTE）の差が熱履歴による応力歪みとなり，PKG基板の信頼性が低下する要因となる反りが発生する。また，ソルダーレジストと周辺部材とのCTEの差は，熱履歴による応力歪みから，ソルダーレジストへの負荷が増大し，ソルダーレジストにクラックが生じる要因となる。そのため，ソルダーレジストに対しては低反り，クラック耐性の向上が求められる。さらに，高密度・高精細化により基板回路の狭ピッチ化が加速していることから，ソルダーレジストの高解像性，薄膜化および狭ピッチの配線回路での高いマイグレーション耐性が求められる(図2)。

①　低反り

PKG基板の薄板化に伴い，ソルダーレジストの熱収縮がPKG基板の反りに与える影響が大きくなっている。さらに，ソルダーレジストと周辺部材のCTEの差からPKG基板の反りが発生し，接続信頼性が失われる要因となる。そのため，ソルダーレジストの低CTE化が要求される。

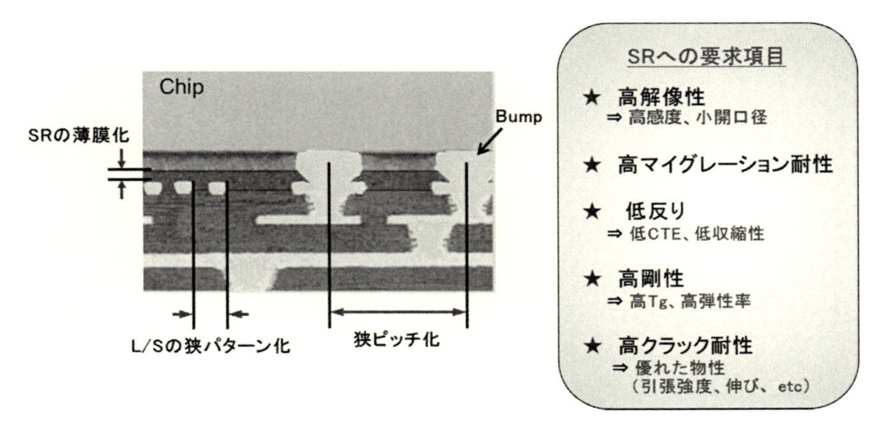

図2　ソルダーレジストのトレンド

② クラック耐性

ソルダーレジストと周辺部材は，PKG 部品実装のリフロー工程等の熱履歴により厳しい熱ストレスを受ける。そして，ソルダーレジストと周辺部材の熱物性の差から基板作製時の反りやうねりが増大し，クラックが発生する要因となる。そのため，熱変化により生じる応力を低減する目的で高いガラス転移温度（Tg）と低 CTE が要求される。また，応力に耐える強靭な機械特性も必要とされ，靭性，伸び率を向上させることで，クラック耐性が向上する。

③ マイグレーション耐性

電極間のソルダーレジスト中に水分が侵入することで，水分の電気分解が生じ，陽極側は酸性，陰極側はアルカリ性に変動する。マイグレーションは，陽極側でイオン化した Cu が陰極側へ移動することで，陰極側での Cu の析出のプロセスを経て発生すると考えられている。その際に，ハロゲンイオンが存在することで，マイグレーションが促進されることが知られている（図 3）。

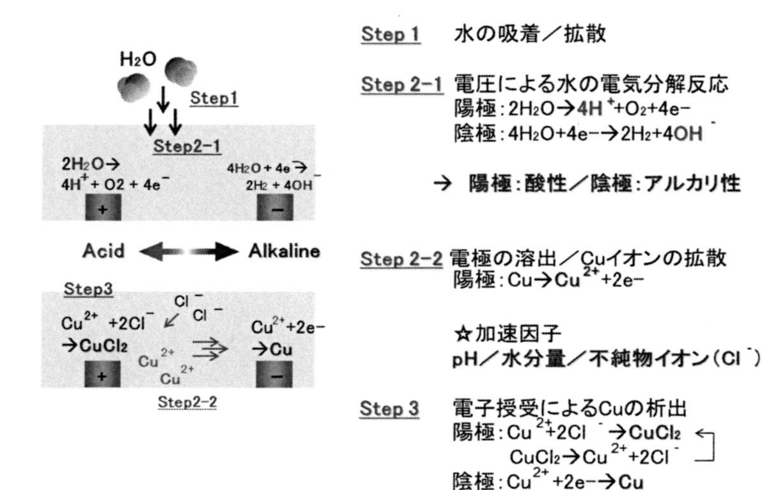

図３　マイグレーション発生の原理

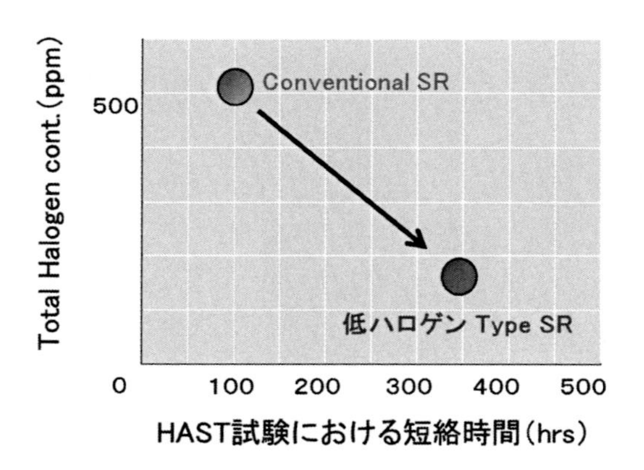

図４　ハロゲン量とマイグレーション耐性の関係

そのためマイグレーション耐性向上の方法として，ソルダーレジストの低塩素化の対策が必要であり，最新のSRでは従来の半分以下のハロゲン量を達成している（図4）。

4　アルカリ現像型ソルダーレジスト

4.1　アルカリ現像型ソルダーレジストの組成

エポキシ樹脂はアルカリ現像型ソルダーレジストにおいて重要な成分であり，アルカリ現像型ソルダーレジストの特性に大きな影響を与える。代表的なアルカリ現像型ソルダーレジストは下記の成分で構成される。

①　感光性アルカリ可溶樹脂

光硬化性と熱硬化性を持つアルカリ可溶樹脂は主成分となるもので，パターニングと特性向上の熱硬化の機能を併せ持つ。代表的な感光性アルカリ可溶樹脂の合成方法としては，ノボラック型エポキシ樹脂を出発原料とし，（メタ）アクリル酸を付加させエポキシ（メタ）アクリレート化する（以降，アクリレートと略す）。アクリレート化の際に生成した2級水酸基に酸無水物を反応させカルボン酸を付加させる。アクリレートで感光性，カルボン酸でアルカリ溶解性と熱硬化性を付与させた構造となる。

アルカリ現像型ソルダーレジストの特性には感光性アルカリ可溶樹脂の特性が大きく影響を与えている。たとえば原材料として，剛直な骨格のノボラック型エポキシ樹脂を導入し，かつ官能基数を増加させることで，高Tgで低CTEを得ることが出来る。Tgを高めることにより耐熱信頼性が向上する。しかしTgを高めると内部応力の上昇にともない密着性が低下する場合がある。そのため，アルカリ現像型ソルダーレジストは諸特性とのバランスを考慮した樹脂設計を行う必要がある。

②　多官能アクリレート

アルカリ水溶液に対する耐現像性と硬化塗膜の物性向上に影響を与える。また，表面のべたつきを抑制するために比較的分子量の大きい3官能以上の多官能アクリレートが使用される。

③　光重合開始剤

光重合開始剤は紫外線によりラジカルを発生し，紫外線硬化樹脂を硬化させるラジカル発生剤が用いられる。溶剤を揮発させる仮乾燥の工程があるため，80℃程度の温度では揮発しないことと，緑色や黒色などに着色されたソルダーレジストは紫外線が透過し難いことから，深部硬化性に優れ現像工程に耐えられる表面硬化性を可能とする光重合開始剤が使用される。

④　熱硬化樹脂

ソルダーレジストとしての耐熱性，絶縁性，耐薬品性等を付与するために一般的にはエポキシ樹脂が使用される。通常，熱硬化工程における150℃，60分程度の加熱により，感光性アルカリ可溶樹脂のカルボキシル基とエポキシ樹脂が反応する。感光性アルカリ可溶樹脂に含まれるカルボン酸と反応することにより，高分子化し，ソルダーレジストとしての特性を発現させるが，カルボン酸とエポキシは常温でも反応が進むため保存安定性が悪い。そこで，アルカリ現像型ソルダーレジストは一般的に使用前に混合する2液性の形態をとっている。組成物中で溶解ではなく固体で分散される性状のエポキシ樹脂を選択することにより，硬化剤混合後の使用可能時間の延長やプレキュア工程での熱履歴による現像不良マージンを広くすることが出来る。

エポキシ樹脂はソルダーレジストにさまざまな特性を付与するが，付与する重要な特性として流動性，作業性，保存安定性などに関わる軟化点や粘度が挙げられる。エポキシ樹脂の構造は，ソルダーレジストの特性に大きな影響を与える。たとえば，同様な骨格をもち，かつ実質的に同官能基数をもつエポキシ樹脂のなかで比較すると，官能基濃度が高い（エポキシ当量が低い）ものほど架橋密度が高くなるため，Tgが高くなる。最終製品の品質や生産性に関わる重要な特性である硬化性には，多官能型エポキシ樹脂における官能基数（1分子あたりの平均エポキシ基数，核体数）が大きく影響し，官能基数の増加につれて硬化反応が速くなるという特徴がある。また，エポキシ樹脂中には種々の不純物が含まれる。代表的な不純物として加水分解性塩素があるが，このようなイオン性不純物が存在することによりマイグレーション耐性の低下が引き起こされる。そのため，エポキシ樹脂におけるイオン性不純物の低減が必要とされている。

⑤　フィラー

印刷性，耐熱性，密着性，表面硬度等を付与するために使用される。通常は硫酸バリウム，シリカ，タルク等が使用される。用途や要求される解像性により粒径が考慮されている。

⑥　着色顔料

ソルダーレジストの着色のために使用される。ソルダーレジストは塗膜形成後，はんだ付け時に200℃以上の高温にさらされるため，部品実装前後で変色しないように耐熱性に優れた顔料が使用される。

⑦　溶剤

塗布工程に適した粘度にするために使用される。塗布方法により使われる溶剤の種類・量が異なる。

⑧　添加剤

印刷時の消泡性，表面平滑性を得るために使用されるが，信頼性に与える影響を考慮する必要がある。

4.2　アルカリ現像型ソルダーレジストの形成工程

図5に一般的な液状タイプのソルダーレジストを形成するための工程を示す。

①　前処理

ソルダーレジストの塗布工程前に基板表面の油膜，酸化被膜等の除去および凹凸を付けるため，研磨を行う工程。研磨により微細な凹凸を基板表面に作ることで塗膜と基板との物理的密着性（アンカー効果）を向上させる。研磨方法は物理研磨，化学研磨等があり，要求特性に応じた処理方法が選択される。

	プロセス	目的
①	基板の前処理	ソルダーレジストと基板の密着性向上
②	塗布	基板へのソルダーレジストの塗布
③	乾燥	インキ中に含まれる溶剤の除去
④	露光	耐現像性の発現
⑤	現像	不要部分の溶解除去
⑥	熱硬化	特性の向上

図５　液状タイプのソルダーレジスト形成工程

②　塗布

基板上へソルダーレジストを形成するための工程。一般的にはソルダーレジストは有機溶剤を含有する液状の組成物である。塗布方法としては，均一に塗布できるのであれば特に方法は問わないが，一般的にスクリーン印刷法が多く用いられる。プリント配線基板の構造によっては，カーテンコーター，スプレーコーター，ロールコーターによる塗布も行われるが，スクリーン印刷法とは異なる性状のソルダーレジストが必要となる場合がある。

③　乾燥

塗布したソルダーレジストをタックフリー化するためにソルダーレジスト中に含まれる溶剤を除去する工程。乾燥条件は70℃～90℃で10分～30分が一般的であるが，乾燥炉の性能により調整を行う必要がある。タックフリー化する理由は次工程の露光時にソルダーレジスト上にフォトマスクを密着させるため，塗膜が乾燥していない場合，フォトマスクへの張り付きやフォトマスクへのインキの転写による汚染の防止，インキへのほこり等の付着防止等の目的がある。

④　露光

紫外線照射を行いソルダーレジスト中に含まれる多官能アクリレートの高分子量化を行い耐現像性を発現する工程。アルカリ現像型のソルダーレジストは感光性アルカリ可溶樹脂，多官能アクリレート，光重合開始剤を含有しているため，紫外線を照射すると光重合開始剤からラジカルが発生し，感光性アルカリ可溶樹脂と多官能アクリレートがラジカル重合により高分子化することで現像液に対する耐性を持たせる。ソルダーレジストは一般的に光が照射された部分が硬化するネガ型であるため，露光工程ではフォトマスクを用いて，ソルダーレジストとして残したい部分にのみ紫外線を照射し，不要な部分は遮光する。またラジカル重合は酸素阻害の影響を受けやすいため，減圧状態でフォトマスクを密着させ露光を行う。露光不足や真空度不足，露光温度が低い場合に光硬化不足が生じ，充分な硬化性が得られず，アンダーカットの発生や，塗膜特性に影響を与えることになる。

現在，スマートフォンに代表される携帯電子機器の小型化，高性能化が進んでおり，プリント配線板の中でも半導体を搭載するパッケージ基板用のソルダーレジストは最小開口径として60 μm以下といった小径の開口が求められる。また上記パッケージ基板を搭載するプリント配線板も高密度化しており，パターニングの位置合わせに関しては±5 μm程度と高い精度が要求される。この高い位置合わせ精度を得るために従来のフォトマスクを用いた一括露光方式からデジタル露光方式へ置き換えが急速に進んでいる。一括露光方式は基板全面を一度に露光するため生産性は高いが，ソルダーレジストを塗布する前までの基板作製工程で生じる基板の収縮やそり等による基板パターンとフォトマスクとのずれの影響を受けるため，位置合わせが困難な場合がある。一方，デジタル露光方式はフォトマスクを使用せずPC上で作成した任意のマスクデータをもとに露光を行うため，基板毎に位置合わせが可能であり，高い位置合わせ精度で露光することができる。さらにフォトマスクを使用しないため，マスクの作製コストや作製時間を削減でき，短納期に対応しやすい等のメリットが挙げられる（図6）。

⑤　**現像**

未露光部分を除去し，画像形成する工程。現像液は1 wt%程度の炭酸ナトリウム水溶液をスプレーにより噴射して不要部分を洗い流す。紫外線が照射されていない部分の感光性アルカリ可溶樹脂のカルボキシル基と現像液中のNa+イオンが，中和反応により塩（−COONa）を作り，乳化（エマルジョン）状態となり現像液に溶解する。

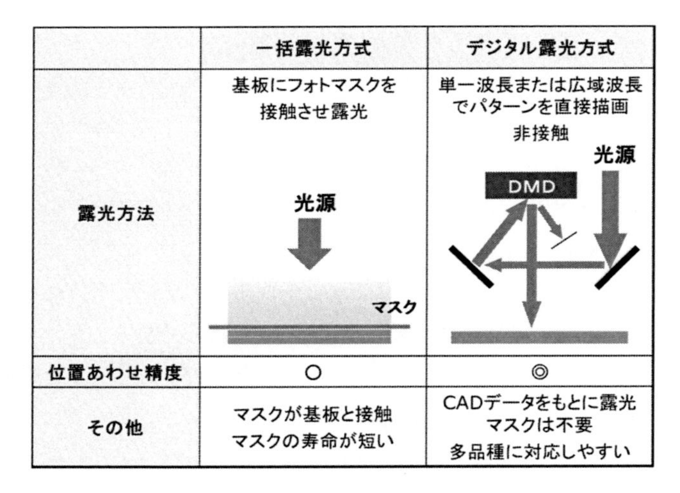

	一括露光方式	デジタル露光方式
露光方法	基板にフォトマスクを接触させ露光 光源 マスク	単一波長または広域波長でパターンを直接描画 非接触 光源 DMD
位置あわせ精度	○	◎
その他	マスクが基板と接触 マスクの寿命が短い	CADデータをもとに露光 マスクは不要 多品種に対応しやすい

図6　一括露光方式とデジタル露光方式の特徴

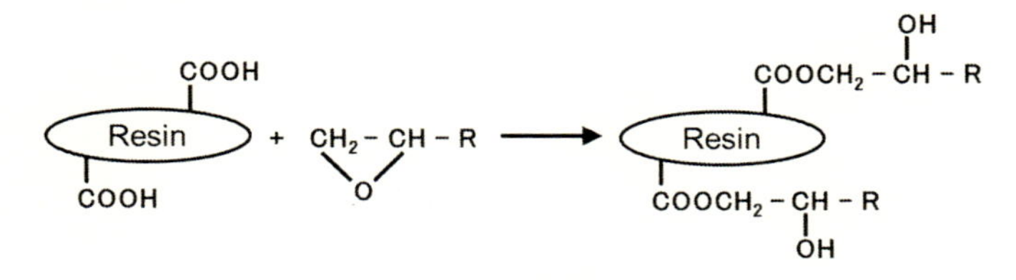

図7　熱硬化時の反応機構

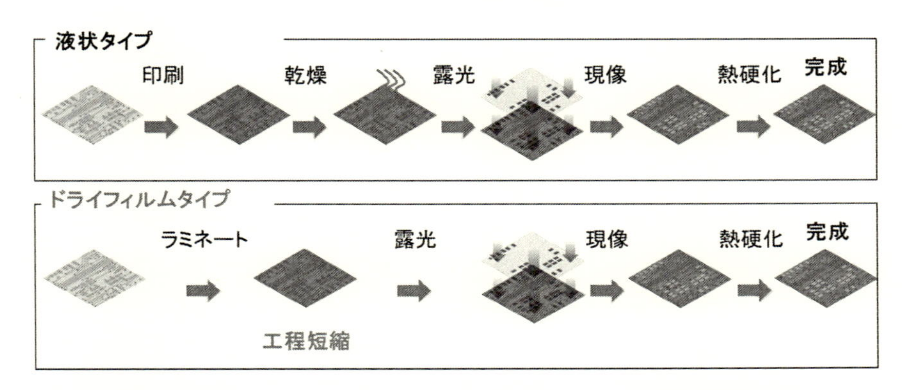

図8　液状タイプとドライフィルムタイプソルダーレジストの基板作製工程比較

⑥　**熱硬化**

画像形成部分を加熱することにより，塗膜を高分子化し一般特性を付与する工程。ソルダーレジストとしての諸特性を向上させる目的でエポキシ樹脂が配合されている。150℃で60分程度の加熱を行い，感光性アルカリ可溶樹脂のカルボキシル基とエポキシ樹脂を反応させる。図7に熱硬化の反応機構を示す。

以上が一般的な液状タイプのソルダーレジストの形成工程である。ドライフィルムタイプのソルダーレジストの場合は，塗布工程と乾燥工程の代わりにラミネート工程がある。液状タイプのソルダーレジストとドライフィルムタイプのソルダーレジストの基板作製工程比較を図8に示す。

5　おわりに

本稿ではソルダーレジストの歴史からアルカリ現像型ソルダーレジストへの要求およびアルカリ現像型ソルダーレジストの基本構成，形成工程について触れた。本稿に記載したようにソルダーレジストの歴史とエポキシ樹脂には密接な関係がある。エポキシ樹脂はソルダーレジストを構成する重要な成分の一つであり，さまざまな特性が付与されている。今後，更に優れたソルダーレジスト開発を行うためにはエポキシ樹脂の高性能化が必要不可欠であると考えられ，更に多くの優れた特性を有するエポキシ樹脂が開発されることを期待したい。

第14章　パワーデバイス用実装材料

石井利昭*

1　パワーデバイスの市場と応用分野

環境や省エネへの意識の高まりを背景に，クリーンで経済的な機器が求められている。パワーデバイスは自動車，電鉄，産業用ロボットなどさまざまな機器に用いられ，電動化によるエネルギーの効率的利用に貢献している。パワーデバイスを搭載するパワーモジュールの市場規模は図1に示すように，現在4000億円程度であるが，5年後の2020年には1.5倍以上に増加し6482億円と予想されている。この伸長を支える分野は，自動車や電鉄用途である。特に自動車分野は2.5倍の伸びが期待されている[1]。

パワーデバイスが用いられる電力変換機器の装置容量と，装置電圧を図2に示す。パワーデバイスは，家電機器，情報・通信機器，自動車機器など小電流，小電圧の機器ではシリコンのMOSFET（Metal-oxide-semiconductor field-effect-Transistor）が主に用いられている。1 kA以下，2 kV以下の中電流，中電圧の領域には，HEVやEVの主機となるモータ，インバータやコンバータ，産業用汎用インバータなどの製品群があり，主に用いられるパワーデバイスはシリコンのIGBT（Insulated Gate Bipolar Transistor）である。さらに高電流，高電圧の分野は電鉄分野，送配電分野などで，IGBTの他，サイリスタ，GTO素子を用いた大型のパワーモジュールが用いられている。

パワーデバイスの半導体材料はシリコンの他，炭化珪素（SiC）や窒化ガリウム（GaN）など

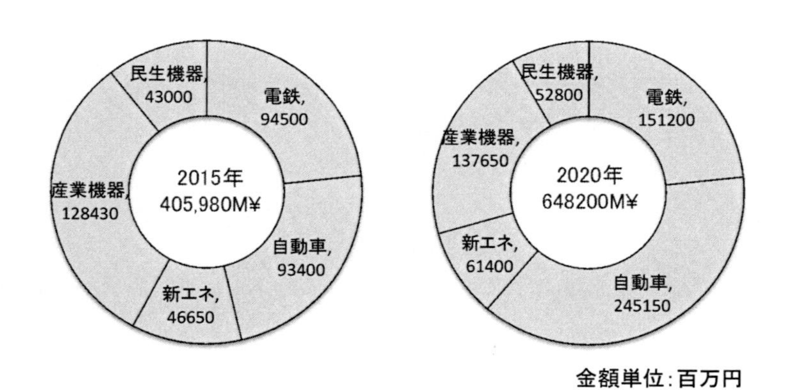

図1　パワーモジュールの市場

---

*　Toshiaki Ishii　㈱日立製作所　日立研究所　材料研究センタ　主管研究員

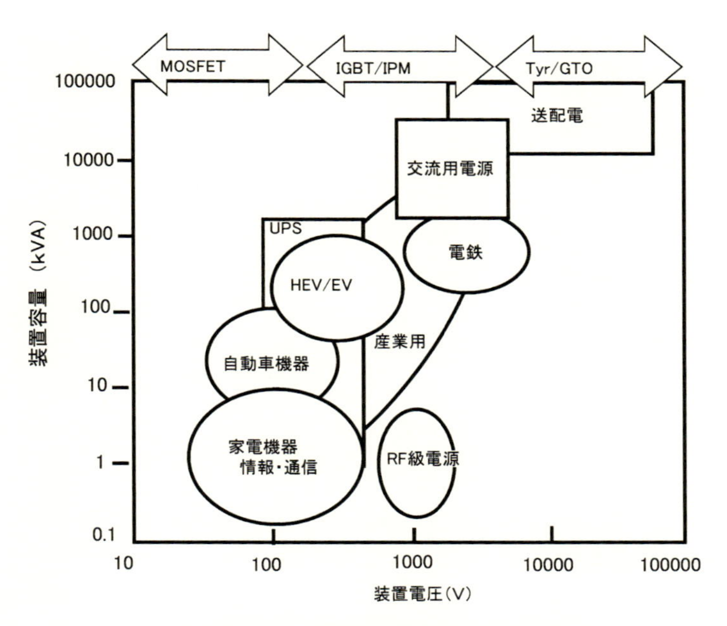

図２　各種電力変換機器の装置容量と装置電圧

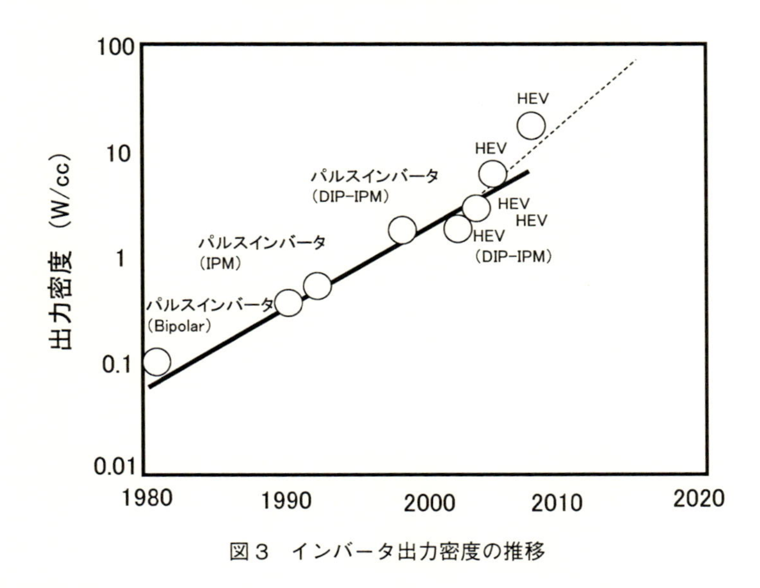

図３　インバータ出力密度の推移

の次世代の化合物半導体が開発されている。SiCは高速動作と，高温での使用が可能で，3kV以上の高圧・高容量の装置への応用へ向け開発が進められている。一方，GaNは横型のデバイスが先行開発され，こちらも高速の動作を活かし，自動車の補機など低電圧の機器への展開が期待されている。

インバータ出力密度の推移を図3に示す[2)]。1980年代から小型化，高出力化が進められ，2010年までの30年で，出力密度が100倍程向上していることがわかる。また2000年代の後半からは

HEV や EV 向けのインバータの開発が活発化し，出力密度の向上のスピードも速まっている。パワーモジュールおよびインバータの課題は，このように小型，高出力化さらに高信頼性化が挙げられる。本稿では，主に中容量のパワーデバイスとその実装構造，実装材料に注目し，パワーモジュールの課題をまとめ，実装技術を概説する。

2 インバータシステム例とパワーモジュールの構造

HEV 用インバータシステムの代表例を図 4 に示す。インバータは，バッテリとモータの中間に位置し，バッテリからの電力をコントロールし，駆動用モータに供給するシステムとなっている。パワーモジュールや平滑用コンデンサー，昇圧コンバータなどを組み合わせ HEV インバータシステムが構成される。

代表的なパワーモジュールの断面構造を図 5 に示す。シリコン IGBT は，銅やアルミの配線が施されたセラミクス配線基板にはんだを介して搭載されている。セラミクス基板はさらに放熱ベースにはんだで固定されている。シリコン IGBT とセラミクス基板，さらに外部接続端子の接続はアルミボンディングワイヤが用いられる。セラミクス基板およびシリコン IGBT，アルミワイヤ全体は柔軟性のあるシリコーンを注型しゲル状に硬化させ封止されている。パワーモジュールは，インバータを組み立てる際，水冷や空冷の冷却機に固定される。パワーモジュールと冷却機の間には放熱グリース等の TIM 材（Thermal Interface Material）を挿入し部材間の空隙をなくし熱の伝わりを改善している。

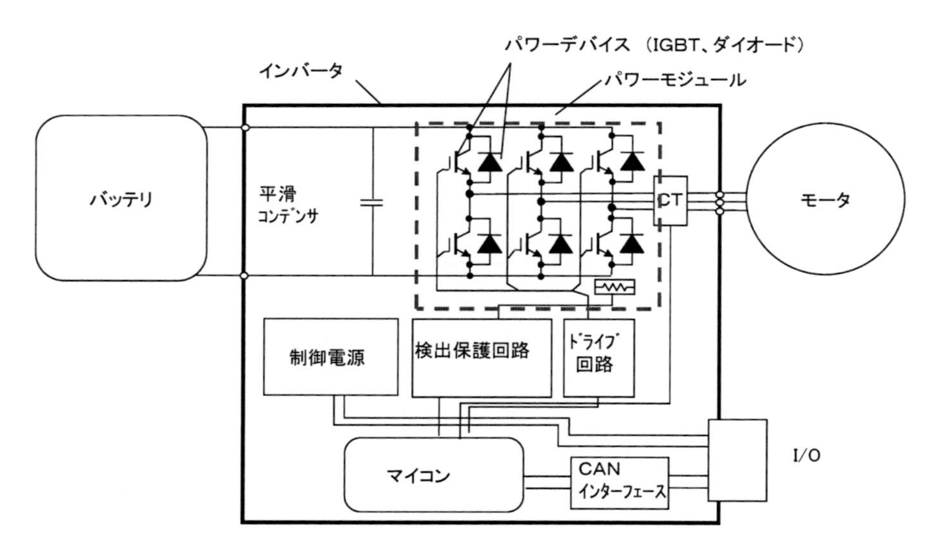

図 4 HEV・EV 用インバータシステムの例

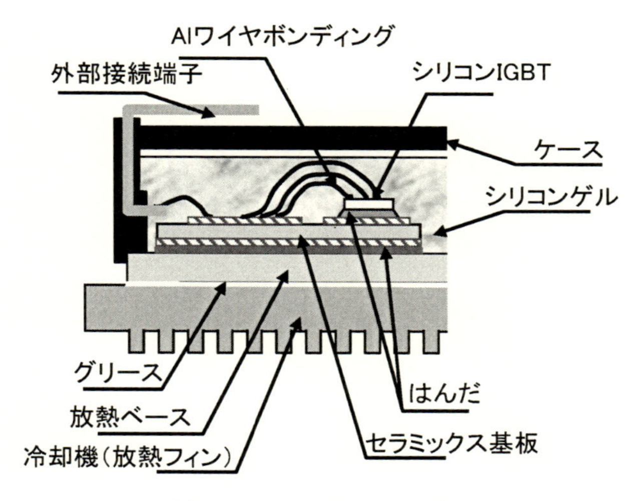

図 5　パワーモジュールの構造

表 1　パワーモジュール実装の役割と実装材料

#	項目	機能の内容	実装材料	主なプロセス
1	電気的インターコネクト／ディスインターコネクト	・信号の伝播 ・電源の供給 ・テスト用プローブ	・外部接続端子 ・接合材（はんだ，焼結金属，拡散接合） ・ボンディングワイヤ ・セラミクス基板，（Al_2O_3，AlN，SiN） ・樹脂複合材	・はんだ付け 真空／加圧プロセス 還元雰囲気（水素，蟻酸），溶融はんだ ・加熱圧着 ・超音波ボンディング
2	熱的インターコネクト	・放熱路の形成 ・冷却性能の向上	・高放熱材（樹脂シート，高熱伝導セラミクス基板，放熱グリース） ・放熱フィン（Cu，Al）	・加熱圧着 ・プリフォーム（フェーズチェンジタイプ） ・グリース塗布
3	機械的化学的ディスインターコネクト	・耐ハンドリングストレス ・外部応力，環境，腐食からの保護	・パッケージ材（エポキシ系封止材，シリコーンゲル） ・ケース筐体	・注型 ・トランスファーモールド

3　パワーモジュール実装の役割と実装材料

パワーモジュール実装の役割と実装材料，プロセスを表 1 に示す[3)]。実装の役割は大きく電気的，熱的，機械的，化学的なインターコネクト／ディスインターコネクトにわけられる。特に，高電圧，高電流のパワーデバイスを動作させるためには，電気，熱にかかわる特性が重要である。

3.1 電気的インターコネクト/ディスインターコネクト

電気的インターコネクトに関係する実装材料は，外部接続端子，ワイヤボンディング，配線基板等である。外部接続端子やセラミクス基板上の配線に用いられる材料は，主に抵抗が低く熱伝導率が高い銅材（Cu）あるいはアルミニウム（Al）を用いることが多い。セラミクス基板の材質は，アルミナ，窒化珪素，窒化アルミなどが用いられる。窒化珪素や，窒化アルミはアルミナに比べ，熱伝導率が高く小型で高容量が必要なHEVやEV用，電鉄用のパワーモジュールで用いられている。中小電圧のパワーモジュールでは樹脂セラミクスの複合材料が絶縁材として用いられるケースも増えている。

パワーデバイスと配線の電気的・機械的な接続にははんだ付けが用いられている。このはんだ付けのプロセスでは，パワーデバイスと配線板との濡れの向上，ボイドの削減のため，雰囲気を制御する必要があり，真空・加圧，水素や蟻酸などを用い還元雰囲気制御を行う必要がある。

図6にパワーモジュールに用いられるはんだ材の溶融温度およびその他の接続方法のプロセス温度をまとめて示す。シリコンIGBTの動作温度は，一般的に150℃が上限で制御されているが，高出力化や冷却系の簡素化のため，動作温度の高温化の要求があり，シリコンデバイスでは，接合温度175℃化の検討が行われている。SiCは動作温度をさらに高温化でき200℃以上の高温での稼動が検討されている。このため接合材として用いられているSnAgCuなどの鉛フリーはんだの高温化対応が必要となる。電鉄モジュールではRoHS規制からも除外されており，高温はん

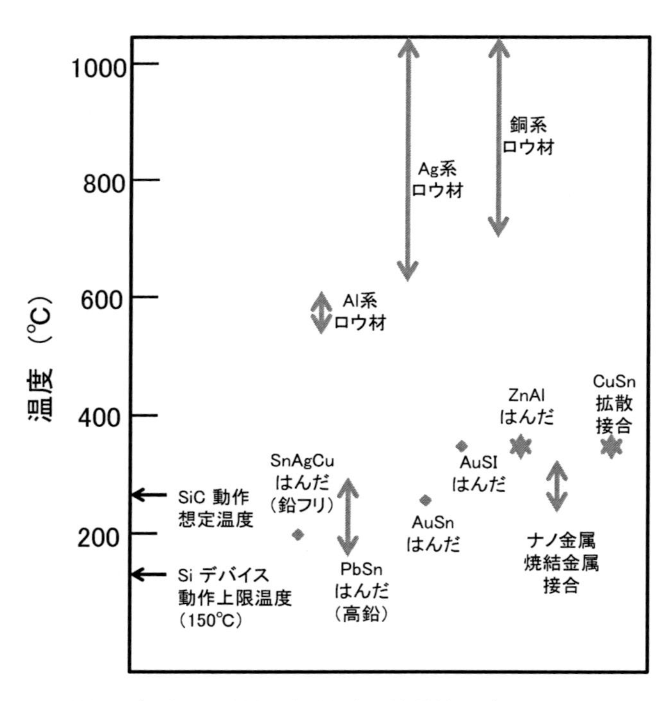

図6　各種はんだ材の溶融温度と接続材のプロセス温度

表2　各接合材および接合プロセスの比較

		要求値	PbSn はんだ	CuSn 拡散接合	銀ナノ粒子接合	酸化銀還元接合	酸化銅還元接合
接合部特性	耐熱温度(℃)	＞300	＜200	300	＞400	＞400	＞400
	熱伝導率(W/m・K)	＞100	30	50	＞100	＞100	＞100
接合プロセス	耐熱温度(℃)	≦350	350	300	≦250	≦250	≦300
	接合強度(MPa)	＞20	＞20	＞20	＞20	＞20	＞20

だである PbSn 系のはんだが用いられている。その他図6に示す高温はんだや，さらに融点の高いロウ材も検討されているが，溶融して接合させるタイプのはんだ材は，高温化するほどプロセス温度も高くなり，他の部材の温度によるダメージも考慮する必要がある。

プロセス温度が比較的低く，耐熱性の高いナノ金属や酸化物を還元焼成する接合，金属間の拡散を利用する接合方法が注目されている。これらの接合方法では250～300℃程度の接合プロセス温度で高耐熱の接合が可能となる。表2に接合プロセスの比較表を示す[4,5]。ナノ粒子を用いる方法は，表面自由エネルギが大きくなり見かけ上融点が低くなることを利用し，低温での接合が可能である。銀や，銅の酸化物を還元し接合する方法も，還元時に融点の低いナノ粒子状態を経由することが知られており，低温での接合が可能である[4]。Sn と Cu の拡散を利用した接合が製品化されている。この接合では Sn 系のメタライズを施したチップを Cu 配線に250℃以上の温度で，1～65 kPa 程度で圧着させることで Cu_6Sn_5，Cu_3Sn などの高融点の合金層を形成させ接合する。耐熱性が高く，高 Tj 対応の信頼性に優れている[5]。

パワーデバイス上の配線は Al ワイヤボンディングが用いられている。電流容量を稼ぐため多数本ボンディングされる。ボンディングのプロセス時間を短縮するため，ワイヤ形状をリボン状にしたモジュールや，電流容量を増加するため材質を銅にするなどの方法も開発されている。また，リード状の配線をはんだで接続する方法も製品化されている。

はんだ付け部分とワイヤボンディング部分は，異種材料の接続となっているため，機械的，熱的な応力がかかる部分である。パワーモジュールの寿命は，このはんだ部分の亀裂による断線やアルミワイヤの断線によるモードが主であり，この部分の応力をいかに低減するかが高信頼性化の鍵となる。

3.2　熱的インターコネクト

パワーモジュール実装の2番目の役割は，冷却のための熱的インターコネクトである。図5に示したパワーモジュールのパワーデバイスから放熱フィン外側までの熱抵抗を図7に示す。パワーモジュールの小型化のためには，パワーデバイスの発熱を効率よく外部に放熱する必要がある。このためには放熱ベースおよび絶縁層となるセラミクス配線基板，TIM 材の熱伝導率を上

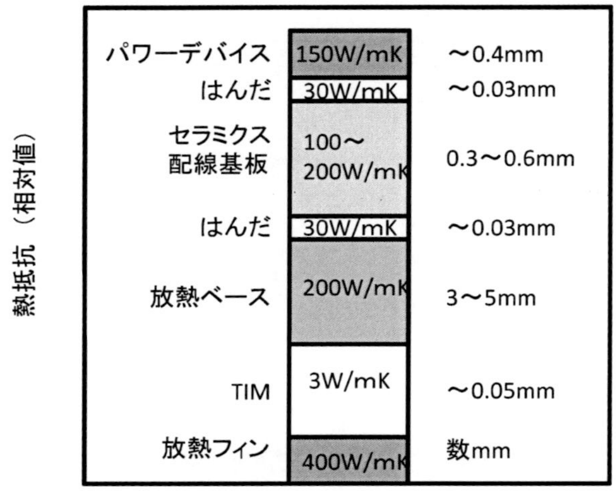

熱抵抗（相対値）

層	熱伝導率	厚さ
パワーデバイス	150W/mK	～0.4mm
はんだ	30W/mK	～0.03mm
セラミクス配線基板	100～200W/mK	0.3～0.6mm
はんだ	30W/mK	～0.03mm
放熱ベース	200W/mK	3～5mm
TIM	3W/mK	～0.05mm
放熱フィン	400W/mK	数mm

図7　パワーモジュールの熱抵抗構成

げる必要がある。

セラミクス基板は，アルミナ基板の熱伝導率 20～30 W/mK よりも高熱伝導の窒化珪素（50～100 W/mK）や窒化アルミ基板（80～250 W/mK）の採用も進んでいる。セラミクス基板上の Cu 配線の上に，線膨張係数の低いシリコンのパワーデバイスを直接搭載するため，セラミクス層と配線層の厚さを調整し線膨張係数をシリコンに近づけ，低応力化を図っている。

中圧以下のモジュールでは絶縁と高放熱化を両立できる樹脂セラミクス複合シートが開発され製品化されている。樹脂セラミクス複合シートは接着の機能も有しており，配線と冷却フィンなどの接続にも用いられる。樹脂セラミクス複合シートはエポキシ樹脂などの熱硬化性樹脂に，アルミナや窒化ホウ素など高熱伝導のセラミクス充填材を配合し，高熱伝導化する。エポキシ樹脂にメソゲン骨格を導入し，結晶性を高め高熱伝導化する手法も開発されている。樹脂成分は伝熱のボトルネックになっているため，樹脂部分の熱伝導を改善することで，熱伝導率を大幅に改善できる。現在 20 W/mK の非常に熱伝導率の高いシートが上市されている。パワーモジュールへは，数 W/mK のシートを用いたものが実用化されている[6)]。高熱伝導絶縁材料の特性比較を表3に示す。

放熱ベースはセラミクス絶縁基板から伝熱される熱を放熱フィン側に拡散する役割を担っている。熱伝導の高い銅などの金属が適しているが，線膨張係数の低いセラミクス基板と接合する必要があるため，応力低減のため複合材料が用いられる。このような例として，CuMo 材，CuW 材，AlSiC 複合材などがあり，応力が大きくなる大型のパワーモジュールに用いられている。

モジュールと冷却機の熱的な接続には，界面の熱抵抗を低減するため，TIM 材が用いられる。シリコーンに高熱伝導のセラミクスを充填したグリース状の材料であり，モジュールユーザーが冷却機へ塗布した後，モジュールを固定する。グリースの熱伝導率は 1～5 W/mK が一般的である。ユーザー側の塗布工程を削減するため，モジュールの裏面に TIM 材がプリフォームされた

表3　高熱伝導絶縁材料比較

	A_2O_3 基板	AlN 基板	Si_3N_4 基板	樹脂セラミクス複合材
熱伝導率（W/mK）	20～30	50～100	80～250	～10
線膨張係数（ppm/K）	8	8.1	3.4	14～18
曲げ強度（MPa）	310～400	330～450	650～850	150
絶縁耐力（kV/mm）	＞12	＞14	＞14	～30

モジュールも開発されている。このTIM材は温度により粘度特性が変わるフェーズチェンジタイプと呼ばれるもので，室温では弾性の高い固体状態で，モジュールの発熱により高温になると，グリース状になりTIM材の機能を発現する[7)]。

シート状のTIM材には，シリコーンと高熱伝導のセラミクスを用い，弾力性に富んだものもあるが，熱伝導率は2 W/mK程度である。絶縁性は無いが，面方向の熱伝導率の高い黒鉛をシートの厚さ方向に配向させた熱伝導率の異方性を有するシートが開発されている。グリースタイプのTIM材に比べ厚くなるが，低弾性で被着体との隙間を埋めることができる。約60 W/mKの熱伝導率で，グリースと同等以下の熱抵抗を実現できる[6)]。

3.3　機械的・化学的ディスインターコネクト

表1の機械的・化学的ディスインターコネクトとは，パワーデバイスの応力を低減したり，環境・雰囲気から化学的に保護し，破壊や腐食を防止するため，ケースや封止材で保護する機能である。パワーデバイスの封止は，低電圧のデバイスでは，エポキシ樹脂系の封止材が用いられている。一方，電鉄や産業分野，送電などの分野ではモジュールが大型で，低応力のシリコーンゲルによる封止が行われている。

HEV用のインバータ中電圧・中容量のモジュールでは，シリコーンゲル封止タイプと硬質のエポキシ樹脂系封止材を用いるもの両タイプが用いられている。低弾性のシリコーンゲルが，シリコンIGBTやセラミクス配線基板や放熱ベースとの応力が低く，熱歪を吸収できることに対して，エポキシ樹脂系封止材は，20～30 GPaの弾性率を有し，温度変化により発生するはんだ接合部やアルミボンディング部の歪を抑えることができる。このため，シリコーンゲル封止に比べはんだのクラックや，Alワイヤーボンディングのクラックに対しては長寿命化が可能で，高温動作化への対応にも適しているといえる。

4　パワーモジュールの高性能化

パワーモジュールの課題は小型，高出力化によるパワー密度の向上と高信頼性化である。図7

表4　パワーモジュール構造と熱抵抗値比較

モジュールタイプ	片面間接冷却ゲル封止タイプ	片面間接冷却モールドタイプ	片面直接冷却ゲル封止タイプ	両面間接冷却モールドタイプ	両面直接冷却モールドタイプ
モジュール構造	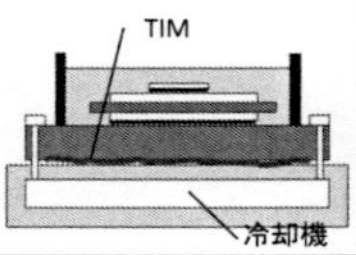	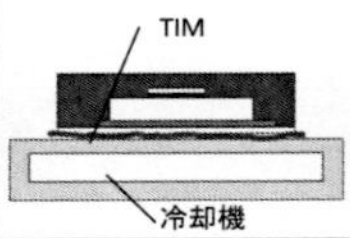	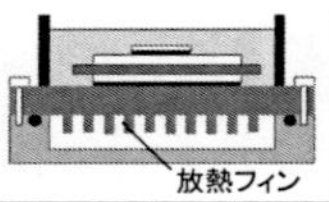	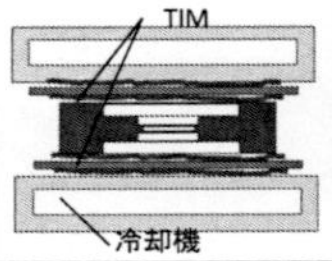	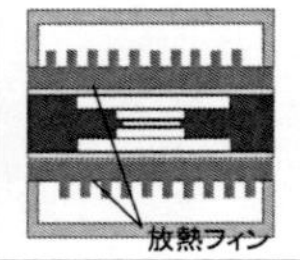
片面TIM層数	1	1	0	2	0
熱抵抗 Rj-w（相対値）	100%	100%	75%	75%	50%

に示した熱抵抗構成をみると，当然であるが，部材が厚く熱伝導率の大きな部材が熱抵抗値が高く，これらの部材を薄くする，熱伝導を向上する等の検討がなされている。一方パワー密度の向上のため，モジュールの冷却を，両面から冷却する方式のパワーモジュールが開発されている[8)]。表4にこれまで開発，実用化されているモジュール構造と，熱抵抗値の比較を示す。まず，モジュールの冷却構造は片面から両面からの二種類に大別される。冷却機に放熱グリースなどのTIM材を介して固定する方式を間接冷却方式，一方モジュールと冷却フィンがはんだや高熱伝導の材料で固定されているモジュール構造を直接冷却方式と呼んでいる。封止方式もゲル封止とエポキシ封止材を用いたモールドタイプの二種類がある。現在主流のモジュールは片面間接冷却ゲル封止タイプである。このタイプの熱抵抗を100%とすると，片面間接冷却のモールドタイプがほぼ同等の熱抵抗となる。この方式は，シリコンチップを厚銅のリードフレームにはんだ付けする構造で，チップの発熱を直ぐに横方向に拡散させることができる。シリコンチップと銅の間のはんだの歪は，硬質のエポキシ封止材を押さえ込み信頼性を確保する構造となっている。片面直接冷却ゲル封止タイプは間接冷却タイプからTIM材が除かれた分，25%程度熱抵抗を低くすることができる。両面間接冷却モールドタイプは，セラミクス絶縁板とTIM材の多層構成になり，片面直接冷却タイプと同程度の75%の熱抵抗となる。両面直接冷却モールドタイプは熱抵抗が一番低く，片面間接冷却と比較して熱抵抗は半分程である[9)]。

5　高耐熱化と信頼性の向上

パワーモジュールの構造は，図8に示すように熱膨張の異なる部材を接合した構造である。このため温度変化により各部材に応力やひずみが発生する。図9にパワーモジュール動作時の温度変化を示す。パワーモジュールに発生するストレスは，装置停止中から動作中の温度が上昇する温度サイクルと，パワーデバイスのスイッチングによるパワーサイクルストレスがある。アルミワイヤとパワーデバイスの間に発生する応力は主に回数の多いパワーサイクルにより発生する。一方，振幅の大きな温度サイクルストレスは，はんだの歪に大きく影響し，温度サイクルにより

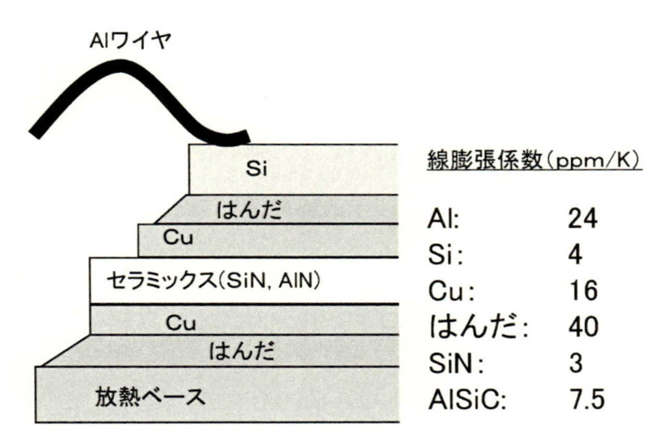

図８　パワーモジュール各部材の線膨張係数

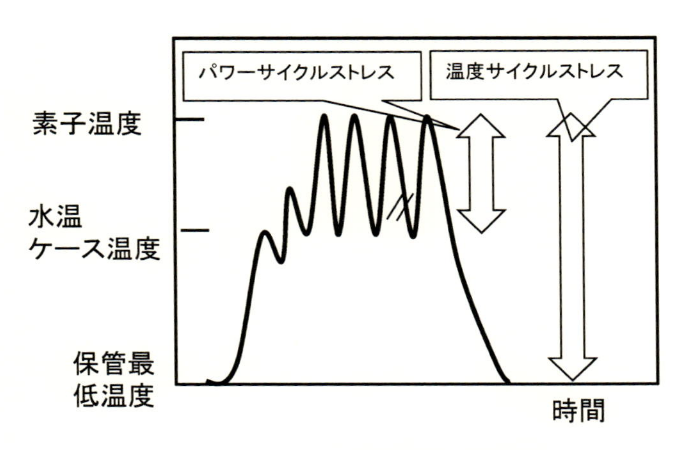

図９　パワーモジュール動作時の温度変化

クラックが進展する。パワーモジュールの寿命設計では，温度範囲とモジュール構造から，亀裂が進展しても，規定の寿命を満足するように設計がなされる。

パワーモジュールの動作温度は，通常－40℃から接合温度 150℃までの温度範囲であるが，接合温度を 175℃に高温化することで，冷却機構の簡素化，パワー密度の向上が検討されている。SiC パワーデバイスを用いたモジュールでは 200℃を越える高温化が検討されている。温度範囲が広くなるとその分発生する応力や歪を大きくなるので，部材間の線膨張係数のコントロールが重要となる。175℃への高温化の技術として，パワーサイクル寿命の向上のためアルミニウムワイヤの再結晶温度を高くし，結晶の粗大化を防止しワイヤの破断を防止するなどの対策がとられている。またはんだに対しては，Sb や In を添加し，固溶強化する技術が開発されている[10]。

硬質のエポキシ系封止材はアルミワイヤやはんだに発生する歪を抑え，パワーサイクルや温度サイクルの信頼性を向上することができる。図 10 に温度サイクル時に発生するはんだの歪を，ゲル封止とエポキシ封止で比較した結果を示す。エポキシ封止ではシリコーンゲルに比べ 1/6 程度に低減でき，温度サイクル信頼も10程度向上することが期待できる。同様にアルミワイヤのパワーサイクル寿命も長寿命化することが知られている[11]。これら技術は，温度範囲が広くなる高温化への対応技術でもある。

高温での動作が期待されているSiC向けの封止材料に関して，図11に各封止材料の耐熱性と弾性率を対比させて示す[12]。弾性率が低く発生応力が低いシリコーンでは，高耐熱のシリコーン樹脂が開発され，250℃で1500時間までの連続使用はクリアできることが確認されている[13]。一方エポキシ樹脂系封止材では，多官能基，多環構造を有するエポキシ樹脂を用いることで200℃を越すガラス転移温度を有するものが見いだされている。このほかシアネートエステル系やベンゾオキサジン変性系などの高耐熱樹脂材料の開発が行われている[14,15]。

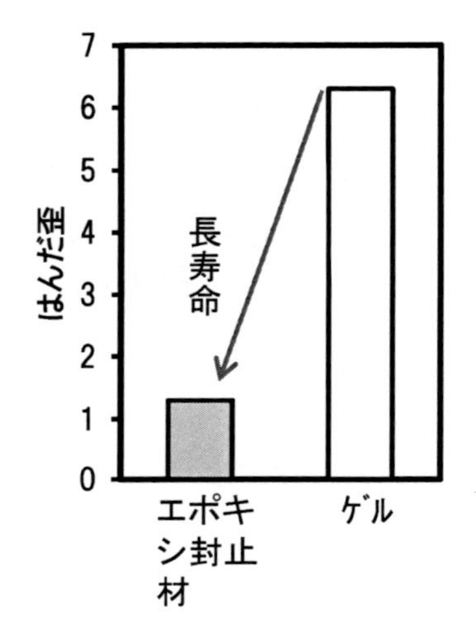

図10　温度サイクル時のはんだ歪

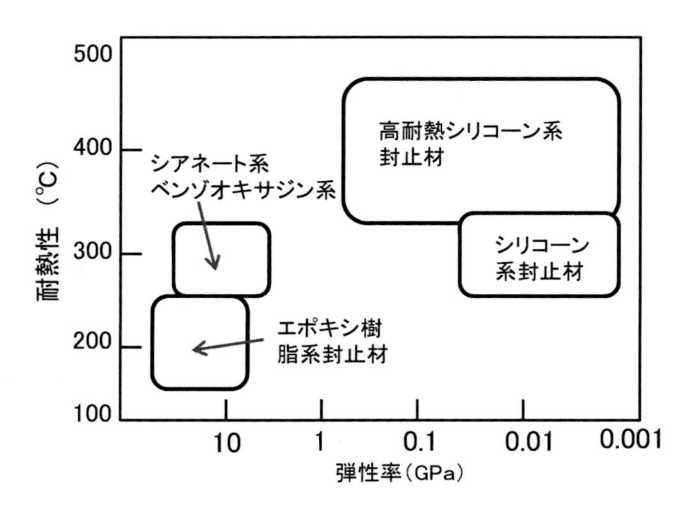

図11　各封止材料の耐熱性と弾性率

文　　献

1) パワーモジュールと主要構成部材の技術市場動向，ジャパンマーケティングサーベイ (2014)
2) 由宇義珍，パワーモジュールの高放熱封止技術，技術情報協会講演資料，2010 年 1 月 26 日
3) 西原幹雄，エレクトロニクス実装学会誌，**1** (4), 312 (1998) 戒能俊邦，応用物理，**49**, 175-181 (1980)
4) 守田俊章『パワーデバイスの組立・放熱技術の最新動向』2014 年 12 月 8 日（月）㈱ジャパンマーケティングサーベイ
5) N. Heuck *et al.*, "Aging of new Interconnect-Technologies of Power-Modules during Power-Cycling" Infineon Technologies AG, CPIM2014 (2014)
6) 日立化成㈱ニュースリリース，2009 年 6 月 23 日
7) 磯亜紀良，TIM プリペースト IGBT モジュール，富士電機技報，vol 86 (4), 263 (2013)
8) 坂本善次，両面放熱パワーモジュール「パワーカード」の実装技術，デンソーテクニカルレビュー，**16**, 46 (2011)
9) 百瀬文彦，175℃連続動作を保証する IGBT モジュールのパッケージ技術，富士電機技報，**86** (4), 219 (2013)
10) Takeshi Tokuyama, A Novel Direct Water and Double-Sided Cooled Power Module for HEV/EV Inverter, ICEP 2014 proceedings, 6 (2014)
11) 加柴良裕，パワーモジュールの高機能化技術，エレクトロニクス実装学会講演要旨集　平成 26 年 2 月 22 日
12) 日渡謙一郎，「次世代 SiC パワーモジュール周辺技術と高耐熱絶縁封止材料の今後」，技術情報協会セミナー資料，平成 23 年 6 月 28 日
13) 谷本智，SiC パワーモジュールのための耐熱樹脂ベンチマーク試験，第 27 回エレクトロニクス実装学会春季講演大会講演要旨集，316 (2013)
14) 有田和郎，エポキシ樹脂および硬化剤の分子デザインと低発熱・高熱伝導化技術，技術情報協会「高熱伝導樹脂の材料設計とハンドリング技術」セミナーテキスト，平成 25 年 11 月 25 日
15) 高橋昭雄，インバータモジュール実装に要求される高分子材料と耐熱性ネットワークポリマー，技術情報協会「パワーデバイス用封止材料の高熱伝導性・絶縁性向上と成形技術」セミナーテキスト，平成 22 年 10 月 28 日

第 15 章　導電性接着剤

井上雅博*

1　導電性接着剤の概要

1.1　異方性導電性接着剤と等方性導電性接着剤

電気的絶縁性を有するエポキシ樹脂などの高分子材料（バインダ樹脂）中に導電フィラーを添加する場合，電気抵抗率は導電フィラーの体積分率の増加に伴って図 1 に示すように変化する。フィラーの体積分率がある値になると，フィラーが連続的に繋がることでバインダ樹脂中に導電パスが形成される。このような材料全体にわたるフィラーの繋がりができる現象がパーコレーション[1~3]であり，電気抵抗率が急激に減少するフィラー体積分率をパーコレーション閾値と呼ぶ。

導電性接着剤の材料設計はパーコレーション閾値の前後で異なってくる。パーコレーション閾値より低い体積分率の領域で設計される接着剤が異方性導電性接着剤（anisotropic conductive adhesives；ACA）である。ACA では接着剤単独では導電性を発現させることができないが，熱圧着などのプロセスにより数 μm 程度の粒径の導電粒子を対向電極間に捕捉することで垂直方向の導電性を実現する（図 2(a)）。この場合，水平方向には導電パスが存在しないため絶縁性を確保することができ，回路間のショートを防止することができる。

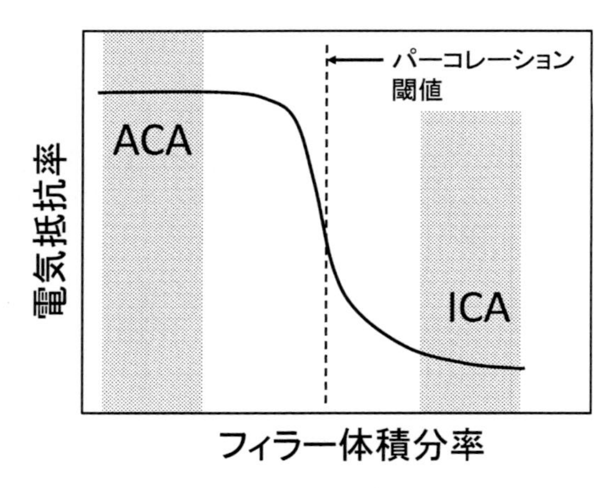

図 1　電気伝導率の導電フィラー体積分率依存性と導電性接着剤の材料設計が行われるフィラー体積分率領域の関係

＊　Masahiro Inoue　群馬大学　先端科学研究指導者育成ユニット　講師

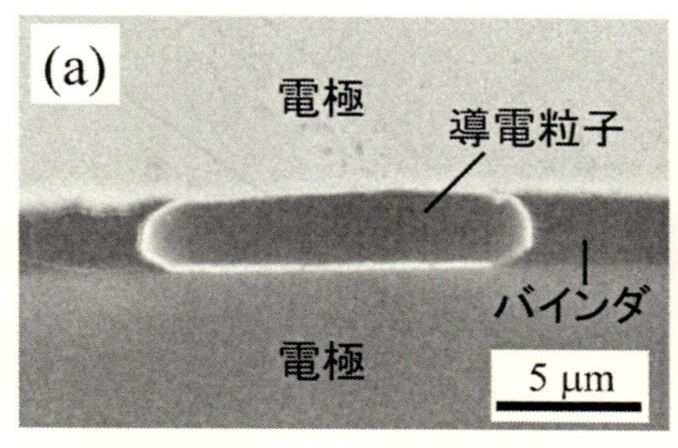

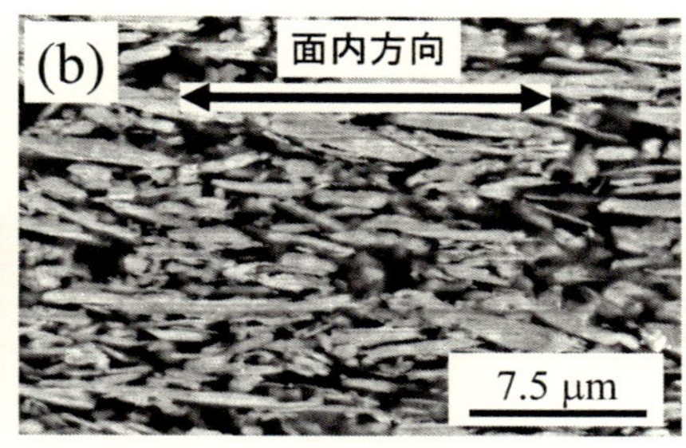

図2　導電性接着剤の断面微細構造。(a)異方性導電性接着剤（Ni/Auめっき樹脂ボール），(b)等方性導電性接着剤（Agフレーク）

ACAは回路接続やICチップ接続に多用され，液晶ディスプレイやタッチパネル，ICカード，RFIDタグなどの実装プロセスにおいて欠くことができない導電性接続材料となっている。ACAに用いられる導電粒子は，Ni/Auめっきを施した樹脂ボールとNiなどの金属粒子に大別される。また，高い接続信頼性を実現するためエポキシ樹脂などの熱硬化性樹脂（ネットワークポリマー）をバインダとして用いることが多いが，実装プロセスでの量産性の観点から低温・短時間硬化が可能なバインダの開発が進んでいる。

一方，パーコレーション閾値以上のフィラー体積分率で設計される接着剤は等方性導電性接着剤（isotropic conductive adhesives；ICA）と呼ばれている。この接着剤では全方向に導電パスが発達していることから等方性導電性接着剤といわれているが，これは等方的な電気や熱輸送特性を有するという意味ではない。球状に近い形状のフィラーが良好に分散している場合には等方的な輸送特性が得られるが，フレークなどのアスペクト比の大きなフィラーを用いた場合にはフィラーが面内に配向する傾向がある（図2(b)）ので，面内方向のほうが垂直方向に比べて高い輸送特性を有することになる。本稿ではICAに限定して導電性接着剤の研究開発の現状を紹介する。以下で導電性接着剤と表記しているものは，特に断らない限りICAを意味する。

1.2　導電性接着剤に用いられるフィラーの種類と微細構造制御

導電性接着剤にはさまざまなフィラーが用いられているが，Ag系，非Ag系，カーボン系に分類することができる。それぞれのフィラー系で実現できる導電性接着剤の電気抵抗率のおよその目安を図3に示した。もちろん導電性接着剤の電気抵抗率はフィラー添加量に依存して変化するが，最適なフィラー添加量の際に得られる電気抵抗率の目安と考えていただきたい。

導電フィラーの主流は低電気抵抗率を実現しやすいAg系フィラーである。形状にはフレーク，ロッド，スパイク，不定形粒子，球状粒子などがある。近年，Agの地金価格の高騰を受け非Ag系フィラーを用いた導電性接着剤の研究開発も盛んに進められている。非Ag系フィラーとしてはCuやNiなどが検討されており，AgでめっきしたCu粉末（AgコートCu粉）の実用化も始まっている。

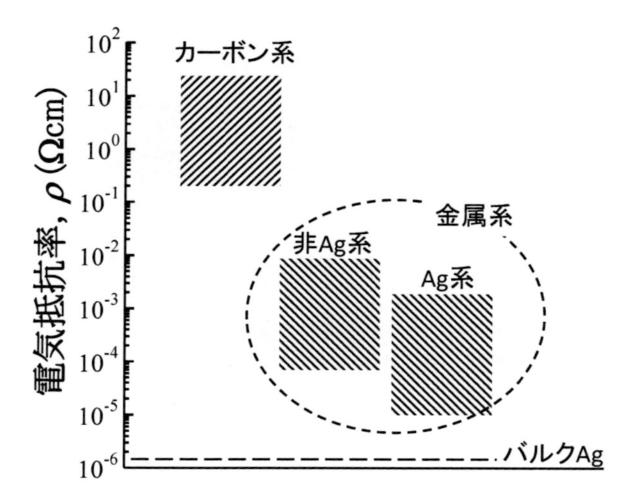

図3　各種の導電フィラーを用いた導電性接着剤の電気抵抗率

電気伝導特性を発現させるという目的では，金属系フィラーだけでなく，カーボンブラック（ケッチェンブラック，アセチレンブラックなど），CNT やグラフェンなどのカーボン系フィラーも用いることができる。ただし，得られる電気抵抗率は金属系フィラーを用いる場合に比べて数桁高くなる。また，導電機構の観点からみても，電気抵抗率の温度依存性が半導体的な挙動になるなど金属系フィラーを用いた導電性接着剤とは異なる特徴が見られる。

導電性接着剤を製造する際には，良好な導電フィラーの分散性を実現するため，3本ロールミキサなどを用いた高せん断を加える混合方法が採られている。通常の導電性接着剤では導電フィラーの分散性を確保して良好な電気伝導特性を実現することを目指しているが，最近では樹脂バインダ中で Ag ナノ粒子の低温焼結を誘導したり，低融点金属を溶融させ高融点の金属間化合物を反応生成させるなどの微細組織制御を行うことも可能になっている。

1.3　導電性接着剤の研究課題

導電性接着剤は数十年前から実用化されてきた材料であるのですでに完成された材料のように感じられるが，実は電気伝導特性の発現機構などの学術的基礎が明確になっておらず試行錯誤の材料開発が進められているのが現状である。今後，新規の導電性接着剤の開発を進めて行くためには基礎研究の推進が必要と考えられる。

従来の基礎研究では導電フィラーが主要課題にされることが多く，特殊形状のフィラーやナノフィラーなどさまざまなフィラーが開発されてきた。電気伝導特性を発現させるための主役はフィラーであるので，フィラーの重要性は今後も変わることはない。

その一方で，フィラー間の界面導電コンタクトに関しては全く理解が進んでおらず，導電機構も不明のままである。また，詳細は後述するが，フィラー間の界面導電コンタクトを「接触」と呼ぶこともあるため，誤解が生じている面もある。

以下では，バインダ樹脂中に形成される導電パス（フィラーネットワーク）に関する従来の考え方を説明するとともに，最近の基礎研究で明らかになってきた界面ケミストリの重要性について考察することで今後の導電性接着剤の基礎研究を展望してみたい。

2　導電性接着剤の電気伝導特性に関する物理モデル

2.1　パーコレーションと電気伝導特性

バインダ樹脂中に形成される導電パスの状態をパーコレーションの概念を用いてモデル化し，理論解析する研究は1970年代から活発に行われるようになった。導電性接着剤の導電機構に関する研究課題を理解するために，まずはパーコレーションの概念について考えてみる。

古典的なパーコレーション系の電気伝導特性を実験的に検討した最も古い事例のひとつにLastとThoulessの研究[4]がある。この研究では，コロイダルグラファイトを含浸させることで導電性を付与した紙にパンチで穴をあけていき，その過程における電気抵抗の変化を調べている。あらかじめ規定した座標系の座標（サイト）にランダムに穴をあけていくと，サイトの約40％に穴があけられた時に導電経路が消失し，絶縁体に転移したと報告されている。この実験結果は導電部の比率が約60％の時に絶縁体－導体転移が起こることを意味しており，この導電部の比率は2次元正方格子でのサイトパーコレーションにおけるパーコレーション閾値とほぼ一致している。

この研究では，パーコレーション確率Pおよび電気伝導度σの導電部比率pとの関係について興味深い事実が明らかにされている。パーコレーション確率P（パーコレーションネットワークの強度とも呼ばれる）は，パーコレーション閾値p_c以上で形成される無限に大きなクラスターに任意の点が含まれる確率として定義され，$P \propto (p-p_c)$の関係がある[1~3]。ここで，Pとσをpに対してプロットすると図4のようになり，p_c近傍でPが急激に変化するのに対し，σは比較的緩やかに変化する。これはパーコレーションネットワークには導電性に寄与する骨格部と導電性には寄与しない側鎖（ダングリングボンド）が存在することを意味し，p_c近傍ではネットワークに存在する点（導電要素）の大部分は骨格部ではなくダングリングボンドに存在する。

このようにパーコレーションネットワーク中に骨格部とダングリングボンドが存在することから，一般に電気伝導度σはpおよびp_cと(1)式のような関係を有することになる。

$$\sigma \propto (p-p_c)^t \tag{1}$$

ここでtは臨界指数と呼ばれる値であり，3次元モデルでは約2になる。したがって，σと$(p-p_c)$の両対数プロットを行うと傾きtの直線が得られることになる。この両対数プロットは，導電性フィラーを高分子マトリックス中に分散させた場合の導電性を議論するために良く利用されている[5]。

以上の古典的パーコレーションモデルに立脚すれば，導電フィラーが分散している系の電気伝

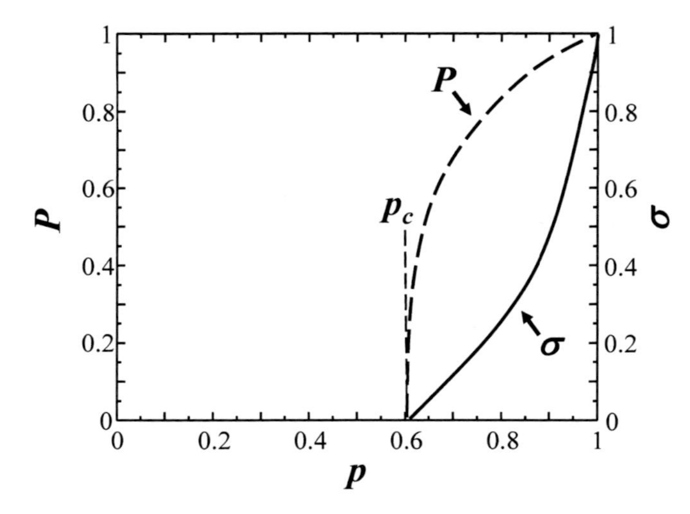

図4　Last と Thouless の実験[4)]により得られたパーコレーション確率（P）
と電気伝導度（s）の導電部の面積比率（p）依存性

導特性を向上させるためには，導電性に寄与するパーコレーションネットワークの骨格部を発達させることが基本となる。したがって，高い導電性を実現するためには，①pを大きくする，②p_cを小さくするという2つの方法が考えられる。このうち①はフィラー体積分率を大きくすることに対応する。一方，パーコレーション閾値p_cはフィラーの幾何学的因子（形状など）によって変化することが明らかにされており，フレークなどのアスペクト比の大きなフィラーを用いることなどによってp_cを低下させる（パーコレーションネットワーク形成能力を向上させる）ことが可能になる。この「連続的なネットワークを形成しやすい幾何学的特徴を有するフィラーを高充填する」という基本方針は，導電性接着剤の材料設計にも古くから適用されてきた考え方のひとつである。

2.2　パーコレーション理論の実験的検証の難しさ

1970年代後半に，3次元でのパーコレーション転移による導電性発現の検証を目的として，金属球と絶縁体球（ガラス球など）を所定の割合で一定の体積を有する容器にランダムに充填していくという実験が行われた[5,6)]。この実験はフィラー充填系における導電パスの性質を考える上で示唆に富んでいるので簡単に説明することにする。

3次元で考えた場合，単純立方格子のサイトパーコレーションではp_cは0.31であるので，金属球が31 vol%以上になると導電性が発現すると理論的には考えることができる。しかし，これを実験的に再現するのは容易なことではない。金属球や絶縁体球を単純立方格子上に充填していくことが難しいことが原因であるが，金属球が隣接する形で存在しても球の表面の汚れなどに起因して電流が流れにくくなることも一因である。

ここで，金属球の表面の汚染により金属球／金属球間に界面抵抗が発生するという点を導電性接着剤に当てはめて考えてみたい。導電性接着剤に用いられるフィラーの表面には，通常，高級脂肪酸などの有機化合物による修飾が施されている。また，フィラーの分散性を確保するためには樹脂バインダとの親和性を高める必要があるため，樹脂バインダ中で金属の清浄表面同士が直接コンタクトするとは考えにくい。つまり，金属球とガラス球を充填していく実験の結果を理論予測と整合させることに困難が伴ったように，導電性接着剤の電気伝導特性を古典的パーコレーション理論から直接予測することは難しい。

フィラーネットワークの電気伝導特性を理論的に取り扱うためには，ネットワークをフィラー間界面抵抗も含む電気抵抗回路網として等価電気回路に置き換えることが必要である。最近では，FIB-SEMなどの手法を用いて導電性接着剤中のフィラーネットワークの3次元構造を観察することができるようになったことから，サンプル全体の電気抵抗率の測定データと等価な電気抵抗回路網のモデルからフィラー間界面抵抗を推算することも可能になった[7]。しかし，現状では，フィラーと接着剤バインダの電気抵抗率が既知であったとしても界面電気抵抗を理論的に解析することができないため，界面電気抵抗の推算値を導電性接着剤の材料設計に直接利用することは困難である。

2.3　フィラー間界面コンタクトモデル

導電性グラファイト紙にパンチで穴をあけていく実験と金属球と絶縁体球を容器の中に充填していく実験を紹介したが，この2つの実験における導電パスの状態を比較してみる。導電性グラファイト紙を用いた実験の場合，紙上に設定される座標点（サイト）が繋がることによって導電パスが形成されているが，もともと導電性が発現している領域に座標点を設定したので隣接する座標点間で電気輸送現象が発現することは自明である。一方，金属球を充填していく場合には金属球が連続的に繋がることで導電パスが形成されることになるが，隣接する金属球間で電気輸送現象が発現するかどうかは自明ではない。金属球の存在比率だけでなく，金属球間で何らかの導電機構が発現することが金属球中に電子が局在した状態から導電パスが形成される非局在状態に転移するための必要条件になる。

このことからわかるように，パーコレーション理論で電気伝導特性を議論する際には，隣接する要素（フィラーのような輸送特性発現のための構成要素）間に導電機構が存在することが前提条件になる[3]。この前提条件に基づいて要素の分散状態をモデル化することで導電パスの広がりや構造上の特徴と電気伝導特性の関係を議論することができる。ただし，パーコレーション理論で定義される導電性要素間の「接触」とはあくまでも何らかの導電機構の発現によって導電コンタクトが形成されることを意味しているだけで，実際のコンタクト状態や導電機構の種類などについて考慮しているわけではない。

導電性接着剤においてもバインダ中に導電パス（フィラーネットワーク）が形成されるためには，フィラー体積分率だけでなくフィラー間界面での導電機構の発現が必要条件になる。この導電機構については，図5に示すような界面導電コンタクトモデルに基づいて議論されてきた。こ

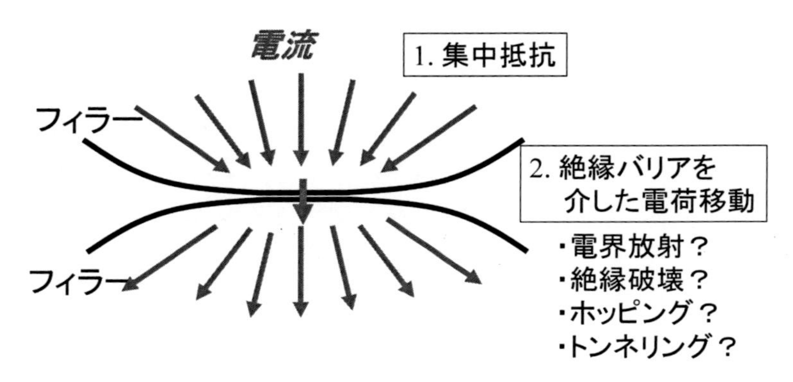

図５　フィラー間界面導電コンタクトのモデル

のモデルでは，フィラー間界面に表面処理に用いた有機分子やバインダ樹脂が存在し，これらにより形成される絶縁バリアを介して導電コンタクトが形成されると考えている。この場合の界面抵抗成分は，集中抵抗と絶縁バリアを介した電荷移動に対する抵抗に大別される[8,9]。

絶縁バリアを介した電荷移動のメカニズムは明らかになっていないが，従来から電界放射，絶縁破壊，ホッピング，トンネリングなどの電荷移動機構が議論されてきた。ここでは，ホッピングとトンネリングについて簡単に述べておく。

ホッピング伝導は熱活性化過程であり，熱励起によって絶縁バリアを越えて電子が移動する電荷移動機構である。主としてホッピング伝導により導電性が発現する場合には，電気伝導率（あるいは電気抵抗率）の温度依存性を測定すると半導体的な挙動を示す。この温度依存性をMott-VRHやES-VHRなどの理論式にフィッティングすることで絶縁ギャップの状態について議論することが可能になる[10,11]。また，電気伝導率の温度依存性はアレニウス式に類似した理論式で表すことができるため，見かけの活性化エネルギーに相当するcharging energyを実験から求めることもできる[11,12]。一般的に，カーボン系フィラーを分散させた導電性接着剤や複合材料（一般的なカーボンブラックを含有するゴム材料も含む）は半導体的な電気伝導率の温度依存性を示すことが知られており，これらの材料における導電機構はホッピングモデルに基づいて議論されている。

一方，金属フィラーを分散させた導電性接着剤や複合材料は金属的な電気伝導率（あるいは電気抵抗率）の温度依存性を示す。そのためホッピングモデルの適用が不可能であり，フィラー間での電荷移動に対してトンネリングモデルが適用されることが多い[13]。その際，トンネル伝導に基づく界面電気抵抗は温度に依存性せず一定の値をとるため，フィラー内の電気抵抗と集中抵抗の温度依存性を反映して金属的な温度依存性を示すと考える。

通常，トンネル伝導については弾性トンネリングを想定することが多いが，非弾性トンネリング[14]を考えなくてはならない場合もある。弾性トンネリングの場合，電子は絶縁ギャップに存在する分子とは相互作用することなく移動するため，界面電気抵抗はギャップ厚みのみの関数として表現することができる。ところが，非弾性トンネリングでは状況が異なる。非弾性トンネリングでは，絶縁ギャップ中に存在する分子の振動運動（フォノン）とカップリングすることで電子がトンネリングを起こす。Andersonの局在理論[15]で議論されている弱局在状態[10]では，絶縁ギャップを介して非弾性トンネリングが発現していると考えられている。

以上のように導電フィラー間の絶縁バリアを介した電荷移動機構については実験と理論の両面からさまざまな検討が行われてきたが，ほとんどわかっていないというのが実情である。界面電荷移動に関する理解が進まない理由として，理論モデルと導電性接着剤の電気伝導特性の実態が乖離していることが挙げられる。実際の導電性接着剤では，電気伝導特性がバインダ樹脂の配合成分やフィラー表面に吸着している解こう剤の種類などの化学的因子やキュアやポストアニールなどの熱履歴など，さまざまな因子の影響を受けて著しく変化する。導電性接着剤を正しく理解するためには，このような実態を整理した上で理論解析を進めて行く必要がある。以下に導電性接着剤の電気伝導特性の実態について検討した基礎研究の一例を紹介する。

3　Agフィラーを分散させたエポキシ系導電性接着剤のキュアプロセス解析

3.1　硬化および冷却収縮の影響

一般に導電性接着剤はキュア前のペースト状態では非常に高い電気抵抗率を示すが，キュアプロセス中に電気抵抗率が著しく低下する。このキュアプロセス中の電気抵抗率変化はバインダ樹脂の硬化および冷却収縮に起因するといわれてきた。この考えに基づけば，導電フィラーの重量分率が一定の場合，導電性接着剤のキュア後の電気抵抗率は硬化収縮率と比例関係にあるはずである。しかし，硬化収縮率が大きな接着剤が必ずしも低い電気抵抗率を示すわけではない。

ここで，導電性接着剤のキュアプロセス中において体積変化と電気伝導特性変化の同時測定を行った結果を示す。導電性接着剤のモデル材料として，4官能グリシジルアミンにイミダゾール系硬化触媒を配合したバインダに対して固形分比率で85 wt%のAgフレークを添加したペーストを準備した。

図6に示すように，このペーストをガラス基板上に設置したPTFEモールド中に充填しキュアプロセス中の高さ方向の変位をレーザー変位計により非接触測定した。また，ガラス基板にあらかじめAg電極を形成しておき，その両端に300 mVの電圧を加えることで電流変化をモニターすることにより導電性接着剤サンプルの電気伝導特性変化を調べた。

図7に150℃，1 hのキュア条件下での測定結果を示す。高さ方向の変位はレーザー変位計で測定した基板と接着剤サンプルの高さで，加熱開始前の高さを基準として＋方向に変化した場合は膨張，－方向に変化した場合は収縮したことを示している。この接着剤は加熱を開始すると熱膨張したが，120～130℃になると硬化収縮が始まっている。150℃に保持している間はほぼ一定の値を示していたが，冷却過程に入ると冷却収縮により加熱開始前に比べて約4%収縮した。

次に導電性接着剤サンプルの電気伝導特性変化をみてみる。この実験では電流の増加が電気抵抗の減少を示しているが，110～120℃に達すると電流が急激に増加していることがわかる。電気

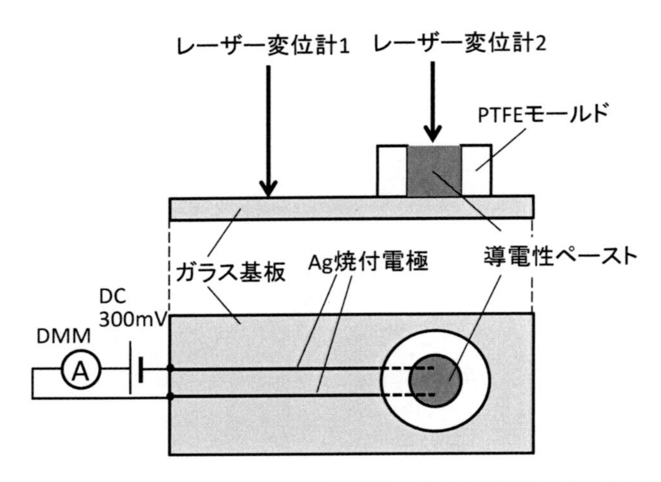

図６　キュアプロセス中での膨張–収縮挙動と電気伝導特性変化の同時測定

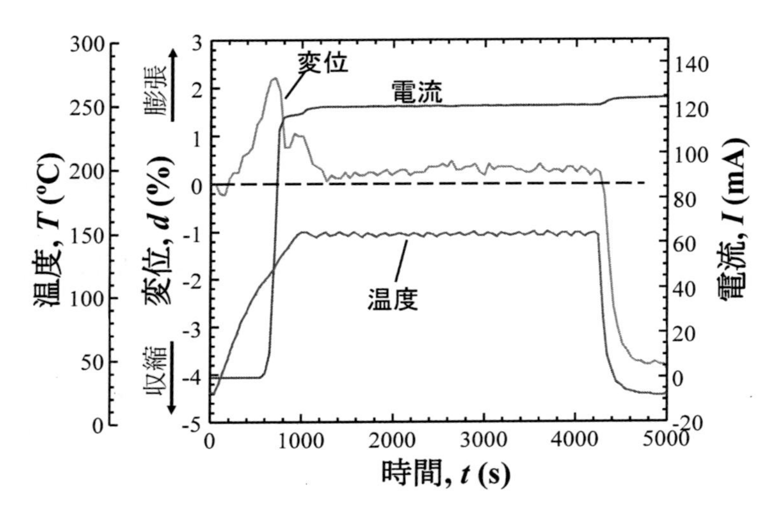

図７　85 wt%の Ag フレークをグリシジルアミン（イミダゾール系硬化触媒）バインダに添加した導電性接着剤のキュアプロセス（150℃，1 h）における膨張–収縮挙動と電気伝導特性変化の関係

抵抗が急激に減少した際にはサンプルは熱膨張を示していた。Ag フレークがサンプル下部に沈降した可能性もあるため測定終了後のサンプル断面組織を観察したが，Ag フレークの沈降は確認できなかった。この結果から，硬化・冷却収縮は導電性接着剤における導電パス形成の必要条件ではないということは明らかである。非常に大きな体積収縮が起こる場合やサンプルを強制的に圧縮する場合などでは体積変化が電気抵抗率に影響を及ぼすこともあるが，導電性接着剤中の界面導電コンタクト形成には本質的に別の因子が関与していると考えられる。

3.2　バインダの硬化反応挙動と電気伝導特性変化の関係

導電性接着剤の電気伝導特性がキュアプロセス中に発現することは，硬化収縮のような物理的な因子ではなく，バインダの硬化反応の化学的な効果が界面導電コンタクト形成に影響を及ぼしているのであろうか？

これを確認するために実施した実験例を紹介する。4 官能のグリシジルアミンと酸無水物（量論組成）を配合したバインダに Ag 水アトマイズ粉（平均粒径 2.5 μm）を固形分比率で 85 wt% 添加したモデルペーストを準備した。図 8 に示すように，このペーストをガラス基板上に印刷し，自由減衰振動法（ISO12013）による粘弾性評価を行うことで硬化挙動解析を試みた。この方法ではサンプルに設置したナイフエッジ付き剛体振子の自由減衰振動の周期と対数減衰率がそれぞれ $1/\sqrt{E'}$, E'' に比例することから粘弾性特性変化を相対的に評価できる。この粘弾性特性変化に基づいて硬化反応挙動を解析する。さらに，あらかじめガラス基板上に電極を形成しておきサンプルの電気抵抗変化も同時に測定した[16]。

図 9 に 150℃，1 h のキュア条件下での測定結果を示す。このサンプルの硬化反応は図中に示したように 3 つの過程を経て進行する。⑴では温度上昇に伴ってバインダ樹脂の粘度が低下する。⑵では，剛体振子の自由減衰振動の対数減衰率の増加が始まっていることからわかるようにゲル化が進行する。さらに⑶では，剛体振子の自由減衰振動の周期が急激に減少していることから，バインダ中で高分子鎖の 3 次元架橋構造が形成されていることがわかる。周期の値が一定値に落ち着いた時点でバインダ樹脂の硬化反応が終了したことになる。

次に，このキュアプロセス中での電気抵抗の変化を見てみる。⑴から⑵の過程において電気抵抗が一旦低下した後，上昇する様子がみられるが，キュアプロセスにおける微細組織のその場観察の結果，バインダ樹脂の粘度低下からゲル化による収縮が起こる過程でフィラーの再配列が起

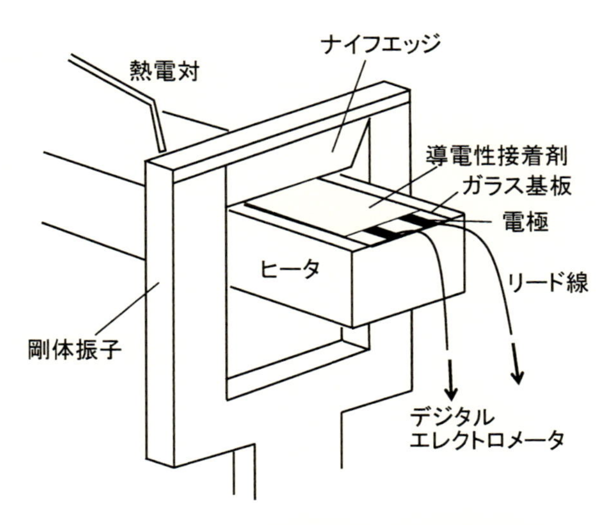

図 8　キュアプロセス中での粘弾性特性と電気抵抗の同時測定

こることが原因である。その後，(3)の3次元架橋反応が進行する過程では電気抵抗はほとんど変化しなかったが，硬化反応終了後，電気抵抗が急激に減少した。

以上の結果から，このサンプルのキュアプロセス中での電気抵抗変化はバインダ樹脂の硬化反応の進行とは無関係に起こっていることがわかる。自由減衰振動法によって検出される粘弾性特性変化はバルクのバインダ樹脂の硬化反応挙動を反映したものであると考えられるが，電気抵抗変化がそれとは異なる挙動を示していることからフィラー界面近傍はバルクのバインダ樹脂とは異なる状態変化を起こしていることが示唆される。

一般にバインダ樹脂中にフィラーを分散させた場合，フィラー近傍にはinterphaseと呼ばれるバルク樹脂とは組成や性質の異なる界面相が形成されると考えられている[17,18]。これを導電性接着剤に当てはめてみると，導電フィラー近傍に形成されるinterphaseの発達に伴って界面導電コンタクトが形成されていくという推測が成り立つ。

また，バインダの配合成分以外に界面化学現象に影響を及ぼす因子としてフィラーに吸着している有機分子を挙げることができる。そこで，Ag水アトマイズ粉に約600 ppmのアジピン酸を吸着させた後にペーストを作製し，図9と同様の実験を行った。図10に実験結果を示すが，図9の実験と異なるのはAgフィラーにアジピン酸を吸着させたことだけであるので自由減衰振動法により検出された粘弾性特性変化は図9の結果と定性的に一致した。しかし，電気抵抗変化の挙動はAgフィラーへのアジピン酸吸着の有無によって大きく変化した。アジピン酸を吸着させたAgフィラーを用いた場合，キュアの初期段階でバインダ樹脂の粘度低下が起こるとフィラーの再配列による電気抵抗低下がみられるが，図9の場合のようなゲル化過程での電気抵抗増加はみられず，3次元架橋反応が起こる前に急激な電気抵抗の低下が起こった。この結果から，アジピン酸を吸着させたAgフィラーを用いた場合にはゲル化が進行する過程で導電パスの形成が起

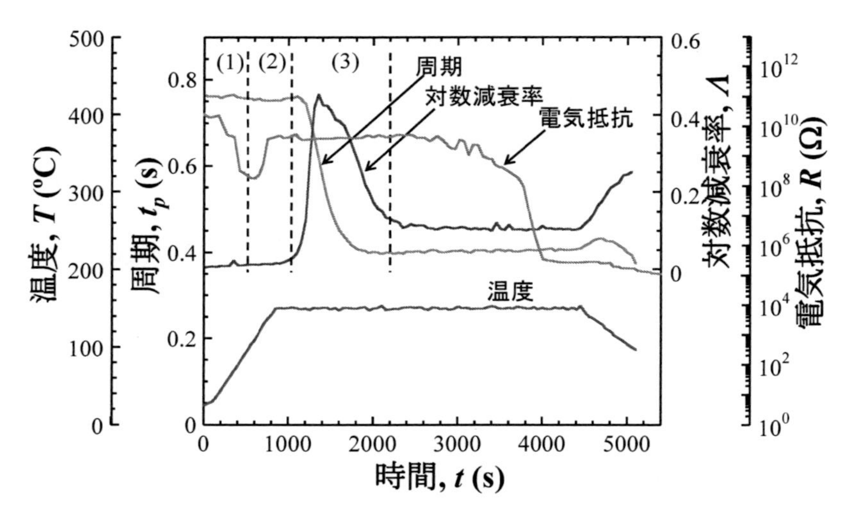

図9　酸無水物硬化（量論組成）グリシジルアミンバインダに85 wt%のAg水アトマイズ粉を添加した導電性接着剤のキュアプロセス（150℃，1 h）における粘弾性特性変化と電気抵抗変化

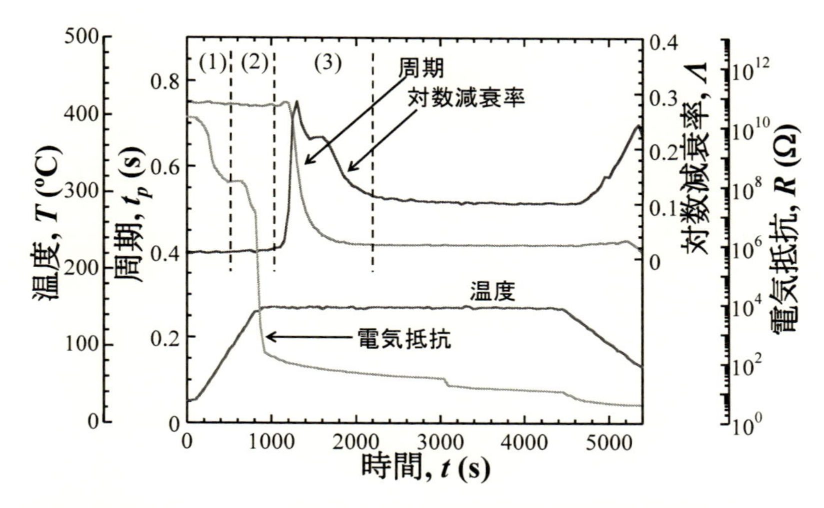

図10　Ag水アトマイズ粉に約600 ppmのアジピン酸を吸着させた後に図9と同様の実験を行った際の測定結果

こることが明らかになった。Agフィラーに吸着したアジピン酸が導電パス形成に及ぼす影響は明らかではないが，界面近傍のinterphaseの化学的状態によって界面導電コンタクトが変化することが示唆される。

4　Cu系導電フィラーを用いた導電性接着剤への展開

近年，Agの価格高騰を受け，Cuなどの非Ag系フィラーを用いた導電性接着剤の開発も進められている。Ag被覆Cu粉をフィラーに用いる検討が進められているが，Ag被覆を用いないCuやCu合金をフィラーとして用いることができれば理想的である。Cu系フィラーを用いた導電性接着剤の場合，フィラーの表面酸化による界面電気抵抗の増加が最大の問題になることから，キュアプロセス中の雰囲気制御（不活性雰囲気あるいは還元性雰囲気）が必要といわれている。

しかし，Cu系フィラーを用いる場合にもバインダや吸着分子などの界面化学因子が電気伝導特性に及ぼす影響を無視することはできない。特にアミン系硬化剤を用いたエポキシ系バインダにCu系フィラーを添加した導電性接着剤の場合には顕著なバインダケミストリ依存性がみられる。バインダ配合組成によっては，大気中でキュアしても150～200℃のキュア条件で100 μΩ cm程度の電気抵抗率を得ることは十分可能である。

最近，アミン硬化エポキシ系バインダを用いたCu導電性接着剤の大気キュア過程での電気伝導特性変化を調べたところ，ペースト中で生成したCuアミン錯体の還元に伴って導電パスが形成されることが示唆された[19]。Cu系フィラーを用いた導電性接着剤の開発指針を得るためにも界面導電コンタクトの解析をさらに進めて行く必要がある。

5　アニール効果による電気伝導特性の変化

導電性接着剤の電気伝導特性はキュア後の熱履歴によっても変動する。この電気抵抗率の変化は導電性接着剤をエレクトロニクス実装に使用する場合に問題となる場合がある。エポキシ系バインダを用いた場合，ポストアニールを行うと電気抵抗率が低下する場合が多い[20]。アニール効果による電気伝導特性の変化のメカニズムについては十分明らかにされているわけではないが，界面導電コンタクトの状態が熱力学的平衡状態に向かって変化することに対応していると考えられる。

図11にアニール効果による電気抵抗率の変化の一例を示す。これはガラス転移温度が約90℃のエポキシ系バインダにAgフィラーを添加した導電性接着剤を十分に硬化させた後，電気抵抗率の温度依存性を室温から150℃の範囲で測定した結果である。室温から加熱を始めると電気抵抗率は直線的に増加するが，バインダのガラス転移温度を越えたあたりから電気抵抗率の増加の傾きが小さくなっていることがわかる。冷却過程ではガラス転移温度以下の温度域で再び電気抵抗率が直線的に変化するようになったが，室温までの冷却した後の電気抵抗率は加熱前の値より低くなった。このことから，90℃以上の温度域に加熱された際に界面導電コンタクトの状態が不可逆的に変化したと考えられる。

アニール効果が発現する温度域はバインダ配合やキュア条件などによって変化する。さらに，極端に高い温度に曝露されると，アニール前に十分に硬化しておいたサンプルでも大規模な微細組織変化が起こる場合もある。図12には，ポストアニール（280℃）によってエポキシ系バインダ樹脂中でAgミクロ粒子の焼結が起こった例を示す。

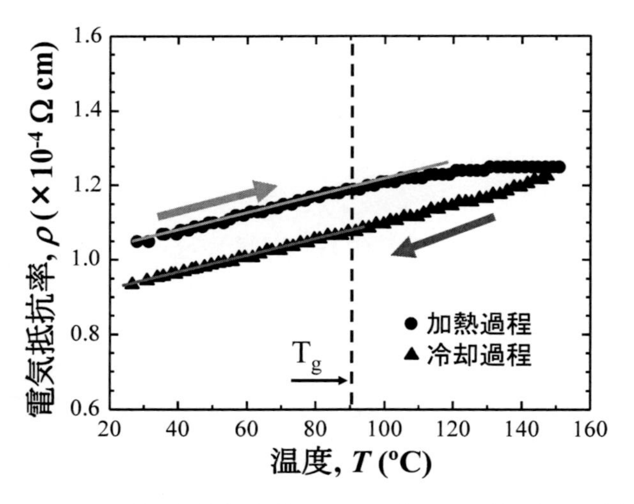

図11　エポキシ系導電性接着剤（Agフィラー）の電気抵抗率の温度依存性（室温～高温領域）の一例

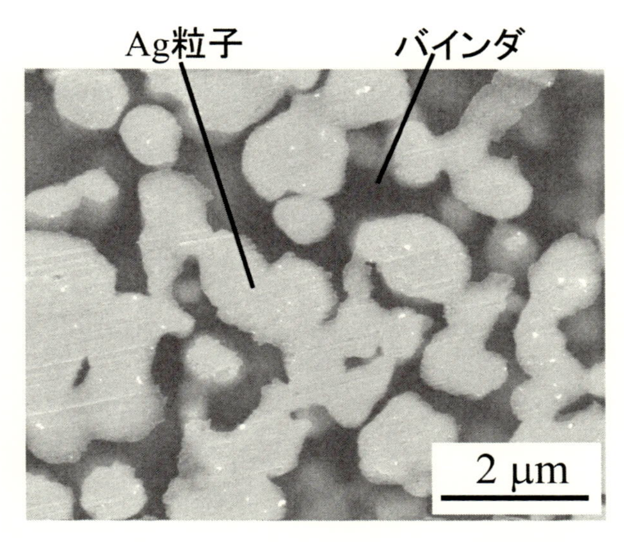

図12　ポストアニール（280℃）によりエポキシ系バインダ中で焼結したAgミクロ粒子

6　界面ケミストリに基づく導電性接着剤の材料設計に向けて

導電性接着剤の電気伝導特性に影響を及ぼす因子は，フィラーの分散状態とフィラー間界面導電コンタクトの状態に大別される。電気伝導特性に及ぼすフィラー分散状態の影響はパーコレーションモデルによって解析することができ，従来はこの因子を偏重した材料設計が導電性接着剤の開発に適用されてきた。しかし，導電性接着剤の電気伝導特性は界面電気抵抗の影響により大きく変化する。今後は後者の因子についても十分配慮した導電性接着剤の開発が望まれる。

最近の基礎研究の結果から，バインダ配合成分（主剤，硬化剤，反応性希釈剤など）やフィラー表面の吸着分子などの化学的因子が界面電気抵抗に影響を及ぼすことがわかってきた。バインダ樹脂は均一な状態になっているのではなく，フィラー界面近傍にはバルクの樹脂とは異なる組成や化学的性質を有するinterphaseが形成されていると考えられる。フィラー間に形成される界面導電コンタクトの状態はinterphaseの影響を受けて変化する可能性がある[17,18]。界面ケミストリに着目した導電性接着剤の電気伝導特性に関する基礎研究がさらに発展し，新たな材料設計指針が提案されることを期待したい。

文　　献

1）　N. E. キューサック，構造不規則系の物理（下），吉岡書店（1994）
2）　D. スタウファー，A. アハロニー，パーコレーションの基本原理，吉岡書店（2001）

3) 小田垣孝，パーコレーションの科学，裳華房（1993）
4) B. J. Last, D. J. Thouless, *Phys. Rev. Lett.*, **27**, 1719 (1971)
5) 中村修平，静電気学会誌，**25**, 142 (2001)
6) J. P. Troadec, *J. de Physique*, **42**, 113 (1981)
7) 荒尾修，新帯亮，杉浦昭夫，エレクトロニクス実装学会誌，**16**, 127 (2013)
8) R. Holm, Electric contacts (4th ed.), Springer (1967)
9) J. E. Morris, Conductive Adhesives for Electronics Packaging (ed. J. Liu), Electrochemical Publications, 36 (1999)
10) K. Yanagi, *et al.*, *ASC NANO*, **4**, 4027 (2010)
11) J. Zhang, B. I. Shklovskii, *Phys. Rev. B*, **70**, 115317 (2004)
12) 加藤淳，池田裕子，ネットワークポリマー，**33**, 267 (2012)
13) J. C. Agar, K. J. Lin, R. Zhang, J. Durden, K. Lawrence, K.-S. Moon, C.P. Wong, Proc. ECTC2010, 1713 (2010)
14) 栗原進編，トンネル効果，丸善出版（1994）
15) 石原明，和達三樹編著，新しい物性，共立出版（1990）
16) 坂庭慶昭，多田泰徳，井上雅博，Mate2014 論文集，p.255 (2014)
17) J. Aneli, O. Mukbaniani, *Oxidation Comm.*, **32**, 593 (2009)
18) 井上雅博，グラフェン・コンポジット（監修新谷紀雄），S & T 出版，p.105 (2014)
19) 乗附高志，井上雅博，坂庭慶昭，勅使河原一成，多田泰徳，Mate2015 論文集，p.249 (2015)
20) M. Inoue, H. Muta, T. Maekawa, S. Yamanaka, K. Suganuma, *J. Electron. Mater.*, **37**, 462 (2008)

第16章　パワーデバイス用エポキシ樹脂の開発

中西政隆*

1　はじめに

パワーデバイスのパッケージ工程はこの十年程で大きく変化している。従来の金属ケースタイプにエポキシ樹脂を用いたトランスファーモールド成型タイプのパッケージが加わり，特にトランスファーモールドパッケージは小型化・低コスト化を達成できることから急速に拡大してきている[1)]。

近年，特にパワーデバイスの高機能化に伴い，従来の一般ICの保証温度は125℃までであったのに対し，近年のパワーデバイス向けのパッケージにおいては150℃，もしくはそれ以上の保証温度が求められ，最近では駆動温度の最大値を175℃と設定しているパッケージが出てきている。

パワーデバイスに実装されるSi（シリコン）デバイスが性能限界に近づく中，次世代デバイスとしてSiC（炭化珪素）やGaN（窒化ガリウム）などのワイドバンドギャップデバイスが注目されている。このワイドバンドギャップデバイスは，Siデバイスと比較して高耐圧，低損失，さらに高周波・高温での動作が可能といった特長をもっており，これらデバイスの製品開発が精力的に行われている[2,3)]。SiCやGaNのパワー半導体デバイスを用いると，小型化による省スペース化や，大幅な損失低減が可能となるため，SiCやGaNデバイスの早期普及が望まれているが，現状では，その特性を引き出すための駆動温度が200℃以上と高すぎるため，周辺材料の耐久性が十分でなく，この駆動条件に耐えうる樹脂材料の開発が求められている。

一般的にパワーデバイス用の封止材に求められる特性としては，充填性，対実装リフロー，高信頼性（高湿バイアス試験，ヒートサイクル試験，耐衝撃試験他），耐高温化（大電流通電時のワイヤ近傍，パワーデバイスの設置環境，パワーデバイスの高温駆動化），耐高電圧（破壊電圧他），環境対応などが挙げられる。このような要求に対し，その樹脂に求められる特性としては，成型性，また硬化物となった際の耐熱性，高温保管安定性（耐熱分解特性），耐電圧特性，放熱特性などが重要となる。

また，当然ながらトランスファーモールディングでの成型を主体とするため，樹脂自体の流動性が重要であり，環境面からハロゲンフリーの難燃性が求められるため，パッケージとしてのトータルバランスも重要となる。これらの多様な要求特性を満たす樹脂材料としては，従来のエポキシ樹脂の特性を超えた特性，特に耐熱性や耐熱分解特性においては非常に高度な特性が必要

---

*　Masataka Nakanishi　日本化薬㈱　研究開発本部　機能化学品研究所
第一グループ　研究員

となっており，エポキシ樹脂以外の検討も精力的に進められている。具体的にはベンゾオキサジンやマレイミド，またシアネート樹脂などによる硬化系である[4)]。これらは非常に高い耐熱性を有することから注目されているが，硬化プロセスやその特性面のバランスで取り扱いが難しく，取り扱いの簡便なエポキシ樹脂での改良が求められている。

以上の背景から，本稿においては，特にエポキシ樹脂耐熱性と耐熱分解特性を中心に着目して記載することとする。

2 耐熱性

パワーデバイス用途においては，Siチップでは150℃～175℃，次世代のSiCやGaNでは200℃以上の駆動温度で駆動することが想定されている。本用途においてはその封止材に対し，駆動温度以上のガラス転移点（以下，Tgと記載する）が求められるのが一般的である。

Tgは簡単にいうと，その分子運動の大きさが極端に変化するところであり，樹脂素材の耐熱性の指標の一つとして扱われている。Tg以下（ガラス状領域）の場合，その分子運動が制限されているが，Tg以上の場合（ゴム状領域），分子運動が非常に大きくなる傾向がある。このため，この駆動温度がTgを超えた状態だと，体積低効率が極端に低下していくことから，高温かつ高電圧がかかる本用途においては絶縁信頼性を低下させる可能性がある。したがって，パワーデバイス用途に使用されるエポキシ樹脂には，その駆動温度を越える高いTgが要求される[5)]。Tgの高いエポキシ樹脂としては，一般には基本構造が3官能以上の多官能型のエポキシ樹脂といわれる構造が挙げられる。

多官能のエポキシ樹脂は，硬化時に網目の細かい高架橋なネットワークを形成しやすい。そのため，硬化ネットワークにおいては，分子の動きが制限され耐熱性が高くなるばかりか，Tgを超えても，そのネットワークで分子の運動が妨げられるため，比較的高い弾性率を維持することができ，高温でも高い強度を示すことができる。

高Tg化の別法として，エポキシ樹脂の母核を多く連ね（たとえばノボラック樹脂の繰り返し数を大きくする等），高分子量化することで高い耐熱性を出すことも可能ではあるが，十分な耐熱性を出せるほど分子量が大きくなると，その分子量が起因し流動性が悪くなり，その成型性が極度に悪化してしまうことから，成型時に未充填部が出来てしまう可能性があり，成型性に課題が出てくるため，本手法での改良は困難と考えられる。

多官能エポキシ樹脂としては，一般的にはトリスフェノールメタン型エポキシ樹脂，テトラキスフェノールエタン型エポキシ樹脂などに代表される3官能，4官能エポキシ樹脂が挙げられる（図1）。これらは一般的なクレゾールノボラック型エポキシ樹脂に対し，単位構造当たりの官能基が比較的多い，また比較的自由度の高いメチレン基ではなく，より込み入った自由度の少ない構造となることで，硬化剤との反応により架橋密度の高い剛直な硬化ネットワークを形成する。

以下にさまざまなエポキシ樹脂の硬化物における耐熱性についてクレゾールノボラック型エポ

キシ樹脂をリファレンスとして比較をする。エポキシ樹脂だけでなく，その硬化ネットワークを一緒に形成する硬化剤も多官能構造とすることにより，より高い耐熱性が出ることがわかる（図2)。たとえば，トリスフェノールメタン型のエポキシ樹脂は類似骨格のフェノール樹脂を硬化剤として組み合わせることで300℃近いTg（DMA　tanδピークトップ温度）を出すこともでき，また，高温までの線膨張変化量も少ない。このような耐熱性・寸法安定性の面から，現在，これらのエポキシ樹脂がSiパワーデバイス向けの封止材への検討・採用が進んでいる。

しかしながら，多官能エポキシ樹脂では，さらに高度な機能が要求されるSiパワーデバイスや，更なる高温での駆動が想定されるSiCやGaNのような用途に適用が難しくなってきているという課題がある。具体的には多官能エポキシ樹脂は耐熱性（Tg）では目標レベルに到達しても，耐熱保管安定性が達成できない。また高機能化の中ではんだリフローを必要とするデバイスも増えてくることから吸水特性が課題となってきている。

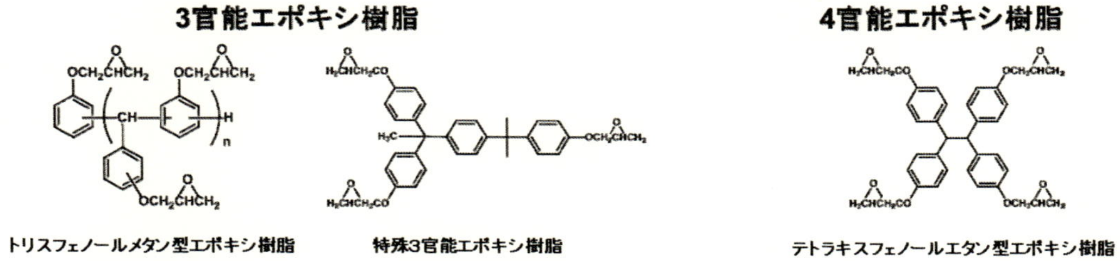

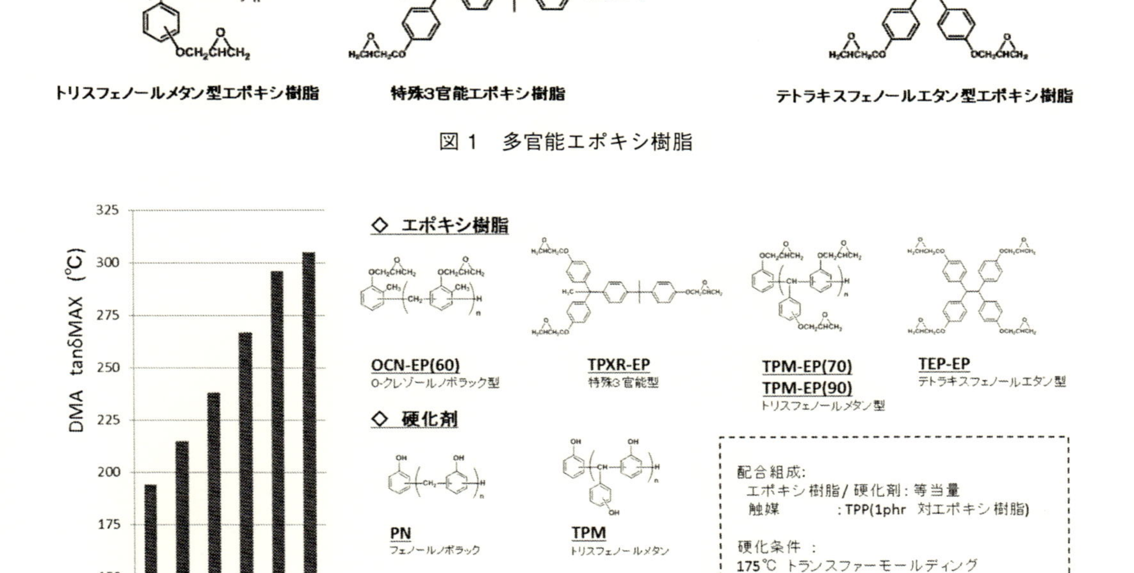

図1　多官能エポキシ樹脂

OCN-EP(60)	オルソクレゾールノボラック型エポキシ樹脂	日本化薬株製	EOCN-1020-62
TPXR-EP	特殊3官能エポキシ樹脂	日本化薬株製	NC-6000
TPM-EP(70)	トリスフェノールメタン型エポキシ樹脂	日本化薬株製	EPPN-502H
TPM-EP(90)	トリスフェノールメタン型エポキシ樹脂	日本化薬株製	EPPN-503
TPE-EP	テトラキスフェノールエタン型エポキシ樹脂	日本化薬株製	GTR-1800
TPM	トリスフェノールメタン	日本化薬株製	KAYAHARD KTG-105

（括弧内の数字は軟化点を意味する。例えば（60)であれば軟化点約60℃を示す。）

図2　各種エポキシ樹脂硬化物耐熱性比較

したがって，Tg が高いだけで耐熱耐久性が高いとはいえず，耐熱保管安定性や吸水率といったTg と相反する特性を両立するような特性改善が必要である。

3　耐熱分解特性

パワーデバイスの特性を引き出すため，高温での駆動が必須となってきている。具体的には前述するように175℃以上，特に200℃以上での駆動が考えられる。このような高温での駆動を達成するために，その封止材においては耐熱保管安定性（熱安定性）が重要となってきている。エポキシ樹脂の硬化物の場合，エポキシ樹脂の構造にもよるが200℃を超えた温度域から熱分解がはじまり，重量減少や特性劣化がみられるのが一般的であり，特に200℃を超えた条件で使用する場合，その材料の構造設計が大きな課題となる。

ここで，本稿においては耐熱保管安定をTG-DTA（示差熱－熱重量同時測定）の測定による熱重量減少温度を比較し評価することとする。耐熱保管安定はTG-DTA の測定から得られる熱重量減少温度とは必ずしも相関があるわけではないが，熱分解温度が低い物は，この耐熱保管安定性も悪くなる傾向があるといわれている。これは，特性低下や重量減少が熱分解に起因するためである。したがって，本稿においては耐熱分解特性で代替し議論することとする。

耐熱分解特性に寄与する構造のパラメータとしては，その結合の切れやすさ（分解しやすさ）が重要となっている。すなわち，分子構造が重要となる。エポキシ樹脂硬化物のネットワーク構造において，熱分解に関わる分子構造としては，脂肪族鎖，特に硬化時に形成されるグリセリンエーテル部，またメチン構造などベンゼン環で囲まれた炭素上の水素部分が関与する場合が多い。

一般的に高温における熱分解にはラジカル種（ヒドロキシラジカル，ペルヒドロキシラジカルなど）によるアタックが熱分解の開始反応になるといわれている。福島県ハイテクプラザの矢内らの報告によると，高温状態にさらした硬化物をIR で追跡すると，1700 cm^{-1} 付近のピークが増加することからカルボニル化合物が生成することが示唆される[6]。このことは高温下における酸素起因のヒドロキシラジカル，ペルヒドロキシラジカルなどのラジカル種によるエポキシ樹脂ネットワークへのアタックが熱劣化，熱分解の要因であることを示唆する。

さらに，日立化成の小松らの報告によると，ラジカル種によるさまざまな劣化反応についてその反応の可能性を計算している。その結果から，エーテル結合の切断とベンゼン環同士を架橋するメチレンの切断が主要な経路であり，特にグリセリンエーテルの水酸基の付け根の水素ラジカルが引き抜かれた後，エーテル部の結合が開裂するという経路により劣化における影響が強いことが報告されている[7](図3)。

つづいて，エポキシ樹脂の構造による熱分解特性の比較をするため，以下にさまざまなノボラック型のエポキシ樹脂を同一の硬化剤，フェノールノボラック（PN）で硬化させた硬化物の熱分解特性データを示す。大まかな傾向としては高い耐熱性を有する多官能エポキシ樹脂の硬化物のTg は高いものの，耐熱分解特性は大幅に低下する。これは耐熱性の高いエポキシ樹脂というのは一般的に架橋密度が高く，硬化時に前述のようなグリセリンエーテル結合が多くなるためであると考えられる。一方，フェノールアラルキル型のエポキシ樹脂の硬化物は耐熱分解特性に優れるものの，耐熱性が他のものに劣るという傾向がみられ，耐熱分解特性と耐熱性（Tg）の両立が難しいことがわかる（図4）。

また，芳香環の多いナフトール構造を導入したエポキシ樹脂はその骨格から熱分解特性が良い

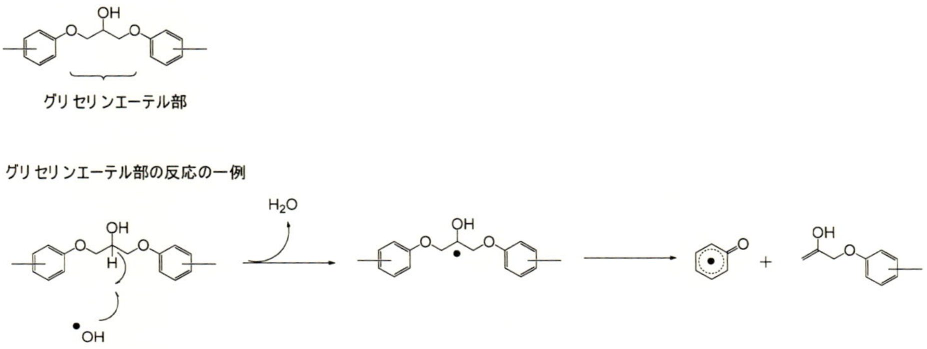

グリセリンエーテル部

グリセリンエーテル部の反応の一例

H_2O

図３　グリセリンエーテル部の反応の一例

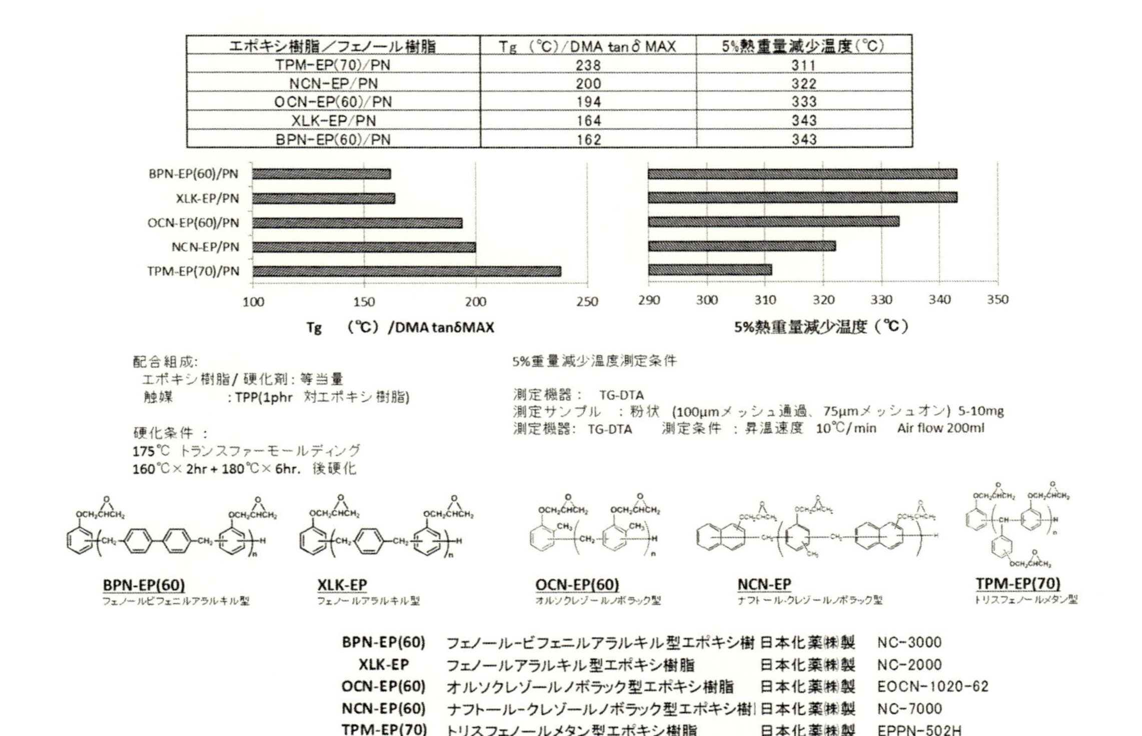

エポキシ樹脂／フェノール樹脂	Tg（℃）/DMA tanδ MAX	5%熱重量減少温度（℃）
TPM-EP(70)/PN	238	311
NCN-EP/PN	200	322
OCN-EP(60)/PN	194	333
XLK-EP/PN	164	343
BPN-EP(60)/PN	162	343

図４　各種エポキシ樹脂硬化物の耐熱性と熱分解温度の比較

ようにみえるが，ナフタレン構造はその芳香族性の問題からベンゼン構造に比べ反応性が高いため，その熱分解特性は比較的低い傾向となりやすいと考えられる。したがって，縮環構造ではなく，フェニルやビフェニルのような独立したベンゼン環が導入された構造が重要であることがわかる。

本傾向からすると，高い Tg と耐熱分解特性はトレードオフの関係となることがわかる。しかしながら，パワーデバイス用途においてはこの特性の両立が重要であり，これらの特性を満たす材料の開発が望まれている。高い耐熱性を有する多官能エポキシ樹脂の熱分解特性の改善の手法としては，たとえばその結合における耐熱劣化性が弱い部分を他の結合に変える，という手法が挙げられる。

図 4 の検討において，特にトリスフェノールメタン型エポキシ樹脂（TPM-EP）の硬化物の熱分解温度が他に比べて大幅に低いことが確認できている。これは芳香環に囲まれたメチン構造が要因となる。このことは図 4 に示すようなトリスフェノールアルカンタイプのエポキシ樹脂で比較することで確認できる。

分子内にメチン構造を有するトリスフェノールメタン型エポキシ樹脂（TPM-EP）に対し，メチンプロトン部をメタン構造に変えたトリスフェノールエタン型エポキシ樹脂（TrisPE-EP）で比較すると，その熱分解の開始温度に大幅な差がみられる。このことはメチン部が 3 つのベン

メチン構造

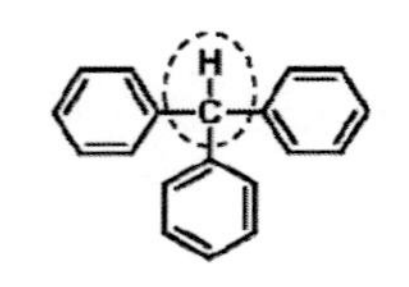

トリスフェノールアルカンの具体例

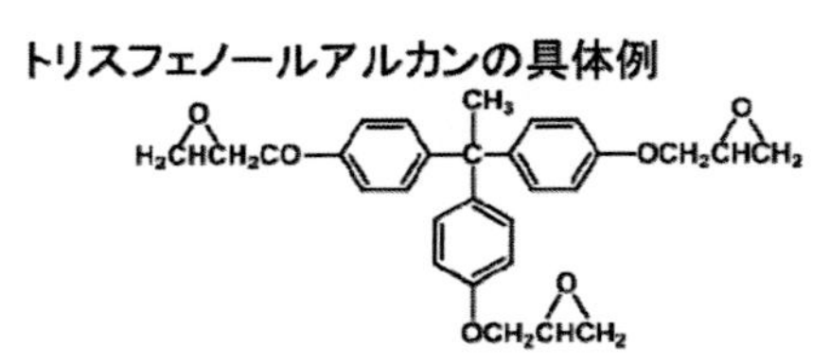

トリスフェノールエタン型エポキシ樹脂

トリフェニルメタン　　トリフェニルアルカン

図 5　多官能エポキシの構造

エポキシ樹脂／フェノール樹脂	5%熱重量減少温度（℃）	10%熱重量減少温度（℃）
TPM-EP(70)／PN	316	340
TrisPE-EP／PN	334	357

TPM-EP(70)
トリスフェノールメタン型

TrisPE-EP
トリスフェノールエタン型

配合組成:
エポキシ樹脂/硬化剤：等当量
触媒　　：TPP(1phr 対エポキシ樹脂)

硬化条件：
175℃ トランスファーモールディング
160℃×2hr＋180℃×6hr. 後硬化

5%重量減少温度測定条件

測定機器： TG-DTA
測定サンプル ：粉状 (100μmメッシュ通過、75μmメッシュオン) 5-10mg
測定機器: TG-DTA　　測定条件 ：昇温速度 10℃/min　Air flow 200ml

* 通常はバルクで熱分解特性を確認するため、一般的な熱分解温度よりも低くなっているため数値は比較でみてください。

TPM-EP(70)　トリスフェノールメタン型エポキシ樹脂　　日本化薬(株)製　EPPN-502H
TrisPE-EP　トリスフェノールエタンをエポキシ化したもの
PN　フェノールノボラック
（括弧内の数字は軟化点を意味する。例えば (70)であれば軟化点約70℃を示す。）

図 6　結合による熱分解特性の差異

ゼン環のベンジル位に当たることからラジカル化した際の安定性が高いため，水素ラジカルが外れやすいことに起因し，メチン構造をなくしたTrisPE-EPの熱分解特性が大幅に向上したと考えられる（図5，6）。

新規ビフェニルアラルキル型エポキシ樹脂

先に記載するように耐熱分解特性の有効なエポキシ樹脂としてフェノール－ビフェニルアラルキル型エポキシ樹脂（BPN-EP）やフェノールアラルキル型エポキシ樹脂（XLK-EP）が他のエポキシ樹脂と比較し，非常に高い特性を示すことがわかった。しかしながらその反面，耐熱性は低く，パワーデバイス向けで使用するのは困難であった。

こういった課題に対し，ビフェニレン構造を母体とするBPN-EP構造を改良することで耐熱性と熱分解特性を両立できるエポキシ樹脂を開発している（図7）。分子骨格にビフェニル構造を有することで耐熱分解特性を，多官能化することで耐熱性を維持するというコンセプトである。

図8に硬化物の特性を示す。比較のため前述のフェノールビフェニルアラルキル型エポキシ樹脂（BPN-EP），トリスフェノールメタン型エポキシ樹脂（TPM-EP（50））を使用した。

以上の結果より，本開発品は先に示す多官能タイプのエポキシ樹脂と比較し，同等レベルの耐熱性をもちながら高い熱分解特性を有することがわかる。加えて今後，環境対応という要求に必要な難燃性も持ち合わせていることを確認した。現在，弊社では上述のような改良を加えながら製品化，開発を進めている。

4　Cuワイヤ対応

現在，パワーデバイス分野でのアルミニウムパッドへのボンディング技術としては，アルミワイヤやアルミリボンボンドが一般的であり，高耐電圧や大電流化のニーズに対しては，ワイヤの線数を増やしたり，線径の太線化で対応しているが，アルミニウムでは熱サイクル疲労による断線が大きな課題となってきている。さらに今後の部品の集約化や小型化の流れから，より複雑な系となってきており，通常のICでも使用されている金ワイヤでの接続も検討されている。しかしながら，金のワイヤの場合，高温時にアルミパッドと金の接続部において境界界面で金属間化合物（IMC）が成長し，接着がもろくなること，そして拡散（カーケンドール効果）によって境

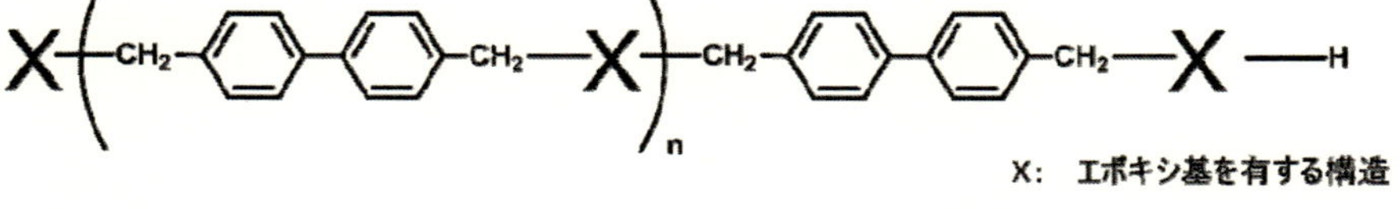

X: エポキシ基を有する構造

図7　新規ビフェニルアラルキル型エポキシ樹脂の構造イメージ

樹脂物性		エポキシ樹脂		BPN-EP(60)	**開発品**	TPM-EP(50)
		エポキシ当量(g/eq)		276	**209**	166
硬化物性 評価結果						
硬化物性	硬化剤 PN	DMA Tg(Tan δ MAX)	℃	166	**209**	219
		TMA Tg	℃	138	**167**	176
	硬化剤 BPN	DMA Tg(Tan δ MAX)	℃	139	**174**	179
		TMA Tg	℃	133	**150**	151
		吸水性 100 ℃浸漬 重量変化	%	0.8	**1.1**	1.7
		5%熱重量減少温度	℃	351	**350**	322
難燃性	硬化剤 BPN フィラー 83% 板厚0.8mm	残炎時間(sec.)		29	**35**	全燃
		判定(UL-94)		V-0	**V-0**	

◆ 配合組成:
＜硬化物性＞
エポキシ樹脂/硬化剤:等当量
触媒　:TPP(1phr 対エポキシ樹脂)

＜難燃性試験＞
エポキシ樹脂/硬化剤:等当量
触媒 :TPP(ゲルタイムを30-40秒に調整)
フィラー: 瀧森工業製 MSR-2122(溶融シリカ)

試験方法

難燃性試験 UL-94に準拠

5%重量減少温度測定条件

測定機器: TG-DTA
測定サンプル :粉状 (100μmメッシュ通過、75μmメッシュオン) 5-10mg
測定機器: TG-DTA 測定条件 :昇温速度 10℃/min Air flow 200ml

◆ 硬化条件 :
175℃ トランスファーモールディング
160℃×2hr+180℃×6hr. 後硬化

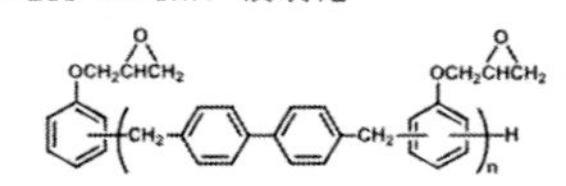

BPN-EP(60)
フェノールビフェニルアラルキル型

TPM-EP(70)
トリスフェノールメタン型

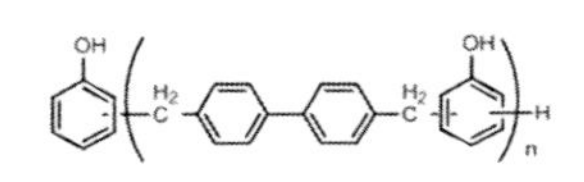

BPN
フェノールビフェニルアラルキル型フェノール樹脂

BPN-EP(60)	フェノール-ビフェニルアラルキル型エポキシ樹脂	日本化薬㈱製	NC-3000
TPM-EP(50)	トリスフェノールメタン型エポキシ樹脂	日本化薬㈱製	EPPN-501H
BPN	フェノール-ビフェニルアラルキル樹脂	日本化薬㈱製	KAYAHARD GPH-65

(括弧内の数字は軟化点を意味する。例えば (60)であれば軟化点約60℃を示す。)

図8　新規開発品の硬化物性

界面にボイド（空隙）が生じ，接着の強度を弱め，抵抗を大きくするという不具合が想定される。具体的には195℃で500時間以上経過すると，こういった現象がみられるという報告がある[8~10]。

したがって，ワイヤには金ではなくIMCが生成しにくい銅ワイヤが主流になってくると考えられる。また銅はこれらIMCの生成のしにくさだけでなく，価格が安いこと，さらには銅自体が低抵抗，高熱伝導の材料であり，機械的にも強い物性をもつことから，特性としてもパワーデバイスに好適であると考えられている。銅ワイヤについては，パッケージの低コスト化のために，近年，通常のICパッケージに適用が大きく進んでいるが，そこでの大きな課題は塩素イオンに起因するアルミパッド部の腐食である。すなわち，パワーデバイスにおいては現在のCuワイヤ対応の封止材と同様，エポキシ樹脂の低塩素化技術が重要となると考えられる[11]。

塩素イオン自体は半導体用のエポキシ樹脂にはほぼ含有されておらず，重要となるのは分子内で結合した有機塩素が高温・高湿下で遊離して出てくる塩素イオンの拡散にある。樹脂の吸湿耐

製品名	加水分解性塩素(A)	加水分解性塩素(B)	全塩素
一般的なエポキシ樹脂	≒300ppm	-	↑1000ppm
EOCN-1020-70	≒200ppm	≒400ppm	≒550ppm
NC-3000	-	≒300ppm	≒500ppm
NC-3000-LC	-	**≒200ppm**	**≒300ppm**
NC-3000-LC(代表値)	-	**200ppm**	**260ppm**

加水分解性塩素(A)　1N KOH/MeOH 30min 還流後の塩化物イオン抽出量
加水分解性塩素(B)　1N KOH/Dioxane 30min 還流後の塩化物イオン抽出量
全塩素　ISO 21627-3 準拠
＊ 塩素量は測定方法により異なりますので比較にはご注意ください。

EOCN-1020-62	OCN-EP(60)	オルソクレゾールノボラック型エポキシ樹脂	日本化薬㈱製
NC-3000	BPN-EP(60)	フェノール-ビフェニルアラルキル型エポキシ樹脂	日本化薬㈱製
NC-3000-LC	-	NC-3000の低塩素版	日本化薬㈱製

（ 括弧内の数字は軟化点を意味する。例えば (60)であれば軟化点約60℃を示す。 ）

図９　低塩素エポキシ樹脂の塩素量比較

性にもよるところがあり一概にはいえないが，含有される有機塩素の絶対量が減ることで，遊離してくる塩素イオンも減少すると考えられている。

有機塩素の要因はエピクロロヒドリンとフェノール樹脂との反応の際に副反応として塩素付加体が出来てしまうことに起因する。現在，蒸留精製や再結晶，アリルエーテルの酸化法等の手法でさまざま低塩素化が各社で検討が進んでいる[12]。特に酸化法によるエポキシ樹脂の開発が近年躍進しており，さまざまな報告が出されている。現時点では価格の課題もあり，広く浸透はしていない状況ではあるが，このような技術は他のエポキシ樹脂への応用も考えられ，重要な技術となると考えている。

一方，日本化薬においては低塩素化技術を以前から検討しており，蒸留・精製，酸化法によらないエピクロロヒドリンを使用した合成プロセスにおける反応コントロールにより，低塩素化を達成してきた（図9)。一般的な電子材料向けのエポキシ樹脂に含まれる有機塩素（結合塩素，全塩素等ともいう）が1000 ppmであるのに対し，500 ppm程度の全塩素量の樹脂を提供してきており，高信頼性が求められる用途への展開を進めてきている。またこれら低塩素化エポキシ樹脂が達成できると，同骨格・同程度の溶融粘度のエポキシ樹脂を使用しても，耐熱性の向上ができるという特徴も付与することが出来る。これは不純物となるエポキシのハロゲン付加体の量が少なく，架橋に関与しない部分が少ないことに起因する[13]。

本技術をさらに極め，更なる低塩素化を達成することが出来るようになり，日本化薬ではBPN-EP骨格の樹脂を母核とした「NC-3000-LC」という製品を皮切りに低塩素エポキシ樹脂の開発を進めている最中である。従来のエポキシ樹脂の流動性やエポキシ当量といった樹脂特性を大きく変化させずに低塩素化できることを特徴とし，顧客ニーズに合わせ，さまざまなエポキシ樹脂に適用を検討しており，今後のニーズに即した開発を進めていくこととしている。

5　放熱対応

パワーデバイスの熱対策として一般的には熱伝導フィラーでの改善が検討されている。しかしながら，熱伝導フィラーだけでの改良には限界がみえつつあり，エポキシ樹脂への高熱伝導化への期待は年々高まりつつある[14]。

一般的にエポキシ樹脂硬化物の熱伝導は約 0.2 W/m・K 程度である。これに対し，パワーデバイスパッケージに要求される熱伝導は 5〜10 W/m・K と非常に高い値が求められている。一般的な高熱伝導フィラーは，種類にもよるが熱伝導が 20〜250 W/m・K であり，その熱伝導の差には大きな隔たりがある。したがって，いくら高熱伝導のフィラーを使用し，高密充填をしても，介在するエポキシ樹脂の熱伝導が律速となり，熱伝導を大きく向上させることは難しい。逆にこのエポキシ樹脂の熱伝導が少しでも高くなれば，その律速部分での熱伝達が早くなることから，高熱伝導フィラーを高充填した場合はその熱伝導に大きく寄与すると考えられる。図 10 にそのシミュレーション結果を示す。①はフィラーを高熱伝導化した際の熱伝導の変化，②はエポキシ樹脂硬化物の熱伝導性を向上させた場合の熱伝導変化のシミュレーション結果となっている。このシミュレーション結果からもエポキシ樹脂の高熱伝導化が非常に重要となることがわかる。

エポキシ樹脂の熱伝導を向上させる方法としてはさまざまに報告されているが，メソゲン構造を分子構造内に有する化合物を用いるというのが一般的となっている[15〜17]。メソゲン構造が硬化ネットワーク内で配列することでフォノン伝導に寄与し，高い熱伝導が得られるとされている。またこのメソゲン構造の配列を温度コントロールや磁場をかけながら硬化するなどにより制御することで，さらに高い熱伝導率の硬化物が得られることが報告されており，その分子配列のコントロールが熱伝導性には有効であるとされている[18]。

しかしながら，こういった高い熱伝導を有する化合物はその分子の配列性ゆえ，高い融点を有する場合が多く，その融点は半導体封止における成型温度（180℃前後）に近い，もしくはそれを超えてしまう場合が多い。その場合，成型時に不均一な硬化を起こし，エポキシ樹脂本来の特

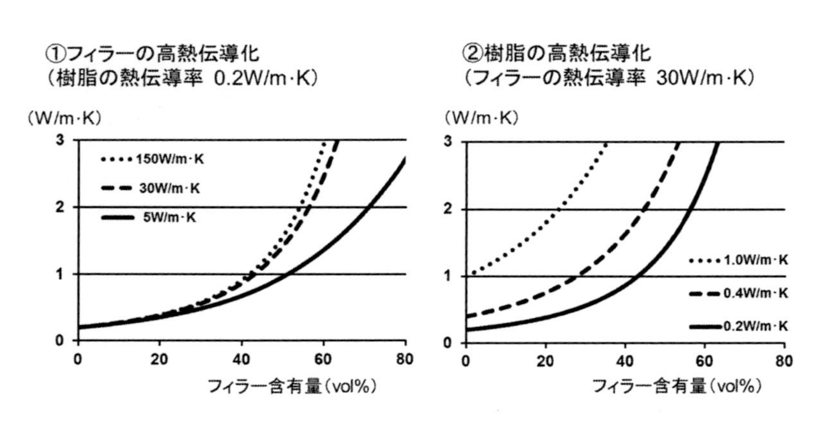

図 10　高熱伝導フィラーと樹脂の差異による高熱伝導化のシミュレーション

エポキシ樹脂		OCN-EP(60)	BisA-EP	BPN-EP(60)		TCX-8	
硬化剤		DDM	DDM	PN	DDM	PN	DDM
硬化促進剤		—	-	TPP/1phr	-	TPP/1phr	-
熱伝導率	W/m・K	0.24	0.24	0.23	0.23	0.31	0.35
DMA	tan δ MAX(℃)	238	197	154	178	160	185

硬化条件：
175℃ 30min

熱伝導測定方法: 定常法 サンプルサイズ0.4mm厚み フィラーなし

OCN-EP(60)	オルソクレゾールノボラック型エポキシ樹脂	日本化薬㈱製	EOCN-1020-62
BPN-EP(60)	フェノール-ビフェニルアラルキル型エポキシ樹脂	日本化薬㈱製	NC-3000
BisA-EP	ビスフェノールA型エポキシ樹脂	日本化薬㈱製	RE-310S
PN	フェノールノボラック		
DDM	4,4´-ジアミノジフェニルメタン		

（ 括弧内の数字は軟化点を意味する。例えば（60)であれば軟化点約60℃を示す。 ）

図11　各種エポキシ樹脂の熱伝導比較

性を活かしきれない。このような課題に対し，低融点，もしくは軟化点を有する高熱伝導エポキシ樹脂の開発が進められており，さまざまなアプローチがなされている。

上述の課題を鑑みて，われわれは高熱伝導と低い軟化点を有するエポキシ樹脂の開発を行った。それがTCX-8である。TCX-8は，軟化点が58℃とアモルファスな樹脂状であり低い温度で流動性を出すことができる。

図11に開発品であるTCX-8の硬化物の熱伝導測定結果を示す。

本結果から明らかなように，通常のエポキシ樹脂では硬化剤を変えてもその熱伝導率が0.3 W/m・Kを超えることはないが，TCX-8は0.3W/m・Kを超え，通常のエポキシ樹脂硬化物に対し，約1.5倍の熱伝導率を出すことができた。このようなことからTCX-8は今後必要となる半導体パッケージ周辺材料の高機能化に役立つことができる材料であると考えられる。

6　おわりに

パワーデバイス向けのパッケージング材料については，エポキシ樹脂を超えた特性が求められ，さまざまな樹脂材料の検討が進んでいるが，その取り扱いの簡便さからエポキシ樹脂はまだまだ検討を必要とされており，取り扱いの簡便さを残したまま従来のエポキシ樹脂の限界を超えた特性が出せるエポキシ樹脂の開発が求められている。

エポキシ樹脂もその構造や分子量，また硬化のさせ方を合わせると，まだまだ可能性を秘めた材料であると考えており，今後さらなる開発を進め，この低炭素化社会へ貢献していくことがわれわれの責務だと考えている。

文　　献

1)　半導体・デバイス Online Magazine Triple A+，新デバイスで拓くパワーエレクトロニクス , No.120, p.4 (2014)
2)　富士電機技報，**85** (6), 395 (2012)
3)　富士時報，**84** (5), 336 (2011)
4)　高岩玲生ら，次世代パワーエレクトロニクスプロジェクト研究概要集，p.45 (2013)
5)　中村正志，パナソニック電工技報，**59** (1), 10 (2011)
6)　矢内誠人，有機材料分析アラカルト　Vol.5
7)　小松徳太郎，共同利用（産業利用トライアルユース　密度汎関数法を用いたエンジニアリングプラスティックの熱劣化反応解析『みんなのスパコン』TSUBAME によるペタスケールへの飛翔）成果報告書　平成 24 年度産業利用トライアルユース（2012）
8)　EE Times Japan ニュース，新日本電線，パワーデバイス向けに銅太線ボンディング量産技術
9)　Jeff Watson, Gustavo Castro, Analog Dialogue, **46** (04)（2012）
10)　ルネサステクノロジーレビュー　半導体デバイスの故障メカニズム（2006）
11)　阿部秀則，*MATERIAL STAGE*, **11** (8),35 (2011)
12)　今喜裕，内田博，佐藤一彦，月刊機能材料，**33** (3)，40 (2013)
13)　中西政隆，高機能化に向けたエポキシ樹脂への要求，技術情報協会（2013）
14)　平成 24 年度戦略的基盤技術高度化支援事業，「パワー半導体混載モジュールの樹脂封止剤真空加圧成形プロセスの開発」研究開発成果等報告書（2013）
15)　竹澤由高，日立化成テクニカルレポート，No.53，p.5 (2009)
16)　伊藤玄ら，新神戸電機テクニカルレポート，No.23，p.35 (2013)
17)　竹澤由高，粉砕，No.55，p.32 (2012)
18)　原田美由紀，エポキシ樹脂の配合設計と高機能化，サイエンス&テクノロジー（2008）

第Ⅴ編　光素子・光半導体実装材料

第17章　LED用封止材料およびフィルム

越部　茂*

1　はじめに

発光ダイオード＝LED（Light Emitting Diode）は個別素子型光半導体であり，超小型，低電力消費および長寿命の光源として注目されている[1)]。最近，地球環境保護＝省エネルギー化の動きが追い風となり照明用途への展開が急速に進んでいる。本稿では，LEDの概要，LED用封止材料およびフィルムの開発経緯，現状の問題および今後の対策等について解説する。

2　LEDの概要

2.1　発光原理

LEDは20世紀初に提案されたPN型化合物半導体である。これに順方向の電圧をかけると，P領域からの正孔（＋）とN領域からの電子（－）が接合領域で結合し，全方向に光を発する（図1)。LEDは動作時に電気から熱へのエネルギー変換も伴うため，高発熱を生じる高輝度LEDではこの対策が必要となる。なお，半導体レーザ＝LD（Laser Diode）は，単色光を共振器中で誘導放出により増幅させ直線的に出射する点で，全方向に光を放つLEDとは異なる。

2.2　開発経緯

実用的な製品としては，1960年代に赤色LEDおよび黄緑色LED，1970年代に黄色LEDが誕生した。そして，1990年代に青色LED（1993年）および高輝度緑色LED（1995年）が開発された。これにより，LEDによる「光の3原色（赤，緑，青)」の発色が可能となった。また，1996年に青色LEDと蛍光体（黄色変換体）による白色化技術が開発され，21世紀にLED照明が製品化された（表1)。なお，青色LEDは日本発の技術であり，開発後に特許係争問題が起こり話題となった[2)]。

2.3　発光波長

LEDは化合物層の構成を変えることにより，紫外光線・可視光線・赤外光線を出すことができる（図2)。各々の光波長領域は，紫外光は400 nm未満，可視光は400から800 nm，赤外光は800 nm超となっている。また，これら光線が混合することで白色となるが，この定義は幅広

---

*　Shigeru Koshibe　㈲アイパック　代表取締役

発光ダイオード（Light Emitting Diode）

P型：正孔 → 結合 ← 電子：N型

↓

発光（全方向）＋ 発熱

↑

光変換効率（光/電気）

<模式図>

発光機構

P　N

搭載構造

（対面電極）　GaN

（同面電極/Flip）　ｻﾌｧｲｱ

図１　ＬＥＤの発光原理

表１　ＬＥＤの開発経緯

1962	赤色ＬＥＤの開発
1993	青色ＬＥＤの開発（学術発表1889）
1995	緑色ＬＥＤの開発 → ３原色ＬＥＤ
1996	白色ＬＥＤの開発：青色＋蛍光体（黄色変換体）
1997	国際採択；CO2排出量規制 ～ 省エネ光源？
2003	効率　40 lm/W
2007	100
	⇒　照明用途への検討本格化

注）ＬＥＤ照明の要因；効率、輝度、寿命

効率：電球　≦10　lm/W

ＣＲＴ＊　≦40

蛍光灯　100

＊；陰極線管（Cathode Ray Tube）

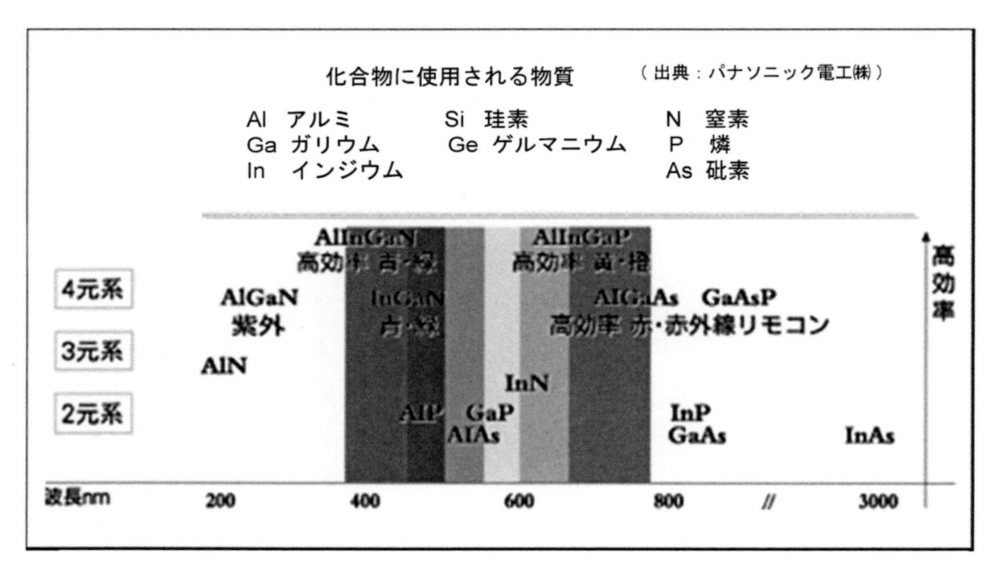

・発光色：　青　緑　赤

・用途例：　照明・表示　通信

←→

波長の集合 ⇒ 白色：黄系～緑系

図２　LED の発光波長

化合物の種類・組合せにより発光波長が変わる

く暖色系から寒色系までさまざまな色合いがある。また，人間は可視光線しか感知できない。

2.4　発光効率

近年，LEDの開発は急速に進み，その発光効率は白熱電球を超え蛍光灯と同等になり，更に改良されると予想されている（図3）。ただし，LEDは蛍光灯に比べて配光が狭く眩しいので，屋内用の照明器具では光を拡散する必要が生じる。この場合は，発光効率が低下し省エネ性が悪くなる。また，別の要因（電気回路等）でも損失が発生する。よって，照明器具としての発光効率は，器具に表示されている全光束照度（ルーメン）を消費電力（ワット）で割った値となる。

2.5　製造方法

LEDの製法は，基板の上に化合物層および電極層を形成した後，個片（LED素子）に切断するのが一般的である（図4）。通常，基板はGaNまたはサファイアであり，電極構造としてGaN基板LEDは対面型を採用する。一方，サファイア基板LEDは，同面型（反転搭載型）を取り基板側からも光を取り出せる（図1）。サファイアは高純度アルミナ結晶であり透明性が極めて高い絶縁物である。なお，不純物が混ざった赤色のサファイアは宝飾品として価値が高い。

2.6　用途展開

LEDは，超小型・低電力消費・長寿命の長所を活用しさまざまな分野で使用されている。LEDの用途としては，灯火，表示，照明，通信があり，これらの概要を次に記す。また，具体的製品例を図5に示した。

①　灯火用LED

合図や標識等の光源である（例：自動車の指示灯・停止灯）。最近，交差点でLED信号機をよくみかける。この理由は，LEDが長寿命で危険な交換作業の頻度を減らせるためである。

②　表示用LED

電車・バスの案内表示や自動車・家電類の計器表示に使用されている。これらは，LEDの超小型という長所を活かした用途である。

③　照明用LED

白色化技術によりさまざまな照明機器で使用されている。これらは，LEDの低電力消費を活かした用途展開である。

④　通信用LED

家電製品のリモコン用光源等として活躍している。また，この応用で，感知装置（ドア，トイレ等）の光源として用いられている。

近年の地球環境保護＝省エネルギーの動きは，LEDのさまざまな用途への展開を後押しする形となり，今後のLED市場の成長が期待されている[3)]（図6）。特に，この象徴として照明用LEDは注目されている。これに関しては第4項で詳しく述べる。

1）現状水準

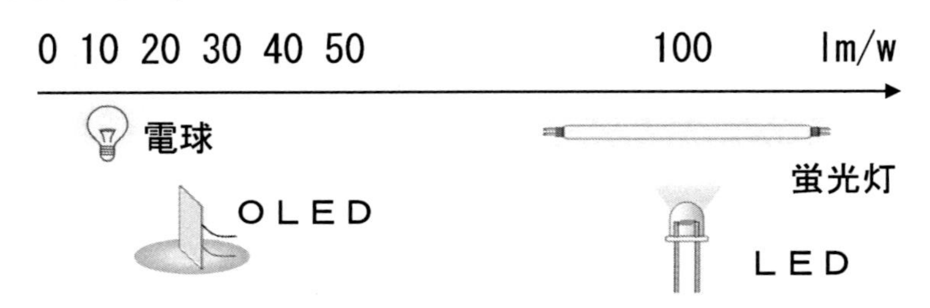

2）技術予測

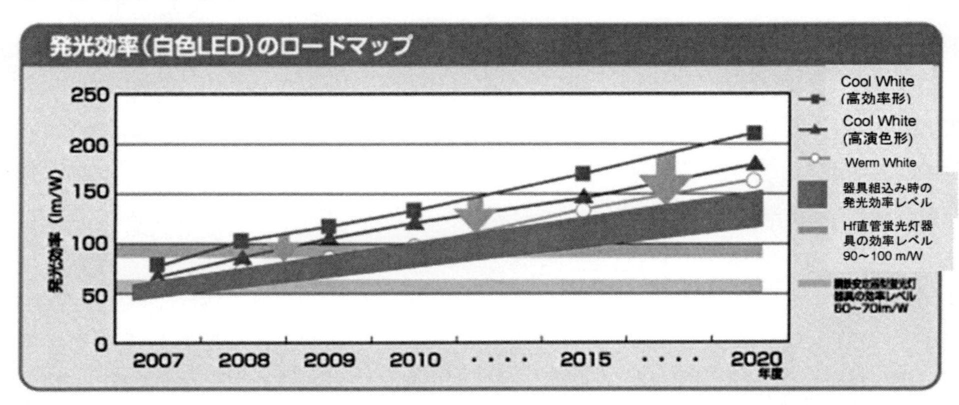

（LED照明推進協議会）

図３　LED の発光効率

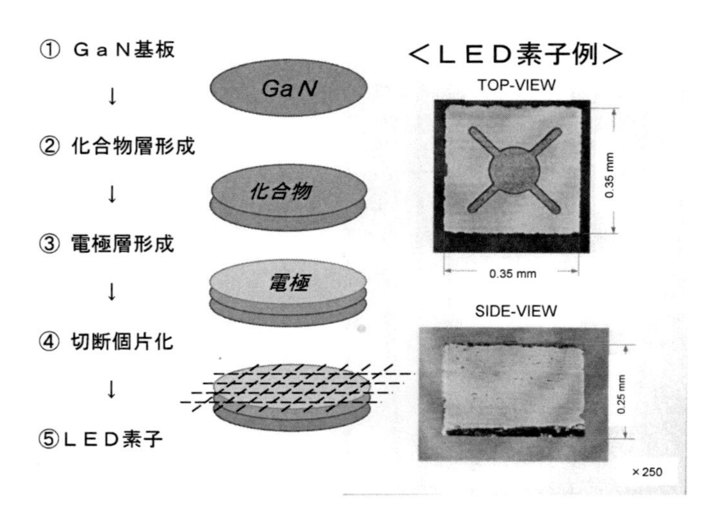

図４　LED 素子の製法（例）

3　LEDの封止技術

3. 1　LEDの封止方法

LED素子を封止保護する方法として，気密封止および樹脂封止がある[4]。前者は中空容器（金属，セラミック等）の中にLED素子を封入，後者はLED素子を樹脂材料中に封入する方法である（図7）。また，LEDの封止方法は発光波長および発熱量で大別でき，赤外光および可視光LED＝低発熱型LEDは樹脂封止，そして紫外光LED＝高発熱型LEDは気密封止である（表2）。

3. 2　LEDの樹脂封止

赤外光および可視光を発する汎用LEDは樹脂封止で製造されている。主たる樹脂封止法は，液状封止材料は注型法，固形封止材料は移送成形法である（図7）。これらの代表的PKG形状として，前者は砲弾型，後者は表面実装型を挙げることができる（図8）。樹脂封止は廉価で汎用性があるが，高温や紫外線に長時間曝露されると樹脂が変質（変色，分解等）するという危惧を抱えている。

3. 3　LED用封止材料

樹脂封止型LEDの封止材料は，主にエポキシ樹脂系材料とシリコーン樹脂系材料である。これらは可視光を通し人間の眼では透けてみえるため「透明材料」とも呼ばれる。エポキシ樹脂系材料は，廉価で接着性に優れるため汎用LEDの封止で使用する[5]（表3）。近紫外光LEDでは，

1）灯火（例：信号機）

2）表示（例：行先案内）

3）照明（例：自動車灯）

4）通信（例：リモコン）

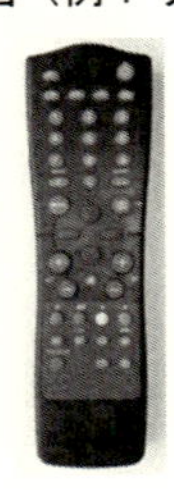

図5　LEDの用途（例）

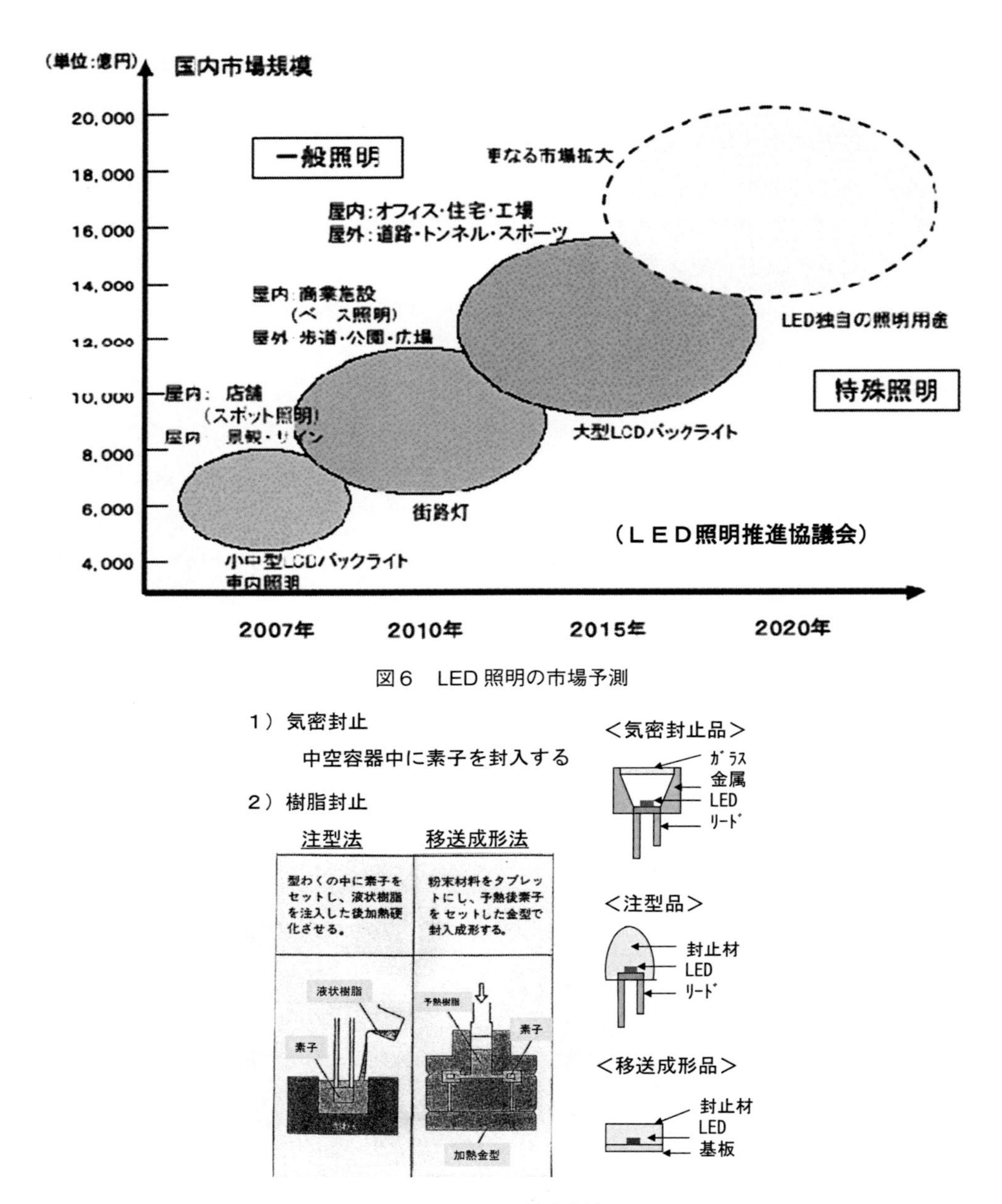

図6　LED照明の市場予測

図7　LEDの封止方法

耐熱性に優れるシリコーン樹脂系材料を使用する場合が多い[6]（表4）。ただし，シリコーン樹脂は接点障害の危険性を認識して使用することが肝要である。接点障害とは，樹脂中の低分子シリコーンが電気火花により酸化され絶縁物（シリカ）となり電気接続性が低下する現象である[7]。

3. 4　LED用封止材料の市場

LED用封止材料の市場規模はエポキシ樹脂系材料とシリコーン系材料で状況が異なっている。

前者は，年間1500トン程度で横這い状態である。しかし，後者は大幅に伸長している（表5)。これは，照明用LEDの市場が急成長しているためである。ただし，数量増に伴って価格は急下落している。また，エポキシ樹脂系材料の市場は，受光ダイオード＝PD（Photo Diode）用封止材料を加えても約6000トンであり，IC用エポキシ樹脂系材料の約100000トン市場に比べて小さい。

4　照明用LED

LEDの市場として，照明用途の伸長が期待されている。この照明用途では白色光が使用され，照明用LEDは白色LEDとも称される。

表2　ＬＥＤ封止の現状

１）発光波長と封止方法
- ・赤外光　：樹脂封止（エポキシ樹脂系封止材料）
- ・可視光　：樹脂封止（エポキシ樹脂系封止材料）
- ・近紫外光：樹脂封止（シリコーン樹脂系封止材料）
- ・紫外光　：気密封止

２）発熱量と封止方法
- ・低発熱　：樹脂封止（エポキシ樹脂系封止材料）
- ・中発熱　：樹脂封止（シリコーン樹脂系封止材料）
- ・高発熱　：気密封止

＋ 基板搭載方法の変化
挿入 ～ 表面実装：半田耐熱性
温度↑（鉛フリー）

⇒ 開発要求；高性能ＬＥＤ用封止材料
耐熱性･光透過性等

１）砲弾型（ﾗﾝﾌﾟ）
回路基板に挿入搭載

２）表面実装型（SMD、ﾁｯﾌﾟ）
回路基板に自動搭載

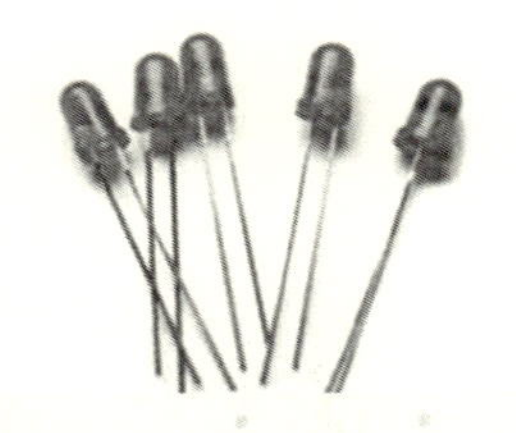

リード型

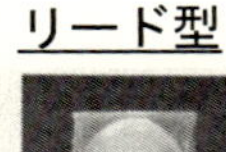

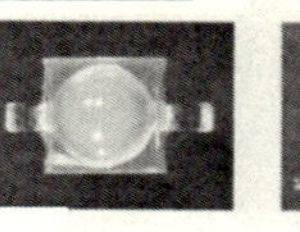

基板型

図８　樹脂封止型LEDの代表構造

4.1 白色化機構

白色を発光するLEDは存在しないので，主に次の3つの方法で白色化している（表6)。

① 1素子型：青色LED＋蛍光体（例：黄色）→白色化

② 多素子型：複数LED/PKG（例：3原色）→白色化

③ 多部品型：複数PKG（例：3原色）→白色化

表3　エポキシ系封止材料の組成例

	ＬＥＤ用		ＩＣ用
反応機構	熱ｶﾁｵﾝ	熱硬化	熱硬化
・エポキシ	脂環式	ﾋﾞｽﾌｪﾉｰﾙA型	ﾉﾎﾞﾗｯｸ型
・硬化剤	—	酸無水物	ﾌｪﾉｰﾙﾉﾎﾞﾗｯｸ
・触媒	金属錯体	ｲﾐﾀﾞｿﾞｰﾙ	有機ﾘﾝ化合物

<エポキシの構造>

1) 脂環式(ｾﾛｷｻｲﾄﾞ)

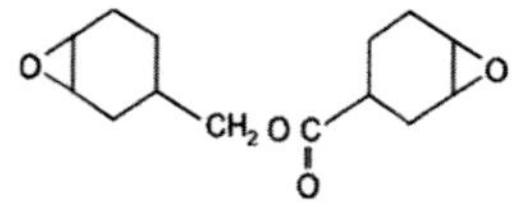

2) ﾋﾞｽﾌｪﾉｰﾙA型

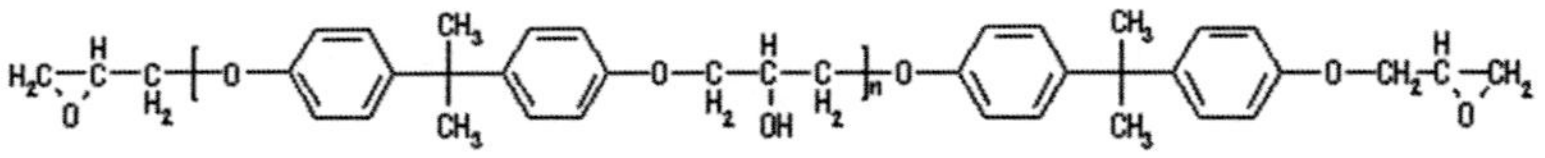

3) ﾉﾎﾞﾗｯｸ型(EOCN)

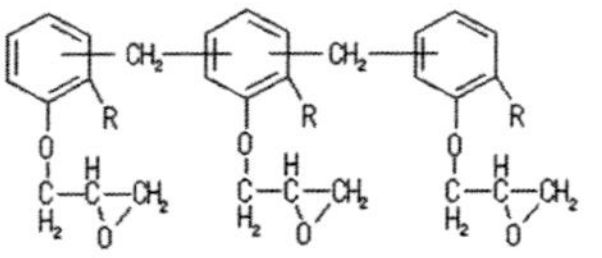

表4　シリコーン系封止材料の組成例

	ＬＥＤ用	汎用
硬化機構	付加反応	縮合反応
・主剤	Ｃ＝Ｃ基型	ＳｉＯＨ基型
・硬化剤	ＳｉＨ基型	ＳｉＯＲ基型
・触媒	白金錯体	有機金属(錫)
高耐熱化	ﾌｪﾆﾙ変性 ｼﾘｺｰﾝﾚｼﾞﾝ変性	

<シリコーンの構造：代表例>

R1－(Si(R2)(R3)－O)n－Si－R4

R1, R4; C=C, H, Me, etc

R2, R3; Me, Ph, H, etc

表５　ＬＥＤ用封止材料（世界販売量）

	エポキシ	シリコーン
＜２００４年＞		
・数量(トン)	１５００	４
・金額(億円)	７０	４
＜２００８年＞		
・数量	１６００	（８０）レンズ含む
・金額	７５	（５０）
	↓	↓
＜２０１３年予測＞		
・数量	１７００	（５６０）
・金額	８０	（２４０）

注）エポキシ樹脂系封止材料の市場

	光半導体用	ＩＣ用
・数量(トン)	６０００	１０００００
・金額(億円)	２５０	２０００

1素子型は携帯電子機器の背景灯，多部品型は屋外表示装置のカラー光源として使用されている。

4.2　照明用LEDの課題

(1)　LED

照明用LEDには，色の好み＝演色性[8]への対応が求められる。また，より明るく，より遠く照らす高輝度化への要求に応える必要がある。

①　演色性

照明用途では，時間・場所・目的・人種・個性等により色の好みが異なる。蛍光灯では，これらへの選択肢として5色を品揃えしている。LEDもこれに準じた対応が必要となり，光色を調整できる機能を持つLED照明装置が増えている。

蛍光灯色）　寒色←昼光色，昼白色，白色，温白色，電球色→暖色

②　高輝度化

高輝度照明ではLED発光時に高発熱（≧120℃）を伴うため，発熱対策が必要となる。LEDおよび照明装置の放熱性を高める，照明装置に電流制御部品を取り付ける，等の対応が取られている[9]。この問題の抜本的解決策として，LEDの光変換効率を高めて発熱を下げることが検討されている。現在，表示用LED（赤，緑，青）の発熱温度は100℃未満と低く，廉価なエポキシ樹脂系封止材料が使用されている。

(2)　封止材料

白色LED用封止材料は，発熱および界面への対策が必要となる。

①　発熱対策

高輝度LED照明用封止材料には，耐熱性およびその向上が求められる。現状，シリコーン樹脂系封止材料で対応しているが，顧客からは廉価で高品質な封止材料の開発が要求されている。

表6　照明用LED

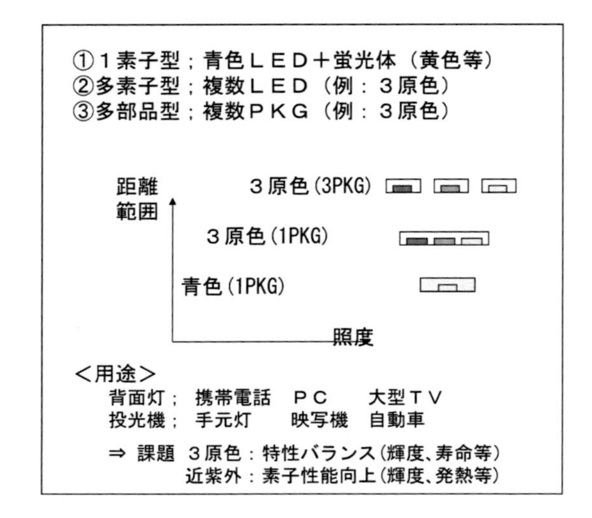

このため，エポキシ樹脂系封止材料の改良がはじまっている。しかし，古典的な透明材料を基に小改良で対処しているのが実状であり，抜本的見直しが必要である[10]。

現在の検討例）・耐熱分解性の改良（例；酸化防止剤の添加）

・樹脂骨格の強靭化（例；芳香環の導入）

なお，封止材料に放熱性を付与することは難しい。高熱伝導性充填剤を配合すれば，封止材料の放熱性を向上できる。しかし，可視光透過性を保持するには，超微粒子（粒径＜波長×1/2）を使う必要がある[11]。樹脂に超微粒子を混合すると粘度上昇を招き，微量添加では熱伝導性が改善されないという技術矛盾がある。また，封止材料の評価方法の見直しを行い，環境加速条件の適切化が必要である（例：試験温度＜150℃）。アレニウスの加速理論[12]は，合理的な温度範囲（例；ガラス転移点以下，樹脂分解温度以下）で適用することが必須である。

②　界面対策

LED素子からの出射光は，2つの界面を透過して目標に達する。最初の界面はLEDと封止材料，次は封止材料と空気の境界面である。出射光はこれら界面で屈折および反射により損失し，LEDからの光取り出し効率が低下する。LED素子の屈折率は1.7（サファイア）から2.2（GaN），空気は1.0である。このため，封止方法や封止材料において光取り出し効率の向上対策が必要となる。球状レンズ状に2重封止する[13]，封止材料の屈折率を調整する等が検討されている。

4.3　LED封止用フィルム

最近，LED照明用として，フィルム状封止材料（フィルム状にはシート状も含む）が検討されている。主な目的は，封止材料側から放熱する，LEDを一括封止する，の2つである。

(1)　放熱性LED封止フィルム

高輝度LEDの発熱対策として，基板側だけでなく樹脂側からも放熱する方法が検討されている。たとえば，透明性金属フィルムに放熱柱および封止材料を立体的に配置した材料による封止である[14]。透明性金属フィルムは，複数社（大日本印刷，富士フィルム等）が技術発表している[15]。放熱柱は半田バンプ技術，封止材料層は塗布技術を応用できる。これが実用化すれば，LEDの発熱は放熱柱および金属フィルム経由で放熱することが可能となる。

(2)　LEDアレイ封止フィルム

最近，高画質テレビ（4K・8Kテレビ）が話題となっている[16]。これらの液晶表示装置＝L CD（Liquid Crystal Display）用背景灯として整列型LEDが有望視されている。高画質テレビは超大型画面（>55インチ）となり，高鮮明性が要求されるためである。この封止方法として，フィルム状封止材料[17]による一括成形法＝MAP（Molding Array Package）が検討されている。なお，背景灯＝バックライトの光源配置としては，隅置型，側面型（端面型）および整列型がある（図9）。携帯電話では隅置型，通常画質テレビでは側面型が主流である。

5　競合技術

LEDの特徴である超小型に対抗する光源としては，OLED（Organic LED）＝有機ELがある[18]。OLEDは面光源であり，表示装置の軽薄短小化が可能となる。この特徴を活かして，携帯電話等で採用されている。LEDの低消費電力＝省エネ性の競合は，一般照明用途では高周波点灯専用型蛍光灯（Hf-FL）である[19]。この円形型蛍光灯は一般家庭照明，直管型蛍光灯はビル屋内照明で使用されている。また，投光機用としては，高輝度放電ランプ（HID；High Intensity Discharge Lamp）がある[20]。この1種であるメタルハライドランプは，自動車用前照灯として使われている。今後，LEDはこれら光源と寿命面でも競い合うことになる。ただし，最終製品（表示装置，照明器具等）の寿命は，光源だけでなく製品を構成する部品の寿命も影響するので確認が必要である。

6　今後の課題

LEDが更なる発展を遂げるためには，LEDおよび封止材料の性能向上が必要である。LEDは低発熱・高効率化，高輝度化および長寿命化が技術課題である。また，LEDの低価格化も重要である。封止材料は，高輝度照明への対策＝高性能化が課題である。近紫外発光LEDの発熱問題に対応できる耐熱性・耐候性に優れた汎用材料が要求されている。今後，LEDは用途毎に，近紫外光用材料，可視光用材料および赤外光用材料を個別に開発する段階に来ている。また，デザイン照明（例；自動車車幅灯）として，ファッション性を取り入れ新規市場の開拓が望まれる。これらには，半導体関連メーカーだけでなく，異業種メーカーの協力が必要となる。この環境を

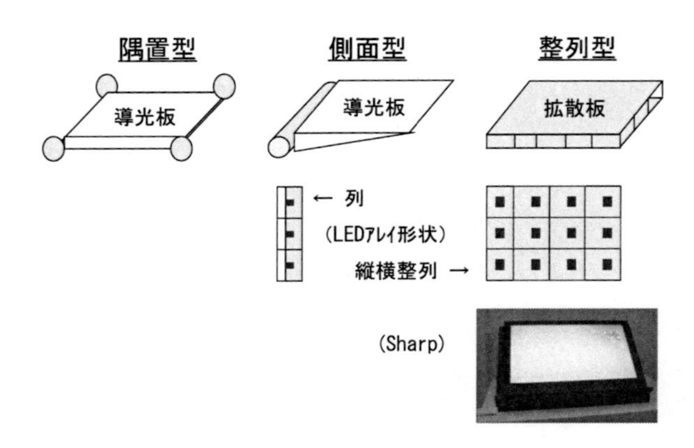

図9　液晶表示装置用LED背景灯（LED Back-Light for LCD）

整備すれば，市場拡大が更に加速することが期待される。なお，LED性能を正確に消費者に伝えることも肝要である。消費者庁が景品表示法違反により12社に措置命令[21]を出したことを忘れないで欲しい。

文　　献

1) 2014年ノーベル物理学賞受賞（www.jsap.or.jp/nobelprize2014/）
2) 「青色LED訴訟の『真実』」，日経ものづくり（2004.06.1）
3) 「白色LEDがあちらにも，こちらにも」，日経エレクトロニクス（2003.3.31）
4) 越部茂，電子材料，**9**, 81 (2005)，越部茂，電子材料，**9**, 31 (2006)
5) 越部茂ほか，特開昭59-133220，特開昭62-108583，特公平05-005244
6) 越部茂ほか，JP3440244, JP3421690, JP3682944
7) OKIテクニカルレビュー，2011年10月 / 第218号 Vol.78 No.1
8) 光源色と演色性（http://www.tlt.co.jp/tlt/lighting_design/design/basic/data/10_22.pdf）
9) 越部茂，電子材料・実装技術における熱応力の解析・制御とトラブル対策，345 (2006)；越部茂，各種光学部材における透明樹脂の設計と製造技術，189 (2007)
10) 越部茂，月刊ディスプレイ，**2**, 65 (2010)；越部茂，高機能デバイス封止技術と最先端材料，114 (2009)
11) 越部茂，LED照明の高効率化プロセス・材料技術と応用展開，303 (2010)；越部茂，透明性を損なわないフィルム・コーティング剤への機能性付与，793 (2012)
12) 「高分子材料の耐候性をパソコンで予測する」，日経ニューマテリアル，**9**, 54 (1989)
13) シャープ技術解説（http://www.sharp.co.jp/corporate/rd/34/pdf/99_p20.pdf）
14) 越部茂，電子材料，**4**, 71 (2009)
15) 富士フィルムニュースリリース，(2009. 4. 14)；大日本印刷ニュースリリース，(2009. 4. 27)

16) 総務省ホームページ（http://www.soumu.go.jp/main_sosiki/kenkyu/4k8kroadmap/）
17) 日東電工ニュースリリース，2013. 2. 15 (http://www.nitto.co.jp/dpage/484.html)
18) 越部茂，機能材料，**8**, 23 (2014)
19) 電球工業会報，**523**, 29 (2011.10)
20) 電球工業会報，**525**, 19 (2012.1)
21) 消費者庁ニュースリリース，平成 24 年 6 月 14 日

第18章　LED用封止材

鈴木弘世*

1　はじめに

発光ダイオード（LightEmittingDiode）は，従来の光源に比べ，高速応答，低消費電力，長寿命，小型軽量化などに優れた特徴を持ち，現在多くの用途に応用されている。一般的なLEDパッケージ構造を図1，図2に示す。主に，イルミネーション，信号機，屋外ディスプレイを中心とした砲弾型LEDを足がかりに，最近では液晶テレビのバックライトや照明用途の高輝度LEDが表面実装（SurfaceMountDevice）型LEDとして商品化され，白熱電球や蛍光灯に代わる光源として目覚しい発展を遂げつつある。このようなLEDの急激な用途拡大や形状変化に伴い，それらに使用されていた封止材も大きな変局点を迎えることとなった。すなわち，従来の赤・黄色系のLEDでは，封止材の黄変性がそれほど問題視されていなかったが，青色LEDの登場によっ

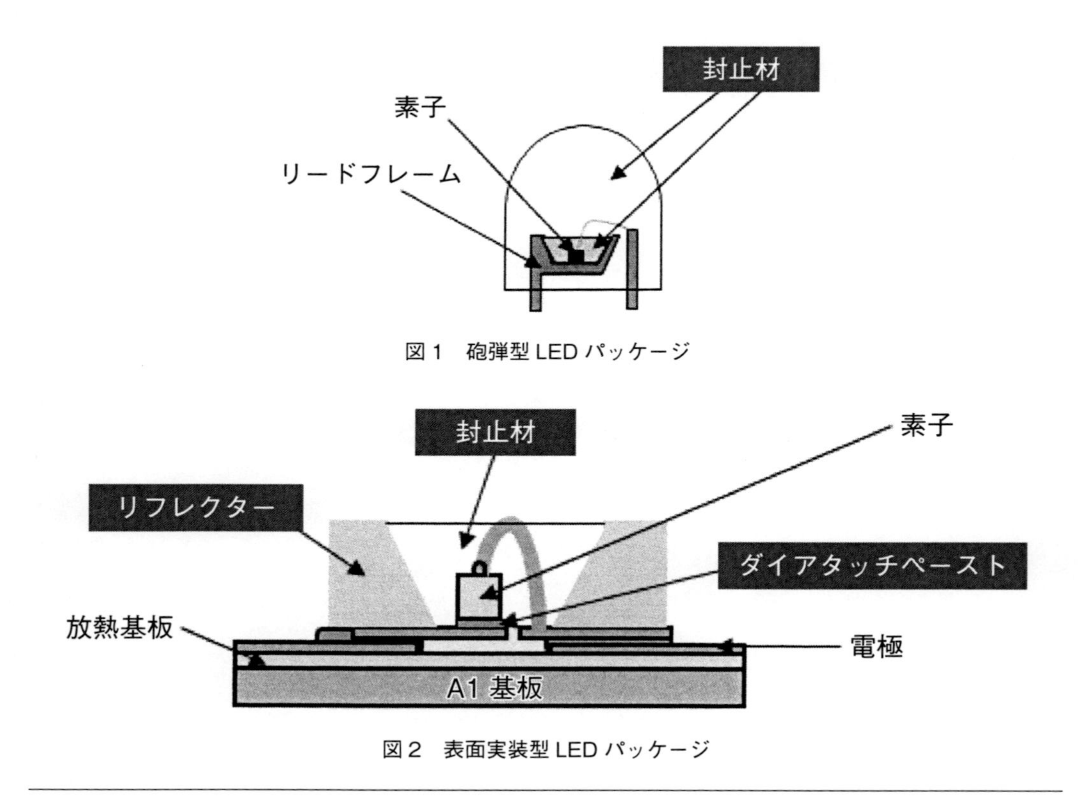

図1　砲弾型LEDパッケージ

図2　表面実装型LEDパッケージ

*　Hirose Suzuki　㈱ダイセル　有機合成カンパニー研究開発センター　研究員

て，光や熱に対しての耐黄変性に優れた封止材が求められることとなった。封止材が，青色と補色関係にある黄色に変色することで，青色の光の取出し効率を低下させ，LEDの光度低下につながるからである。また，屋内から屋外へとその使用が広がると，太陽光や雨水，排気ガスといった新たな劣化因子に対しての耐性が求められることになった。さらに，照明用途のLEDにおいては，LEDの高輝度化に伴い，大電流が通電されるようになり，明るさに比例して発光素子近傍の発熱も大きくなり，LED封止材に今まで以上の耐熱性が要求されている。

エポキシ樹脂系封止材はガスバリア性には優れているが，熱や光（紫外線）による劣化への対策が必要な材料である。本稿では，エポキシ樹脂を用いたLED封止材の変遷およびダイセルのエポキシ樹脂系封止材の高機能化の取り組みと性能評価について述べる。

2　LED封止材の要求特性

LEDデバイスにおいて，発光素子を外的な劣化要因（光，熱，水分，ガス，埃等）から保護し，LEDの高寿命化を支える部材のひとつがLED封止材である。一般的にLED封止材には表1に示す特性が要求される。このような特性は，LEDの消費電力，発光効率，発光色，使用環境，

表1　LED封止材の要求特性

1）透明性
2）耐熱性
3）耐光性（耐紫外線性）
4）ガスバリア性（透湿性）
5）熱衝撃性
6）リフロー耐性
7）外力保護性（強靱性，硬さ）
8）光の取り出し効率（屈折率の制御）
9）接着性
10）熱伝導性
11）蛍光体の分散性

表2　LEDの劣化要因

用途	光（紫外線）	熱	環境ガス
屋内	○	○	△
屋外	◎	△	◎
照明	◎	◎	○
車載	◎	○	◎

◎：特に重要な因子
○：重要な因子
△：考慮すべき因子

製造環境，デバイスの構造，その他の要因によって左右される。一例として，表2に屋内用途，屋外用途，照明用途，車載用途に適用された場合のLEDの劣化要因を挙げた。

3　LED封止材の変遷

半導体用封止材には，エポキシ樹脂がよく利用されている。LED封止材も例外ではなく，特に透明性が高いエポキシ樹脂が使用されてきた。初期にはそのバリエーションの豊富さや機械強度の高さから，図3に示すようなビスフェノール型エポキシ樹脂と酸無水物硬化剤を組み合わせて，加熱硬化させるものが一般的であった。

このビスフェノール型エポキシ樹脂系封止材は，優れた機械強度を有するものの，分子内に紫外線を吸収するベンゼン環骨格を有する。LEDの発する光，屋外使用時の太陽光などによって樹脂は黄変し，透明性の低下が促進される[1]。LEDの屋外用途が広がるにつれて，LED封止材は，光や熱によって黄変しにくく，また硬化後のガラス転移温度が高くガスバリア性に優れた図4に示すような分子内に不飽和結合を持たない「脂環式エポキシ樹脂」[2]が使用されるようになっていった。1990年代に急激に広まったLED信号機やフルカラーディスプレイに代表される屋外用途でのLEDの普及を支えたLED封止材は，これら脂環式エポキシ樹脂系封止材であった。

1990年代後半から2000年代前半にかけて，携帯電話の急速な普及やモバイル型液晶の用途拡

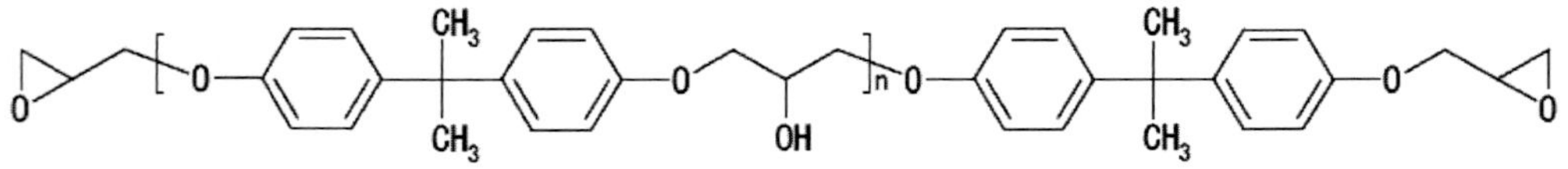

ビスフェノールA型エポキシ樹脂

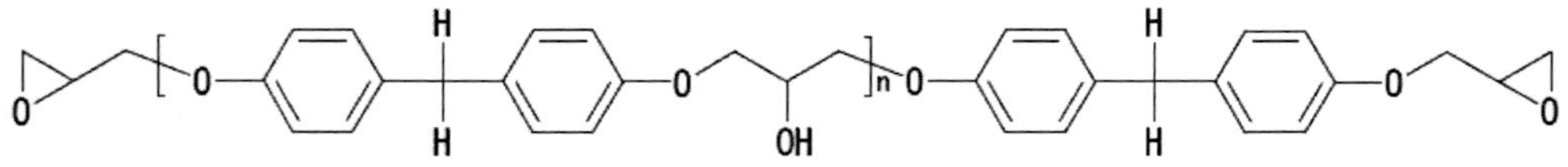

ビスフェノールF型エポキシ樹脂

図3　ビスフェノール型エポキシ樹脂

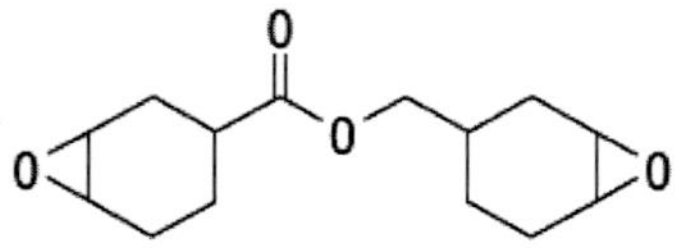

3',4'-エポキシシクロヘキシルメチル3,4-エポキシシクロヘキサンカルボキシレート（セロキサイド2021P）

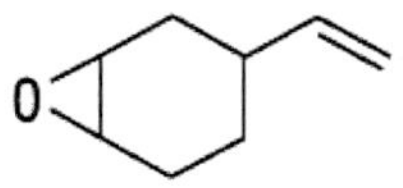

1,2-エポキシ-4-ビニルシクロヘキサン（セロキサイド2000）

図4　脂環式エポキシ樹脂（カッコ内はダイセルの商品名）

大に伴い，液晶バックライト向けのLEDの開発が進められた。冷陰極管に匹敵する輝度を出すためにLEDへの通電量が増し，LED封止材への耐熱要求が一気に高まった。ここで登場したのがエポキシよりも耐熱黄変性の高い「シリコーン樹脂」を使用した封止材である[3)]。シリコーン樹脂系封止材は150℃付近までの耐熱黄変性を有し，現在では液晶バックライトや照明に使用されるLEDの封止材の主流となっている。

4　エポキシ樹脂系封止材の高機能化の取り組みと性能評価

ダイセルは，1978年の上市以降，種々の脂環式エポキシ樹脂の製造・販売を行っている。脂環式エポキシ樹脂は，不飽和結合を直接酸化する製造方法であり，エピクロロヒドリンを原料に用いないため，実質，塩素化合物を含まない。また，いずれの製品も構造中に芳香環を含有しない。これらのことから，一般的なビスフェノール型エポキシ樹脂等と比較すると透明性，電気特性や耐光性において優れる。これらの脂環式エポキシ樹脂の製品開発や改良で得た知見を活かし，従来のエポキシ樹脂系封止材の耐熱黄変性を向上した『セルビーナスWシリーズ』を2009年から本格的に市場投入した。シリコーン樹脂系封止材に関しても，2012年から液晶テレビのバックライト用途や照明用途に使用される，LED封止材の主流となったシリコーン樹脂系封止材のガスバリア性をより向上させた『セルビーナスTシリーズ』の販売を行っている。現在，当社が開発しているLED封止材を表3に示す。

当社は，従来のエポキシ樹脂系封止材で顕著な問題となっている耐熱黄変性に着目し，脂環式エポキシ樹脂の材料設計から機能設計までを行い，従来のエポキシ樹脂系封止材の耐熱黄変性のレベルを上げると同時に，シリコーン樹脂系封止材で問題となっているガスバリア性も解決さ

表3　ダイセルのLEDデバイス用材料（封止材）

<table>
<tr><th>用途</th><th>パッケージ</th><th>樹脂</th><th>品番</th><th>硬度</th><th>特徴</th></tr>
<tr><td rowspan="4">ディスプレイ</td><td rowspan="2">砲弾型LED用</td><td rowspan="5">エポキシ樹脂</td><td>セルビーナスW0715</td><td>ショアD88</td><td>スタンダードグレード</td></tr>
<tr><td>セルビーナスW0915</td><td>ショアD86</td><td>耐熱性／耐光性</td></tr>
<tr><td rowspan="5">表面実装型LED用</td><td>セルビーナスW0970シリーズ</td><td>ショアD85-87</td><td>スタンダードグレード</td></tr>
<tr><td>セルビーナスW0925シリーズ</td><td>ショアD85-87</td><td>耐熱性／耐光性</td></tr>
<tr><td>車載</td><td>セルビーナスW0930シリーズ</td><td>ショアD85</td><td>リフロー耐性</td></tr>
<tr><td rowspan="2">バックライト／照明</td><td rowspan="2">シリコーン樹脂</td><td>セルビーナスT2000シリーズ</td><td>ショアD25-45</td><td>耐硫化性／高硬度</td></tr>
<tr><td>セルビーナスT5000シリーズ</td><td>ショアA45-64</td><td>ゴムタイプ／耐硫化性／耐熱性／耐光性</td></tr>
</table>

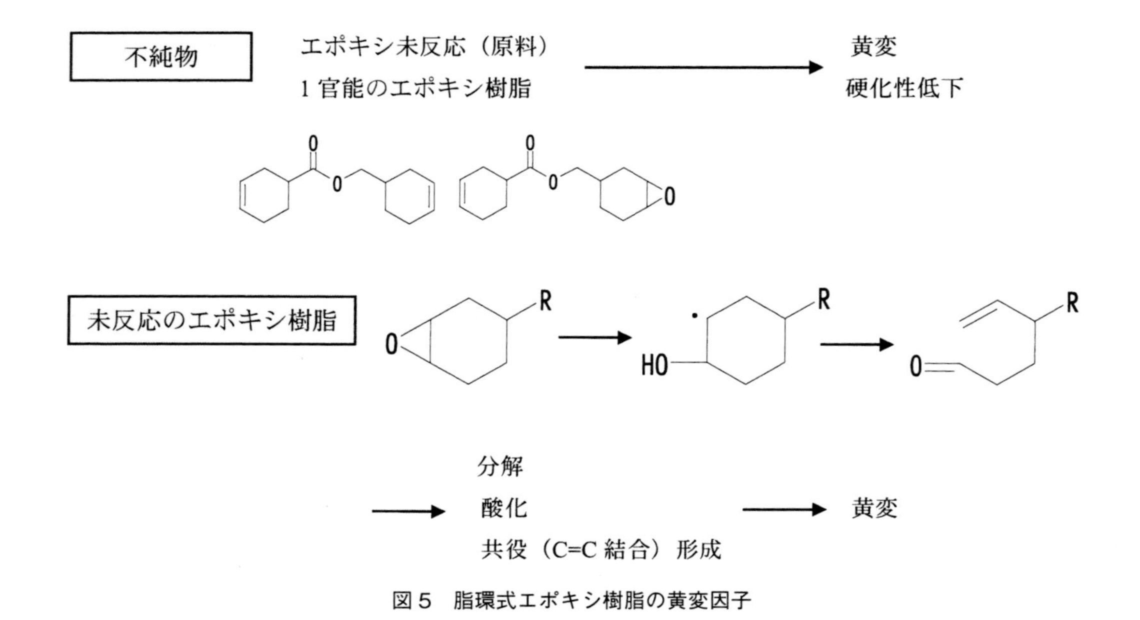

図5　脂環式エポキシ樹脂の黄変因子

せ，市場成長が著しい高輝度 LED に適した封止材の技術開発を進めてきた。

その結果，脂環式エポキシ樹脂系封止材の熱による黄変は，図5に示すような脂環式エポキシ中に残存する不純物量，および硬化後の残存エポキシ量の2つに起因していることを見いだし，原材料にまで遡って，これらを低減させたり除去したりすることによって耐熱黄変性が向上すると結論付けた[4]。

前者については脂環式エポキシ樹脂中に残存する不純物を除去する精製工程を取り入れ，従来製品よりも高純度化した脂環式エポキシ樹脂を製造し，それを封止材の原料として使用した。後者については，エポキシ基の反応挙動を解析し，硬化剤である酸無水物との混合比や硬化温度，硬化触媒を精査し，エポキシ基の反応率が最大となるような最適な硬化条件を見いだした。

上記に基づき開発した新たな脂環式エポキシ樹脂系封止材（セルビーナス W0970）について，その機能をメチルシリコーン樹脂系封止材ならびに汎用エポキシ樹脂系封止材と比較した[4]。青色を発する InGaN 系の素子を配した 3.5 mm × 2.8 mm の PLCC（PlasticLeadedChipCarrier）を用いて高温通電試験（85℃/10 mA 通電）を実施した結果を図6に示す。セルビーナス W0970 は汎用エポキシ樹脂系封止材を上回り，メチルシリコーン樹脂系封止材に匹敵する光度維持率を示した。

さらに，従来の脂環式エポキシ樹脂系封止材は，その耐熱黄変性の限界から，使用電流が 40 mA 以下の LED に限定されて用いられていたが，最近の研究結果から，40 mA 以上の通電試験においても，光度がほとんど低下しない脂環式エポキシ樹脂系封止材（セルビーナス W0925）を開発した[4]。青色を発する InGaN 系の素子を配した 3.5 mm × 2.8 mm の PLCC を用いて高温通電試験（85℃/60 mA 通電），高温高湿通電試験（85℃/85%RH/20 mA 通電）を実施した結果を

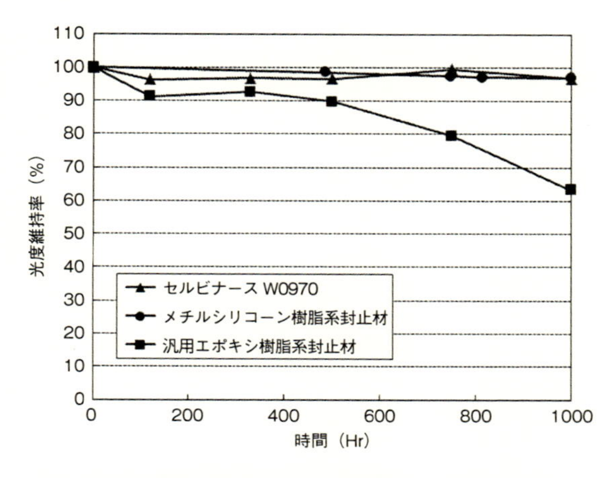

図6　高温通電試験の結果（通電条件：85℃/10 mA）

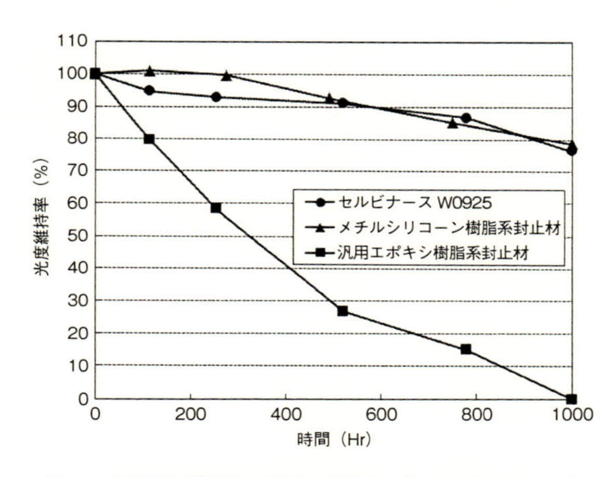

図7　高温通電試験の結果（通電条件：85℃/60 mA）

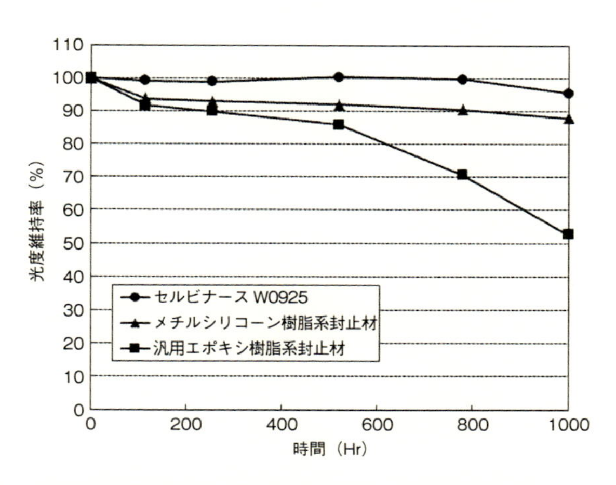

図8　高温高湿通電試験の結果（通電条件：85℃/85%RH/20 mA）

図7，図8に示す。本封止材の耐熱黄変性は，従来の汎用エポキシ樹脂系封止材を大幅に上回り，メチルシリコーン樹脂系封止材と同等のレベルであった。そのため，メチルシリコーン樹脂系封止材では問題となっていた用途における新たな封止材として使用されることが期待できる。現在，『セルビーナス W シリーズ』を国内外で販売している。

5 その他のLEDデバイス材料

現在では，LED 封止材に限らず，ダイアタッチペースト，白色リフレクター材料，レンズ材料，PSS（PatternedSapphireSubstrate）レジスト材料といった LED デバイスに使用できる材料開発も行っており，LED 封止材を軸に LED デバイス材料へのトータルソリューションの提案を進めている。現在，当社が開発している LED デバイス材料を表 4 に示す。

表4 ダイセルのLEDデバイス用材料（その他）

用途	品番	特徴
ダイアタッチペースト	セルビーナス B0512/B0540	エポキシ樹脂透明ペースト / 高密着性
リフレクター	（開発品）	エポキシモールディングコンパウンド / 高反射率
レンズ材料	セルビーナス OUH シリーズ	リフロー耐性 /UV および熱高速硬化
PSS レジスト材料	セルビーナス PUR シリーズ	UV 高速硬化 / 耐エッチング性

6 おわりに

LED の一構成部材に過ぎない封止材であるが，そこにもとめられる要求性能は多岐にわたり，LED の用途展開に伴い，さまざまな検討が行われ，多種多様の LED が生み出されてきた。LED は，低消費電力という点から，地球上の二酸化炭素の排出量削減に寄与する新たな光源として今後もさまざまな用途拡大が続くものと思われる。特に室内照明用途への適用は現在急速に進められおり，大きな期待がもたれている。LED 封止材は，LED の寿命に最も大きな影響を与える材料の一つであり，今後より一層の高機能化が求められる。エポキシ樹脂系封止材ならびにシリコーン樹脂系封止材にはそれぞれ一長一短があり，完璧と呼べる LED 封止材はまだ存在しないといえる。

当社は，単に原材料の供給に留まらず，材料設計から機能設計，さらには問題解決のための評価・解析といった，市場へのトータルソリューションの提案を行いながらも，ますます伸張する LED 市場の発展に貢献し続けたいと考えている。

文　献

1）垣内弘，エポキシ樹脂，303（1970）
2）ダイセル機能性モノマー，オリゴマー樹脂総合カタログ
3）廻谷典行，付加硬化型シリコーン樹脂組成物，特開平11-001619（2002）
4）鈴木弘世，第27回エレクトロニクス実装学会講演大会要旨集，509（2012）

第19章　エポキシ系光導波路

疋田　真[*1]，村越　裕[*2]，都丸　暁[*3]

1　はじめに

通信分野では，石英系の低損失な光ファイバーが実用化され，幹線系における長距離光通信システムが商用化された。さらなる伝送路の大容量化のため，光通信用部品の開発も始まり，多芯化が容易な光ファイバーと同じ材質の石英系光導波路（PLC）も商用化された。そうした背景の中で透明なポリマーを光導波路材料として使用できれば，石英系に比べ，作製が簡便で低価格が期待できると考えられたことから，ポリマー光導波路の研究も活発化した。通常のポリマーは，波長が1 μmを超えると，種々の吸収ピークの高調波成分が現れ，損失を大きくする原因となる。そのためシングルモード光ファイバー通信波長帯の，1.3 μm[1)]や1.55 μm[2)]で，低損失なポリマーが開発され，それらを用いたシングルモード光導波路の作製が試みられた。

その一方，有機非線形材料の非線形光学効果が大きいことから，これを利用したアクティブ光導波路素子が期待された。エポキシ系材料は，1.1 μm以上の波長帯で，損失が大きいことから，シングルモード用としては，このような素子のクラッド用材料として検討された[3)]。シングルモード導波路の研究で，種々の構造が要求されるとき，コア材料としては，1.3 μmや1.55 μmで低損失なものが用いられ，UV硬化型エポキシ樹脂は，クラッド兼構造材料として用いられた。また，幹線系の大容量化に伴い，短距離間での信号処理に対しても大容量化への要求が高まり，光インターコネクションの概念が出てきた。光インターコネクション分野では比較的接続が容易なことから，コア径50 μmのマルチモードファイバーを用いた，0.85 μm帯のマルチモード通信が検討された[4)]。UV硬化型エポキシ材料は，この波長帯で低損失なことから，光導波路の作製が検討された[5)]。このように，UV硬化型エポキシ樹脂は，① 0.85 μm帯のマルチモード導波路と，② 1.3 μm，1.55 μm帯シングルモード導波路のクラッド用構造材料として用いられた。

その後，光インターコネクションへの要求が増し，ポリマー導波路は，この分野の中心材料と考えられ，現在もさまざまな開発が試みられている。電気光混載基板における45度ミラーの作

＊1　Makoto Hikita　NTTアドバンステクノロジ㈱　先端プロダクツ事業本部
営業SE部門　担当部長

＊2　Yutaka Murakoshi　NTTアドバンステクノロジ㈱　先端プロダクツ事業本部
光プロダクツビジネスユニット　担当課長

＊3　Satoru Tomaru　NTTアドバンステクノロジ㈱　先端プロダクツ事業本部
光プロダクツビジネスユニット　担当部長

製[6]や，受発光素子と導波路の結合に関する研究[7]が盛んとなり，量産化に適したスタンパ法[8]やドライフィルムを用いる作製法[9~11]が検討され，さらに，光インターコネクション実装技術との適合性[2]が求められている。

本稿は著者らが実際に検討したエポキシ系光導波路を中心に記載した。まず，最初に光導波路材料として用いたUV硬化型エポキシ材料について述べた。次に，その材料を用いた0.85 μm帯マルチモード導波路について述べる。さらに，シングルモード積層型導波路のクラッド兼構造材料として用いた例について述べ，最後に，その後の展開について述べる。

2　光導波路用UV硬化型エポキシ樹脂

光導波路材料として最も重要な光物性は屈折率と光透過率である。屈折率は光導波路構造の形成，デバイスの光導波特性を決定する重要な物性であり，屈折率の制御が容易な材料は自由度の高い有効な材料といえる。一方，光透過率は光導波路デバイス性能の基本である光損失を決定するため，最も重要な特性の一つである。この他，材料の重要な要因として材料加工性，デバイス形成後の耐久性，信頼性などを決定する機械特性，耐熱性などが挙げられる。この節ではそうした要因から考える光導波路用UV硬化型エポキシ樹脂についてまとめる。

2.1　屈折率とその制御について

UV硬化型エポキシ樹脂は，数種類の反応性オリゴマー，反応性モノマー，光硬化開始剤，接着補助剤を配合することによって硬化前液体を調合する。硬化前液体の屈折率は各原料の屈折率によって決定され，最終的には配合組成の組成比によって決定される。ただ，分子間相互作用が非常に強い場合，分子の大きさが近い場合などには体積比で決定される加成性が成り立たない場合もあり，注意が必要である。また，構成する各原料の分子の屈折率は以下のLorents-Lorentsの式にておおよそ推定できる[12]。

$$\sqrt{\frac{1+2[R]/V}{1-[R]/V}}$$，（n：屈折率，R：分子屈折，V：分子容）

分子屈折を決定するのは原子屈折であり，屈折率はその和によって決定される。また上式において分子屈折をあげれば屈折率は上昇し，分子容をあげれば屈折率は下がることがわかる。有機化合物の場合，構成する元素はC，H，O，N等限られているため，元素による調整範囲は限定される。一般的には屈折率を高める元素としてはCl，Br，I，低くする元素としてはFなどが考えられる。また分子自体の屈折率としては芳香環など密度が高くなるようなものは相対的に屈折率が高くなり，多芳香環，ポリイミド環などを含む分子は屈折率が高くなる[13]。図1はUV硬化型エポキシ樹脂においてフッ素，臭素元素の含有割合と屈折率の関係を示したもので，元素の分子への含有割合を変化させた場合の屈折率との関係を示したものである[14]。対象元素の含有割合を変化させることで，屈折率を変化させることが可能である。こうして調整した分子を各種割合

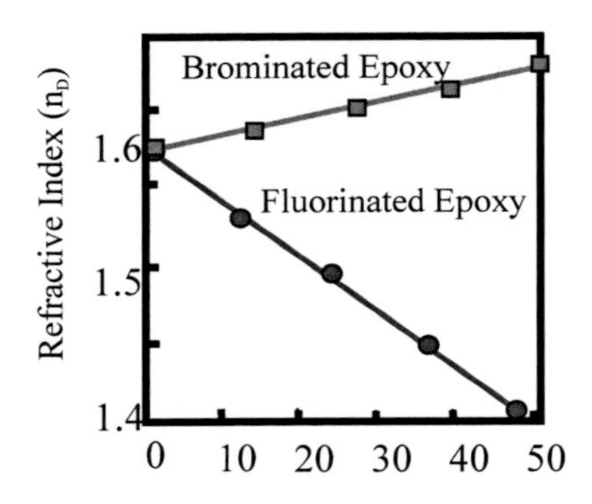

図1　フッ素，ブロム含有率とエポキシ樹脂の屈折率の関係

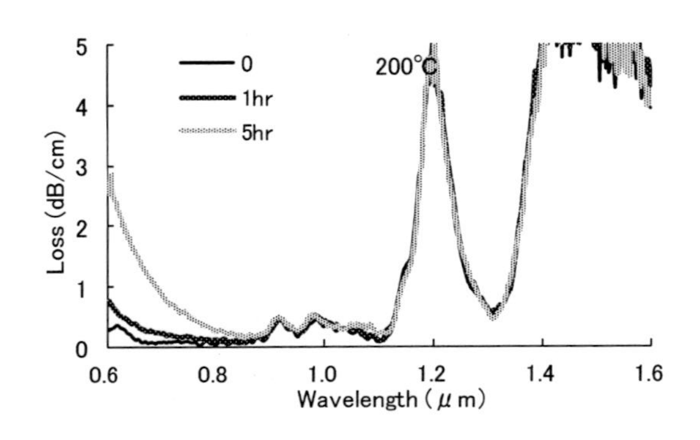

図2　UV 硬化型エポキシ樹脂の導波損失スペクトル

で配合させることによって屈折率調整が可能になるため，ガラス材料，無機結晶材料と比較して導波路構造を形成するクラッド材料，コア材料の選択の自由度が高い。このため UV 硬化型エポキシ樹脂を用いるとコア，クラッドの屈折率差が大きいマルチモード光導波路も比較的簡便に実現可能である。

2.2　光透過率

UV 硬化型エポキシ樹脂を導波路材料として使用する際，その透過率は光導波路の損失を決定する。一般に導波路材料の損失は材料損失，導波路構造に起因する損失に大別できるが，以下に UV 硬化型エポキシ樹脂における材料損失について記す（図2）。

①　電子遷移に起因する吸収損失

UV 硬化型エポキシ樹脂では可視および紫外波長域に存在する電子遷移吸収が考えられる。特に π 電子による吸収はベンゼン環など芳香環に特徴的な吸収で，芳香環への置換基付与により可視領域に吸収が出てくる可能性もあり，置換基の選択には注意が必要である。特に光硬化型エポキシ樹脂では紫外領域に比較的大きな吸収を有する光硬化開始剤を添加するため，同じ配合組成にしたとしても光硬化開始剤の電子遷移吸収により，熱硬化型エポキシ樹脂よりも可視領域での損失は劣化する場合がある。導波路材料として適した波長帯としては0.6-1.0 μm と考えられ，導波路損失の目安となる0.1 dB/cm は電子遷移による吸収をできるだけ排除することにより，容易に達成できる値となる。しかし，0.4-0.6 μm の波長帯での損失は電子遷移吸収の影響を受けるので材料選択には注意が必要であり，できるだけ π 電子を含まないような配合とする必要がある。

② 分子振動に起因する吸収損失

有機材料の主鎖はCH結合を有する材料がほとんどでその分子振動による吸収が赤外領域では顕著でその高調波成分が通信波長である近赤外領域にも存在する。特に1.2 μm 以上の波長ではその高調波成分は無視できないものとなり，UV硬化型エポキシ樹脂はシングルモード光ファイバーの主要な通信波長帯1.2-1.6 μm 帯の導波路材料としては不向きである。導波路損失の目安となる0.1 dB/cm の値を達成するのは非常に困難である。

③ 散乱損失

数種類の原料の配合となるUV硬化型エポキシ樹脂では，各成分の相溶性あるいは硬化時の各成分の反応速度の相違，水分混入により，均一な硬化反応が起こらず，散乱要因となる場合がある。ただし，相溶性のよい配合，硬化反応時の雰囲気に注意することにより，均一硬化を達成することは比較的容易で，損失0.1 dB/cm を達成するのに影響を及ぼすような散乱要因は取り除くことが可能である。

2.3　易加工性

導波路材料としての加工性はいかに簡便にコア，クラッド構造を作製できるかにある。この点，有機物はガラス材料，結晶材料に比較してさまざまな加工手段がとれるため，優位な点の一つとされる。本稿で取り上げているUV硬化型エポキシ樹脂は直接露光法[5]に代表されるウェットプロセスにより容易に導波路構造を実現することが可能である。また，無溶剤型のUV硬化型エポキシ樹脂による膜作製では膜厚の平たん化など容易に達成できるため，多層化など特殊な導波路を作製する際に有効な材料となる。代表的な光硬化型樹脂であるアクリル系に比較して硬化時の酸素阻害が起こりにくい点で，窒素雰囲気下での硬化など必要がなく，加工設備などの面でも有効な材料となる。

2.4　その他の材料特性

導波路材料としてみたその他の特性としては機械特性，高信頼性などが挙げられるが，エポキシ樹脂は主骨格であるエーテル結合を有するため耐熱性は良好で，UV硬化型樹脂であるエステル結合を有するアクリル系などに比較すると加水分解など起こりにくく，信頼性も良好であるといえる。

実際のUV硬化型エポキシ樹脂の例として弊社で導波路材料として販売している樹脂の例を表1に，また表2にこれら材料を用いて作成した導波路の特性例を示した。

表1　光導波路用UV硬化型エポキシ樹脂例

項目		単位	クラッド形成材	コア形成材
			E3129	E3135
粘度	25℃	cP	2,900	2,200
屈折率（硬化前）	nL	－	1.497	1.522
標準硬化条件	UV10 mW/cm^2	min min	UV5 min +150℃1 h	UV5 min +150℃1 h
屈折率（硬化後）	nD	－	1.519	1.541
	0.63 μm	－	1.518	1.538
	0.83 μm	－	1.512	1.532
	1.3 μm	－	1.507	1.526
	1.55 μm	－	1.506	1.524
光透過率	0.4 μm	%（1mm）	12	34
	0.85 μm	%（1mm）	94	93
	1.3 μm	%（1mm）	93	92
	1.55 μm	%（1mm）	88	89
ガラス転移温度	（弾性率測定）	℃	198	222
密度	液体	－	1.14	1.17
	固体	－	1.17	1.19
硬化収縮率	（密度変化）	%	3	2
硬度	Shore D	－	88	88
熱膨張率	25-100℃	℃$^{-1}$	7.6×10^{-5}	7.6×10^{-5}
吸水率	1 mm，24 h	%	1.1	1
加熱減量	100℃100 h	wt%	0.1	0
	150℃10 h	wt%	0.3	0

ご注意）表中の数値は測定値で保証値ではありません。

表2　エポキシ樹種導波路の伝播損失

波長（μm）	0.68	0.83	1.31	1.55
損失（dB/cm）	0.07	0.08	0.50	4.72

3　UVエポキシ樹脂光導波路と直接露光法

コア径50 μmのマルチモードファイバーと低損失に接続できることから，マルチモード光導波路コアの大きさは，40～50 μm角となる。図3に，作製したUV硬化エポキシ樹脂を用いたマルチモード導波路を示す。図2には，作製した光導波路の損失スペクトルと，併せて，200℃での耐熱試験結果も示した。光導波路は，1.1 μm以下で低損失なことがわかる。特に，0.85 μm付近では，低損失である。ポリマー導波路で，常に議論される問題は，実装工程でのハンダ耐熱性と実装環境に対する耐久性である。200℃，1時間程度では850 μm帯で損失の増加はみられないが，5時間では損失の増加がみられる。損失の増加は，短波長側からはじまり，その裾野が時間とともに長波長側に伸びてくる。これに比べ，長波長側のスペクトルには，大きな変化はみられない。このように，加熱による損失の増加は，長波長側での吸収スペクトルの変化よりも，紫外線領域の損失増加に伴い，その裾野が長波長領域に広がることによる増加であることがわかり，2節で説明した電子遷移に起因した吸収が大きく影響していることがわかる。

図4に，種々のポリマー光導波路作製法を示す。(a)は，RIE（反応性イオンエッチング：Reactive Ion Etching）とフォトリソグラフィーを用いた光導波路作製法で，石英系光導波路とほぼ同じ作製法である。この方法では，コア作製にRIEを用いるため，エッチング時間もシングモード導波路に比べ，4〜5倍の時間を要する。このため，ポリマーの特徴を生かした新しい作製方法が検討された。

UV硬化エポキシ材料は，見方を変えると，ネガ型レジストの一種とみることができる。この視点から，光導波路を作製したのが，直接露光法である[5]。通常，石英系の導波路は，RIEで，コア構造を作製するため，高価な真空装置が必要になり，上述したように時間がかかる。RIE行程を省略できれば，作製時間も大幅に短縮ができる。このような，真空装置を必要としない導波路作製法として，直接露光法が提案された。RIEエッチングと直接露光法により作製したコアの

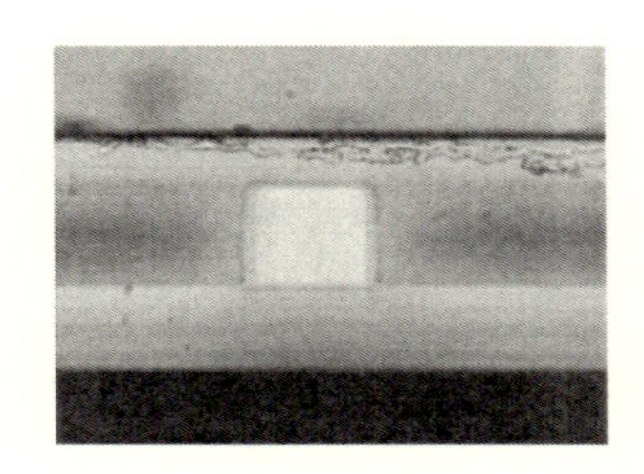

図3　直接露光法で作製したエポキシ導波路（コアサイズ約40 μm角）

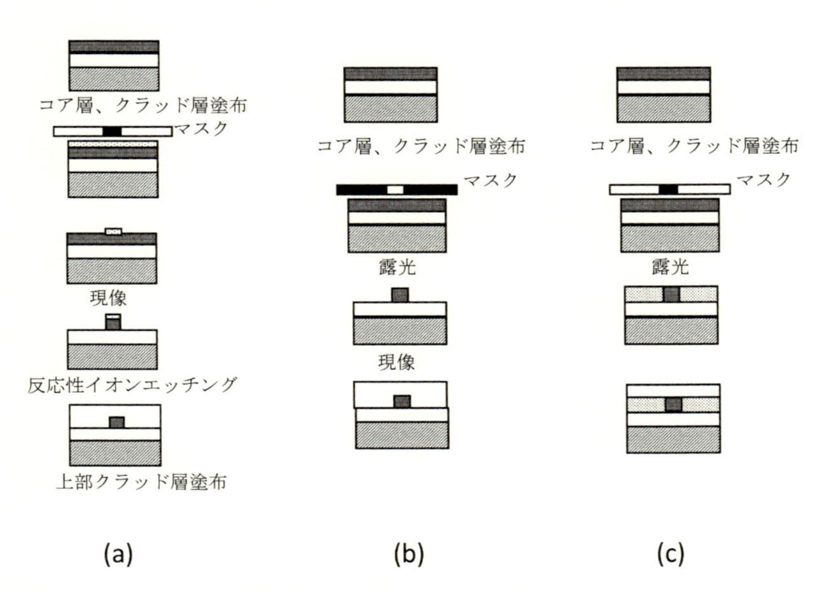

図4　ポリマ光導波路の作製法(a) RIEとフォトリソグラフィー，(b)直接露光法，(c)フォトブリーチ法

断面SEM写真を図5に示す。(a)を見ると，長時間RIEエッチングすることにより，壁面が凸凹に荒れている。これに比べ，(b)の直接露光でコアを作製すると，コア断面は，RIEに比べ，滑らかであることがわかる。端面の平滑さの影響は，曲り導波路での損失特性に顕著なことが予想されるため測定を行った（図6）。RIE法で作製した曲り導波路では，曲り半経が大きなところから損失が増加するが，直接露光法で作成した導波路は，曲りに対して，損失特性が優れていることがわかる。このように，導波路壁面の滑らかさは，導波路損失に影響を与える。特に，曲り導波路では顕著である。直接露光による作製法では，こんなところにも利点をみることができる。

マルチモード導波路は，大容量のインターコネクションに用いられることが要求され，より機能的な使用方法が期待される。光を90度光路変換するための45度ミラー作成も検討された。作製法としては，まず，ダイシングソーで切断すること[6]が検討された。その理由としては，

① 機械加工によると，45度のミラー角度が正確に形成されること。

② ダイシングソーは，研磨するように切断面が現れるため，ひずみやたわみ無しにコア，クラッド切断面を形成することができる。

(a)

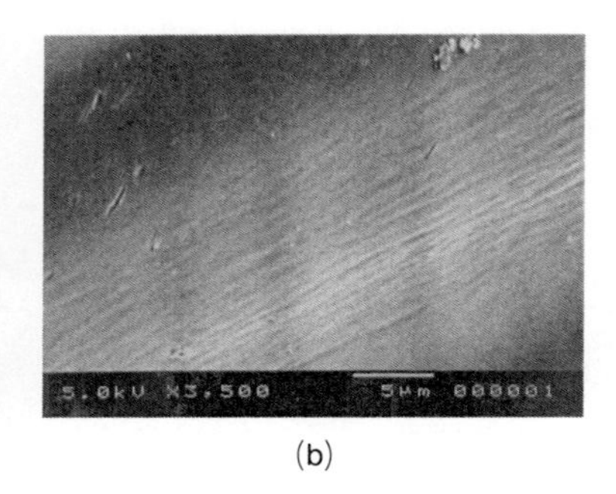

(b)

図5　2種類の方法で作製したコアリッジの断面SEM写真(a)RIE法，(b)直接露光法

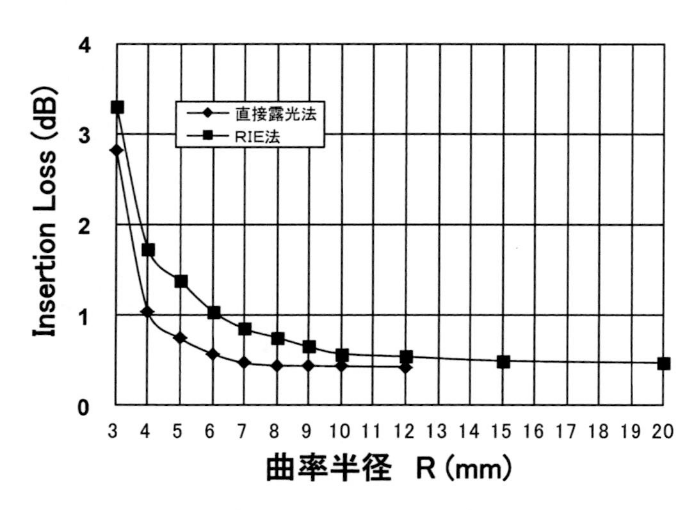

図6　コア断面の作成の差による導波路曲り損失

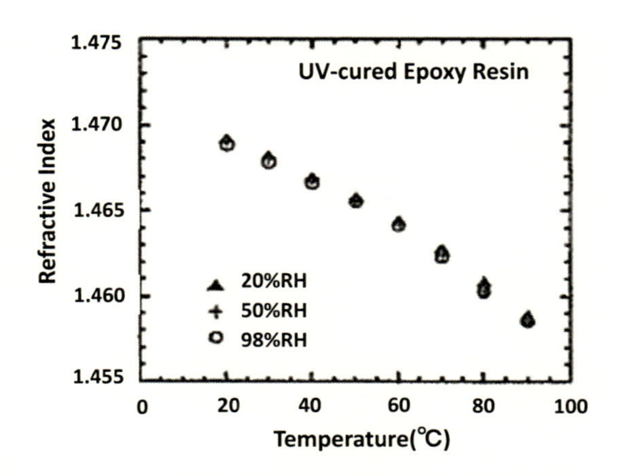

図7　UV 硬化エポキシ樹脂屈折率の温度，湿度依存性[16]

等があげられる。通常の切削は，押切のようになり，コア・クラッド構造にひずみが出る。また，開発当時のレーザ加工の技術では，ポリマー断面がきれいではなく，45度の角度が正確に加工できなかった。その後，レーザ加工技術の進展に伴い，精度の高い，45度ミラー面が作製できるようになった[2]。また，エポキシ導波路を基板から剥離し，ポリマーが本来有するフレキシビリティーを生かした光導波路が作製された。初期のインターコネクション研究のモジュールにも適応された[7,15]。このようなモジュール作製では，無機材料とポリマーの熱膨張係数の差が大きな問題となる[7]。また，屈折率の温度依存性も十分考慮することが必要で，UV 硬化エポキシ樹脂の測定例を図7に示す[16]。使用方法は，無機材料を用いた光導波路では，適応が困難であり，ポリマーの特徴を生かした使用方法である。

4　積層導波路用クラッド材料としてのエポキシ材料の特徴

UV 硬化型エポキシ樹脂は，屈折率制御以外に，無溶媒のオリゴマー集合体からできていることから，以下のような特徴を有する。この特徴が種々のポリマー導波路のクラッド兼構造材として用いられる理由である。

① 屈折率調整が容易であるため，コア材料に適した屈折率のクラッドとして，用いることができる。

② 無溶媒のオリゴマーであるため，多くの他材料と混合しないこと。言い換えると，種々のポリマー上に，薄膜が用意に作製できる。また，オリゴマーを UV 硬化すると，不溶の表面が形成され，その上に，種々のポリマー薄膜が形成できる。

③ 溶液状のオリゴマーを用いるため，UV 硬化する前は，液体状である。このため，凸凹平面に，スピンコートで薄膜を形成すると，薄膜の上部が平坦性に優れる。この性質を利用し，積層構造等の複雑な形状の光導波路が容易に作製できる。

④ スピンコート膜の膜厚と回転数の関係が明確であるため，膜厚の制御性に優れる。
⑤ 耐熱性が200℃以上である。

UV硬化エポキシ樹脂は，最初は，非線形ポリマー材料をコアとして用いた導波路材料のクラッドとして用いることで，これらの特徴が発揮された。当初大きな非線形効果をもつ，ポリマー材料がいくつか合成された。これを導波路構造にして，光通信のアクティブ素子（たとえば，変調器）として用いることが期待されたが，非線形材料を含む，光導波路素子の作製は困難であった。非線形材料を導波路構造にするためには，クラッド材料の屈折率をコア材料に合わせて制御することが必要である。この点，本材料は，屈折率制御範囲が広いことから，クラッド材料として適している。また，多くのポリマーは，非線形材料の溶媒にも溶け，材料同士が混合し，導波路構造が実現できない。これに比べ，UV硬化エポキシ樹脂は，屈折率調整ができ，しかも，非線形材料と混合することが比較的少ないため，種々の導波路構造が作製可能である。またクラッド上部の平坦性に優れているため，コアを積層にすることも容易である。この特徴を踏まえ，縦方向に光路が存在する変調器が作成された[17]。これは，将来の3次元光回路を念頭に置いたもので，UV硬化エポキシ材料の特徴を用いることにより，作製している。さらに，非線形材料と屈折率と同じエポキシ材料をコアに用い，周期的なグレーティング構造の光導波路を作製した。グレーティング周期は，40～1000まで作製し，0.005 dB/pointという大変小さい接合損失で，導波路を作製した。さらに，この周期構造により，第2高調波発生の発生を光導波路構造で実験を行い，アクティブ素子への適応を示唆した[18]。このような複雑な構造を実現しているのは，先に述べたUV硬化エポキシ樹脂の特注をフルに活用したからである。

5 UV硬化エポキシ樹脂光導波路の応用展開

基本的には，これらの特徴を使いながら作製した積層構造光導波路を種々の応用に，適応している。例を挙げると，宇宙通信用レーザ光検出導波路[19]，大容量レーザ通信用光アンテナ[20]，ELの可視光を通信に用いるためのEL受発光素子用フレキシブル光配線[21]，ホログラムメモリー[22]，近接場光を利用した光メモリー[23]等，種々のアイデアを検証するための実証実験ツールの一つとして，使用されている。これも，エポキシ樹脂導波路の構造材料としての使いやすさが示されている。光インターコネクションの分野では，フィルム状態の導波路[24]，各種モジュール用基板での，受発光素子での複雑な回路への適応を目指した交差導波路[25]，受発光素子との接合に使用された。エポキシ樹脂に限らず，種々の耐熱性ポリマーで，受発光素子との結合が検討された。2010年以降，さらなる大容量化が期待され，1.3 μm帯の使用を念頭に置いた，シリコン導波路チップ内，チップ間配線用の3 μm角シングルモード導波路が作製された[26]。また，超大容量通信を考慮したマルチコアファイバーの分野で，一芯のシングルモードファイバーとの接続部品のクラッド材料兼構造材料として，UV硬化エポキシ樹脂が検討されている（図8）[27]。

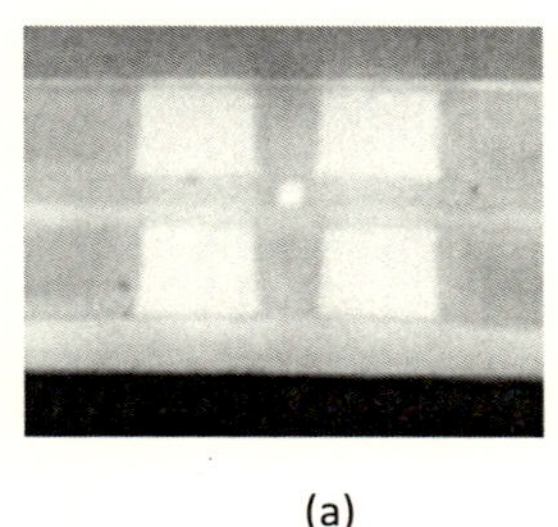

(a)

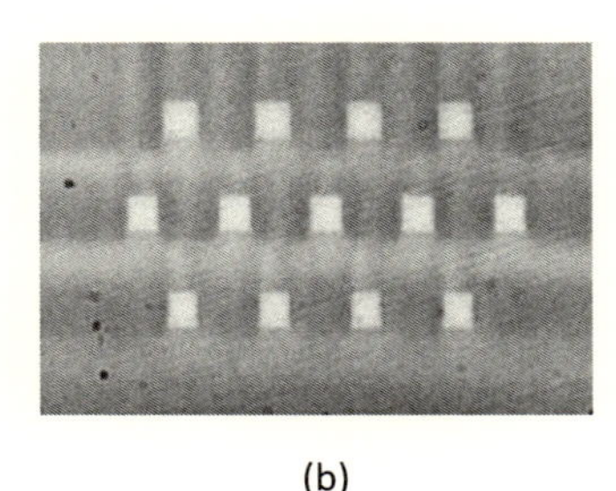

(b)

図8　(a)宇宙通信用レーザ光検出導波路[19]，(b)大容量レーザ通信用光アンテナ[20]

文　　献

1) S. Imamura, R. Yoshimura and T. Izawa, Electron. Lett., **27**, 1342 (1991)
2) 武信省太郎，光配線実装技術ハンドブック（三上修監修），オプトロニクス社（2008）
3) T. Watanabe *et al., J. Appl. Phys.,* **83**, 639 (1998)
4) M. Hikita *et al., IEEE J. Select. Topics Quantμm Electron.,* **5**., 1237 (1999)
5) K. Enbutsμ *et al., Nonlinear Optics,* **22**, 441 (1999)
6) R. Yoshimura *et al., Jpn. J. Appl. Phys.,* **37**, Part 1, No.6B, 3657 (1998)
7) M. Usui *et al., IEICE Trans. Electron.,* E81-C, **7**, 1027 (1998)
8) J. Kobayashi *et al., Jpn. J. Appl. Phys.,* **52**, 072501 (2013)
9) Y. Takezawa *et al., J. Appl. Polym. Sic.,* **46**, 2033 (1992)
10) T. Shibata *et al.,* Proc. 2008 ECTC, p.261 (2008)
11) 近藤，中柴，橋本，パナソニック電工技報，vol.56, No.4, p.51 (2008)
12) スリーボンドテクニカルニュース　No.63　(2005)
13) http://www.op.titech.ac.jp/polymer/lab/sando/index.htm
14) NTTアドバンステクノロジ株式会社　技術データ
15) 高崎，山口，柴田，牧野，落合，高橋，日立化成テクニカルレポート，No.48, p.17 (2007)
16) T. Watanabe *et al., Appl. Phys. Lett.,* **72** (13) 1533-1535 (1998)
17) M. Hikita *et al., Appl. Phys. Lett.,* **63**, 1161 (1993)
18) S. Tomaru *et al., Appl. Phys. Lett.,* **68**, 1760 (1996)
19) W. Klaus *et al.,* Conf. Digest of 2000 LEOS Europe, 17-15 CTuL6 (2000)
20) T. Akiyama *et al.,* to be published in IEEE. J. Lightwave Technol. (2001/10)
21) Y. Ohmori *et al., Nonlinear Optics,* **22**, 461 (1999)
22) S, Yagi *et al.,* ISOM/OD' 99, Hawii, USA, (1999)
23) T. Ohkubo *et al., J. Info. Storage Proc. Syst.* **2**,. 1. (2000)
24) 宗，エレクトロ実装学会誌，**10**, 131 (2007)
25) T. Sakamoto *et al., J. Lightwave Technol.,* **18**, 1487 (2000)
26) A. Sugama *et al., Opt. Express,* **21** (20), 24231 (2013)
27) T. Watanable, M. Hikita and Y. Kokubun, *Opt. Express* **20** (24), 26317 (2012)

第Ⅵ編　環境対応型エポキシ樹脂

第20章　エポキシ系基板からの資源回収技術

加茂　徹*

1　はじめに

人類が現状の採掘技術で利用できる資源は地表から深さ20～30 kmの地殻部分に限られるため，有史以来採掘してきた累積資源量（地上資源）と地殻内の埋蔵量（地下資源）とを比較すると，金や銀等のいくつかの鉱物についてはすでに地上資源が地下資源を上回ったと推定されている（図1）[1]。1992年のリオデジャネイロの地球環境サミットでは，持続可能な発展を実現する手段として有限な資源を効率的に使用する循環型社会の構築が提案されているが，これは遠い将来の予測や地球環境を保全するための理想論ではなく，資源を循環して利用しなければ発展に必要な資源量を確保できない状況に人類がすでにあることを示したものである。

近年，中国等の新興工業国の急速な経済成長に伴い，電気電子製品の製造に不可欠な貴金属やベースメタルおよびレアメタル等の資源への需要が急増している。特にレアメタル等の一部の鉱物資源は産地が偏在し，ベースメタル等に比較して需要規模が小さいために投機の対象になり易く，市場価格は激しく変動する傾向がある。また，資源ナショナリズムの高揚に伴い資源の囲い

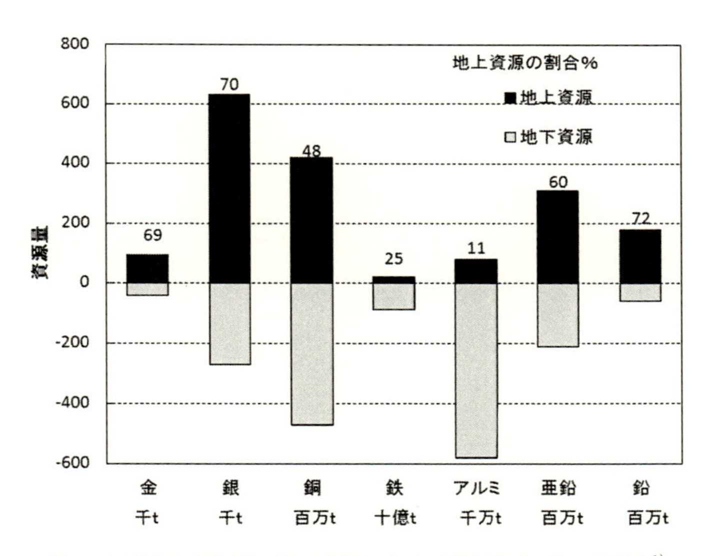

図1　累積採掘資源量（地上資源）と未採掘資源量（地下資源）[1]

＊　Tohru Kamo　㈱産業技術総合研究所　環境管理技術研究部門　吸着分解研究グループ　研究グループ長

込みや外交の道具に利用する動きが活発化しており，将来深刻な供給不足が起きる可能性が指摘されている。

パソコンや携帯電話等のIT機器には銅や金等の有用金属が含まれており，国際連合環境計画（UNEP）は1年間に廃棄される使用済み電子機器に含まれる金属資源の総額は4640万ドルにも達すると推定している[2)]。先進工業国で廃棄された使用済み電子機器の多くは合法・非合法の経路を経て人件費が安く環境規制が緩い途上国へ流れ，使用済み電子機器からの資源回収は現地で重要な産業となっているが，その利益を享受しているのは一部の人々に限られている。電子機器には鉛等の有害金属も多く含まれているため，不適切な処理を行うと作業者や大気・土壌・地下水に深刻な影響を与える可能性が高い。使用済み電子機器を輸出する排出国は，使用済み電子機器を単なる有価物の貿易と扱うのではなく，途上国の政治的かつ社会的に弱い立場の人々が置かれている状況を考慮して適正に輸出することが求められている。

電子機器の中で特に電子基板に金等の有用金属が多く使用されており，エポキシ基板やフェノール基板を効率的に処理できる技術の開発が課題となっている。エポキシ樹脂は，分子内に2個以上のエポキシ基を有する原料を硬化剤で架橋した三次元の網目構造を有し，加熱しても低分子化せず，耐熱性が高く電気伝導性が低い等の優れた性質を有するために基板や電子素子の封止材として多用されている。特に電子基板に使用されるエポキシ樹脂の多くはビスフェノールA骨格を有し，ガラス繊維と一体化し易くするために粘度の低い無水フタル酸等の酸無水化物が硬化剤として使用されており，架橋にはエステル結合が含まれている（図2）。フェノール樹脂にはメチレン鎖（$-CH_2$）で結合されたノボラックと，分子内にメチロール基（$-CH_2OH$）を持つレゾールがある。ノボラックフェノール樹脂は熱可塑性で，硬化させるためには硬化剤（たとえばヘキサメチレンテトラミン）を添加しなければならない。一方，レゾールフェノール樹脂は加熱すると不可逆的に自己硬化して巨大分子となり，電子基板等に利用されている。

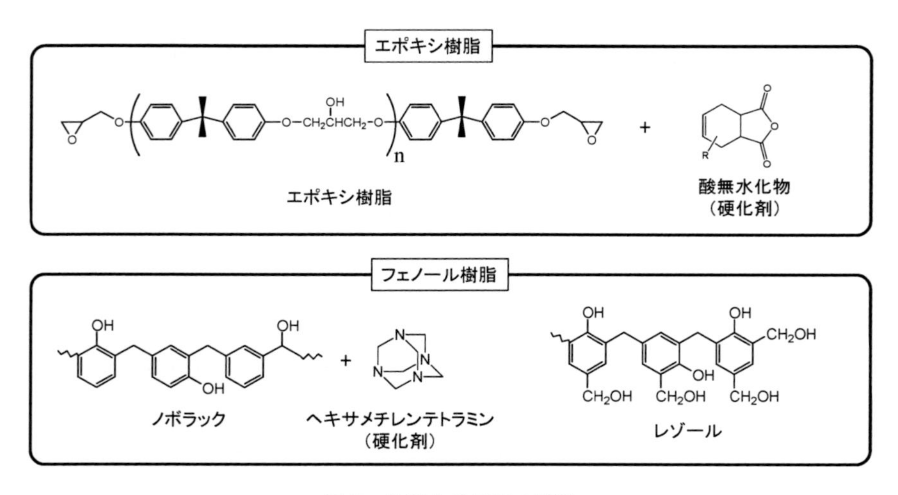

図2　熱硬化性樹脂の構造

本稿では，電子基板から資源を回収する手法として，最近開発が進められているエポキシ樹脂やフェノール樹脂の可溶化法や水蒸気ガス化法等の分離回収技術を紹介する。

2　使用済み電子機器の発生状況

日本では毎年およそ250万トン[3)]の使用済み電気電子機器が排出され，家電リサイクルで対象となっている6大家電は67万トン，小型電子機器は49万トンを占めると推定されている（図3）。家電リサイクル法は，EPR（拡大生産者責任）によってリサイクルの主体者が明確化され，リサイクル料を排出者から徴収していることもあって比較的上手く制度が運営されているが，それでも全体の約1/3が法律以外の経路で処理されていると推定されている[4)]。携帯電話やパソコンには金等の貴金属の他にタンタルやネオジム等のレアメタルが多く使用されており[5,6)]，使用済みの小型電子機器は鉱物資源の乏しい日本にとって重要な国内資源といえる。しかし実際に法律で定められたルートで回収されているパソコンや携帯電話は，年間に出荷される量の約4%[7)]あるいは23%[8)]程度に過ぎず，自治体で回収された電子機器類はこれまでほとんどが埋め立て処理されてきた。小型家電リサイクル法の主な目的は，これまで埋め立て処理されてきたこれらの資源を回収し再利用することにある。

電子基板やその周辺部品には，絶縁材や難燃剤として塩化ビニルや臭素系化合物が使用されており，特にダイオキシンの発生を触媒として加速する銅が多く含まれているために単純な焼却処理はできない。現在，電子基板から金属を回収する場合は手作業で基板を取り出した後，不活性ガス雰囲気下で乾留熱分解した後に非鉄精錬炉に投入されている。しかし熱硬化性樹脂を乾留熱分解すると塩素や臭素等のハロゲン化合物を多く含む残渣が発生し，その際に酸化され易いレアメタル等はスラグとなりリサイクルすることはできない。

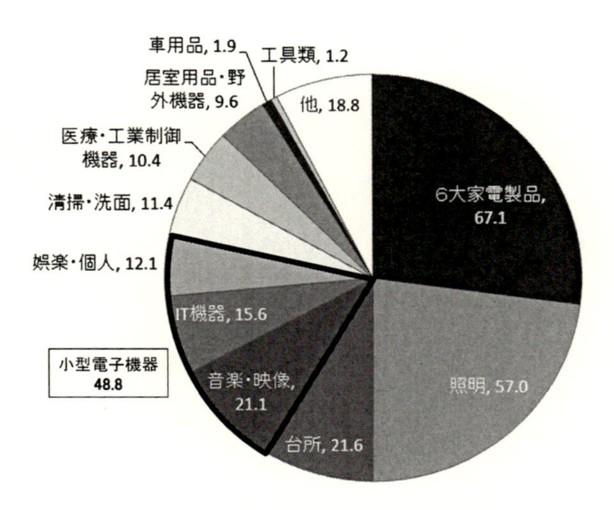

図3　使用済み電気電子機器の発生量

3　使用済み電子基板からの資源回収

3. 1　水素供与性溶媒

高分子に水素を供与しながら低分子化する手法は，20 世紀初めに石炭を液化する目的で Bergius によって発明され，1931 年にノーベル化学賞が贈られた。石炭は，1～4 個の縮合多環芳香族化合物が炭素や酸素等の架橋で立体網目状に繋がった化合物で，架橋結合を切断するために 400～500℃の温度と，生じたラジカルを速やかに安定化させるための水素が必要である。当初は気相水素から直接水素を供与していたために超高圧水素が必要であったが，その後，部分水素化させた芳香族系溶媒を介すると効率的に水素を供与できる技術が開発され，反応条件は温和化された（図 4）。

ナフタレンの一方の芳香環が水素化されたテトラヒドロナフタレンは，400℃以上に加熱すると 4 つの水素を放出してより安定なナフタレンに転換するために水素供与性溶媒として知られている。テトラヒドロナフタレン中でエポキシ樹脂を熱分解すると，350℃付近でエポキシ樹脂の原料の一つであるビスフェノール A の収率が最大となり，反応温度がさらに高くなるとビスフェノール A が分解してフェノールとイソプロピルフェノールの収率が増加することが報告されている（図 5）[9]。380℃で硫化鉄（酸化鉄＋硫黄）あるいは炭酸ナトリウムを添加した場合，フェノール類（フェノール，イソプロピルフェノール，イソプロペニルフェノール）およびビスフェノール A の収率はそれぞれ 6.2%，3.5%（硫化鉄）および 13.8%，4.8%（炭酸ナトリウム）であった。440℃でエポキシ樹脂を処理した場合，重質液成分の収率が減少して軽質液成分の収率が最大となり，ビスフェノール A はほとんど検出されず，生成物の軽質化が促進された[10]。

著者らはノボラックフェノール樹脂を硫化鉄共存下，テトラヒドロナフタレン中 440℃で 60

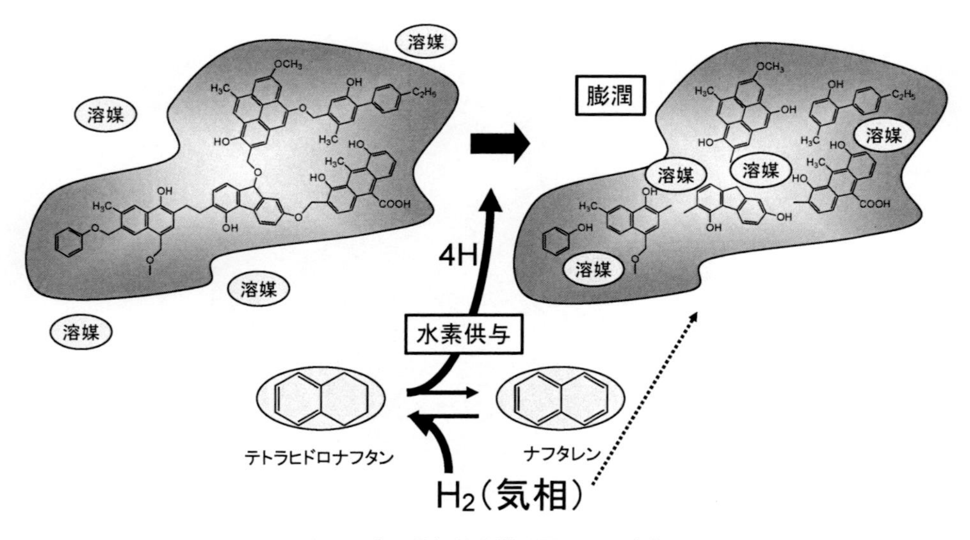

図 4　水素供与性溶媒を用いた可溶化

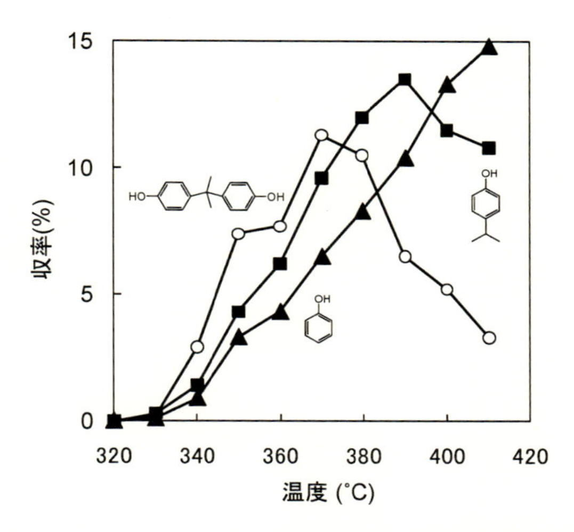

図5　テトラヒドロナフタレン中でのエポキシ樹脂の分解生成物の温度依存性[9]

分間処理すると大部分が可溶化されることを見いだした[11]。またヒドロキシル基の置換位置が異なるビスフェノールFをモデル化合物として用いた実験から，フェノール樹脂の基本骨格であるメチレン鎖はテトラヒドロナフタレン中でもほとんど分解されないが，ヒドロキシル基がオルソ位に置換されたビスフェノールFは比較的良く分解され，反応中間体であるケト－エノール互変異性によるケト体が分解反応において重要な役割を担っていることを報告している[12]。

テトラヒドロナフタレンはエポキシ樹脂やフェノール樹脂を分解するために有効な溶媒であるが，溶媒が比較的高価であり，水素供与性は沸点よりも高い温度で発現するために加圧下で処理しなければならない等課題も多い。

3.2　超臨界溶媒

臨界点付近で物質の状態は大きく変化し，気体分子と同程度の運動エネルギーをもち液体程度の密度を有する流体を作り出すことができる。特に誘電率やイオン積等を大幅に連続して制御できるため，通常の有機溶媒とは異なる反応場を利用して多くの研究論文が発表されている。プラスチックのリサイクルでは，安価で安定な水やアルコール類が主に溶媒として利用されている。

エポキシ樹脂を250℃以上25 MPaの超臨界水中で30分処理すると，エポキシ樹脂はメタノール可溶分に分解され，300℃でほぼ完全に分解された（図6）[13]。液体に近い密度を有する380℃では加水分解が優先的に進行し，450℃以上では加水分解に加えて熱分解フラグメントの再結合が併発して残渣が増大した。生成物は主にビスフェノールA由来のモノマー類（フェノール，4－イソプロピルフェノール，4－イソプロペニルフェノール）と硬化剤由来の芳香族カルボン酸で，フェノール類モノマーの最大収率は15％であった。超臨界水中での生成物には，3－フェノキシ－1,2－プロパンジオールが存在することから，エポキシ樹脂のエステル結合やエーテル結合の加水分解が起きていると推定されている[14]。

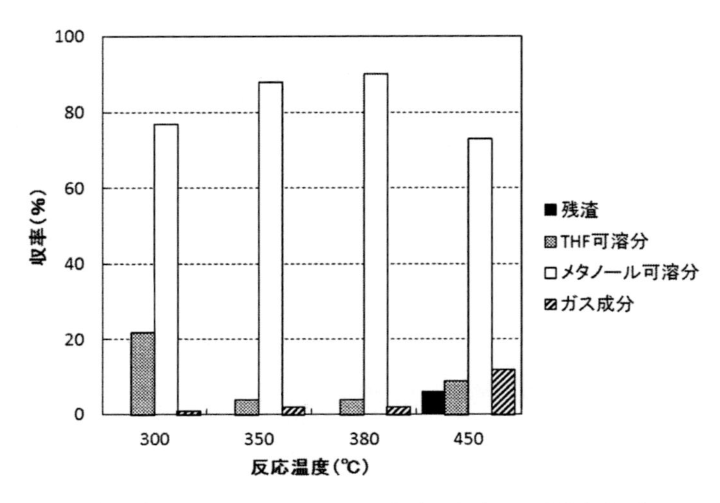

図6　エポキシ樹脂の超臨界水中での分解における各成分収率の温度依存性（25 MPa, 30 分）[13]

フェノール樹脂は不活性雰囲気下で熱分解しても分解率は120分で15%程度であるが，超臨界水中では400℃，37 MPaで33%，480℃，37 MPaで71%に達した[15]。またフェノールを溶媒として用いた場合，350℃，6.5 MPaの亜臨界条件下60分でほぼ完全に分解した。フェノール樹脂の分解に伴って溶媒フェノールは原料の50〜100%に相当する量が消失することから，メチレン鎖の開裂の際にフェノールが生成物に取り込まれたと推定される。分解反応速度は試料の比表面積に比例し，架橋密度が小さくなるに従って増加し，アレニウスプロットから活性化エネルギーは92.1 kJ/molと算出された。

超臨界流体を用いたプラスチックのリサイクルは通常の熱分解に比べて短時間で高いモノマー収率が得られるため，エポキシ樹脂やフェノール樹脂だけでなくポリエチレンテレフタレート(PET)，不飽和ポリスチレン，架橋ポリエチレン等多くの素材に適用されて数多くの研究論文が報告されているが，高価な高圧反応装置を用いなければならない点が最大の課題となっている。

3.3　エステル交換反応

プリント基板に使用されるエポキシ樹脂には酸無水化物が硬化剤として使用されているため，架橋部にはエステル結合が含まれている。エステル結合は加熱しても開裂し難いが，酸やアルカリ触媒を添加したアルコール系溶媒中では溶媒分子とエステル交換して容易に開裂することが知られている（図7）。特にベンジルアルコールはクレゾール等他の芳香族系アルコール溶媒に比べて毒性が低く，廃棄されたFRP製の船舶[16]やエポキシ樹脂[17]等の可溶化溶媒として実用化への研究が進められている。しかしベンジルアルコールは比較的高価で加熱すると一部がフェニルアルデヒド等に分解され，溶媒を完全に回収・再利用することは困難で新しいベンジルアルコールを補充しなければならない。また，ベンジルアルコールの沸点以上の温度で運転できないため，処理速度が遅く可溶化処理に数十時間を要する場合もあった。

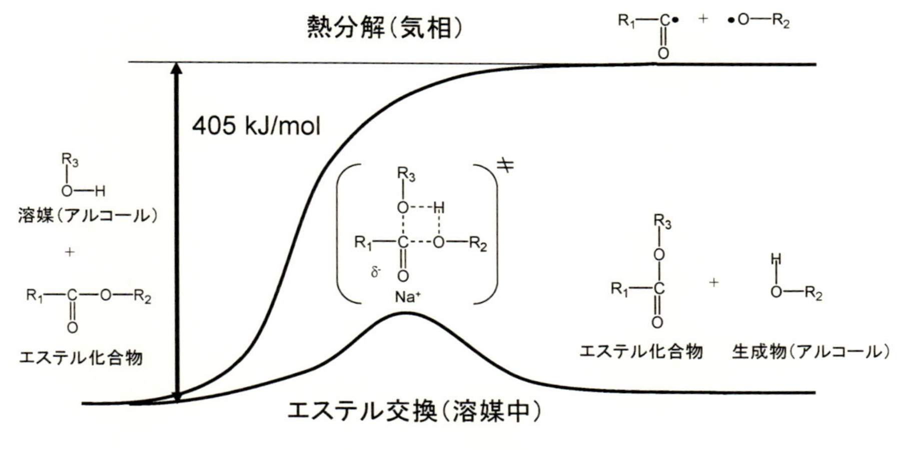

図7　エステル交換反応

杉等のバイオマスを500℃以上で乾留して得られるタール状生成物にはリグニン由来のクレゾール系化合物が多く含まれている。著者らはタール状生成物から軽質留分を除いた重質タール中でエポキシ樹脂を大気圧下220℃で加熱処理すると約50%が可溶化され，2.0 MPa，250℃では完全に可溶化されること見いだした[18]。タールに含まれる水素と炭素の比（H/C）および酸素と炭素の比（O/C）はベンジルアルコールやリグニンの値に近く，タールの重質成分にはエポキシ樹脂の可溶化に有効なリグニン由来の芳香族系アルコール化合物が多く含まれていると推定される。

著者らは次に効率良くタールを製造するため，有機溶媒中での杉の液化を検討した。杉に水酸化ナトリウムを添加し，加圧下のベンジルアルコール中220～375℃で加熱処理すると300℃以上で杉は完全に液化されタール状生成物が得られた[19]。この反応では，杉を220℃まで加熱すると乾燥によって重量が10%程度減少し，250℃まで加熱すると脱水・脱炭酸反応によってさらに20%の重量が減少した。250℃以上ではベンジルアルコールがタールに取り込まれ，300℃では初期原料の121%，350℃では166%に相当するタールが生成した。300℃で製造したタールから軽質留分を除いた後，エポキシ樹脂を加えて常圧下300℃で60分間処理するとエポキシ樹脂はほぼ完全に可溶化された。

杉と*o*-クレゾール，*m*-クレゾール，*p*-クレゾールの混合溶媒に極微量の硫酸を添加し，200℃で加熱処理すると大気圧下でも約60分で杉は完全に液化された。生成したタール状生成物の収率や元素分析値から，混合クレゾール溶媒中で杉を250℃まで加熱すると主に脱水・脱炭酸反応が起こり，それ以上の温度ではクレゾールがタール状生成物へ脱水縮合して取り込まれていると推定された。軽質留分を除いたタール状生成物中で実際の使用済み電子機器から取り外したエポキシ基板を300℃で処理すると，エポキシ樹脂は完全に溶けてガラス繊維と銅配線および各電子素子がほぼ完全な形状を保ったまま回収された[20]（図8）。

いったん可溶化したエポキシ樹脂を600～800℃で熱分解すると，クレゾール系化合物を主成分とする液体生成物が得られ，この液体生成物中でエポキシ樹脂が可溶化できることが確認され

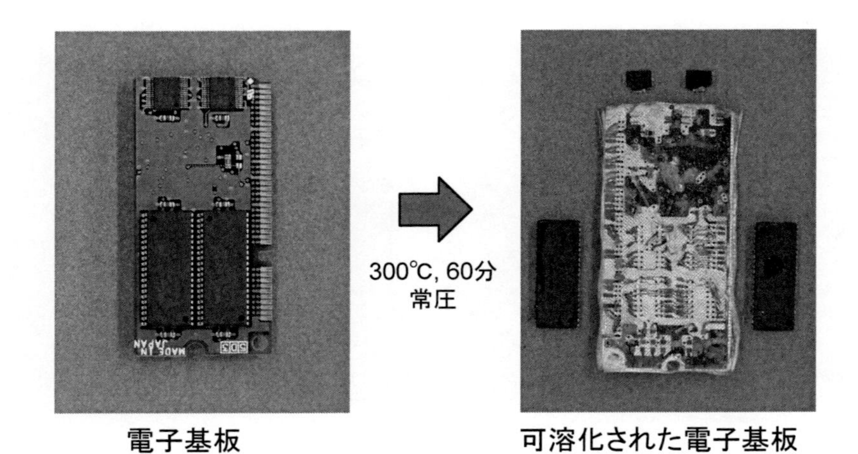

図８　可溶化されたエポキシ製電子基板

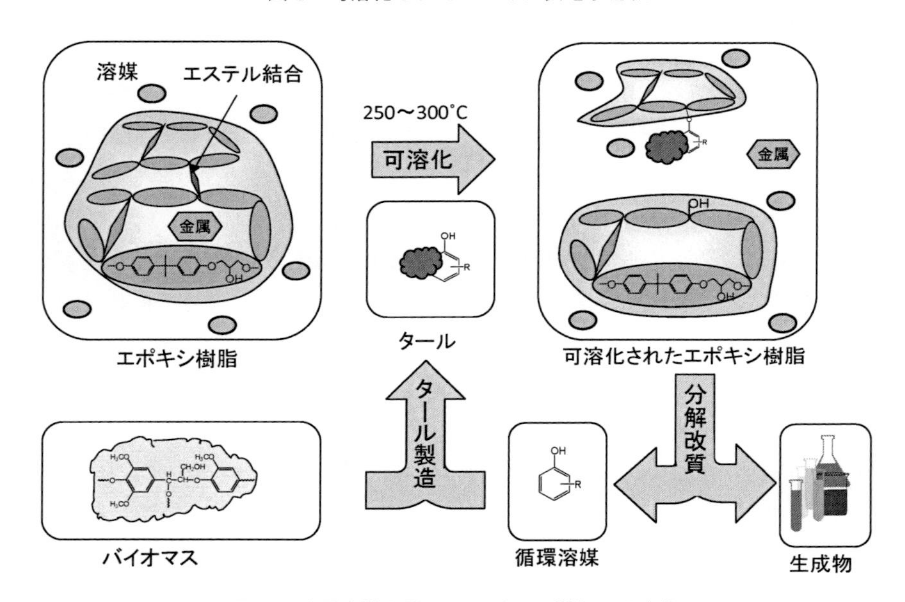

図９　循環溶媒を用いたエポキシ樹脂の可溶化

た。すなわち本プロセスでは，可溶化したエポキシ樹脂から溶媒を回収できるため，外部から新たに溶媒を補充する必要は無く，しかもすべての反応を大気圧下で操作できるために高価な高圧装置は不要となる（図9）。本法では木質系バイオマスに含まれるリグニンを循環溶媒の主な原料としており，リグニンの特異的な化学構造を生かした新しい利用法として注目されている。

3. 4　水蒸気ガス化

循環溶媒を用いた可溶化法は穏和な条件下で熱硬化性樹脂を可溶化できる優れた手法であるが，適用できるプラスチックの種類は限定されている。一方，安価な炭酸塩等を触媒として利用した水蒸気ガス化法は比較的低い温度でガス化できるので経済性が高く，石炭[21]，バイオマス[22]，ビチューメン[23,24]等の重質炭化水素のガス化法として研究されている[25]。また炭酸塩共存下では有害な臭素や塩素は無害で安定な無機塩素として回収され，比較的クリーンな水素が得られる。さらに反応系内は還元雰囲気であるため，回収された金属は酸化・スラグ化し難い。

600～700℃に加熱した溶融混合炭酸塩へ水蒸気を導入すると二酸化炭素が観測され，熱力学的な平衡組成計算から炭酸塩の一部が加水分解したと考えられる。溶融した混合炭酸塩にエポキシ製電子基板を投入すると，ガス生成物としては主に水素が観測され，その他に微量な二酸化炭素，一酸化炭素，メタン，エタンが検出され，固体生成物として銅薄が回収された（図10）。

通常の水蒸気ガス化反応では，(1)式で示すように炭素の消失量に対して二倍モル量の水素と同モル量の二酸化炭素が発生すると考えられるが，本実験条件下では炭酸塩の一部が水酸化物へ加水分解されているため，生成した二酸化炭素がいったん溶融混合炭酸塩に吸収され，その後ゆっくり放出された。混合炭酸塩がない場合，675℃におけるエポキシ樹脂の水蒸気ガス化ではチャーおよびタールの収率は17%，42%であった。一方，混合炭酸塩共存下では残渣は殆ど生成せずタールの収率は19%で，混合炭酸塩が水蒸気ガス化を促進した[26]。

$$C + 2H_2O \rightarrow 2H_2 + CO_2 \tag{1}$$

試料投入直後，水素は急速な初期熱分解とチャーと水蒸気とのガス化反応からそれぞれ生成した。水素の生成速度の対数値（$\ln(V_{H2})$）は反応時間に対して直線的に減少したことから，水蒸気ガス化反応を擬一次反応と仮定し，直線の傾きから(2)式を用いて反応速度定数（k）を算出した。

$$\ln(V_{H2}) = -kt + \ln(2kM_{c0}) \tag{2}$$

V_{H2}：水素の生成速度（mol/min），t：反応時間（min），M_{c0}：初期炭素モル量（mol）

炭酸カリウムと炭酸リチウムの混合系では，炭酸カリウム濃度が増加するに従って水蒸気ガス化反応は直線的に大きくなり，水蒸気ガス化反応に対してカリウムの促進効果は顕著である。一

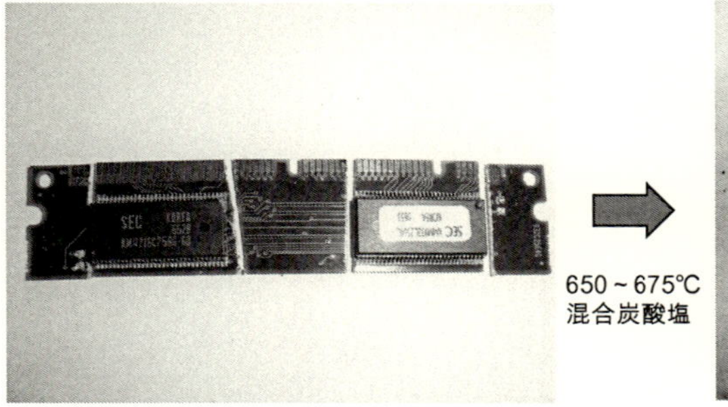
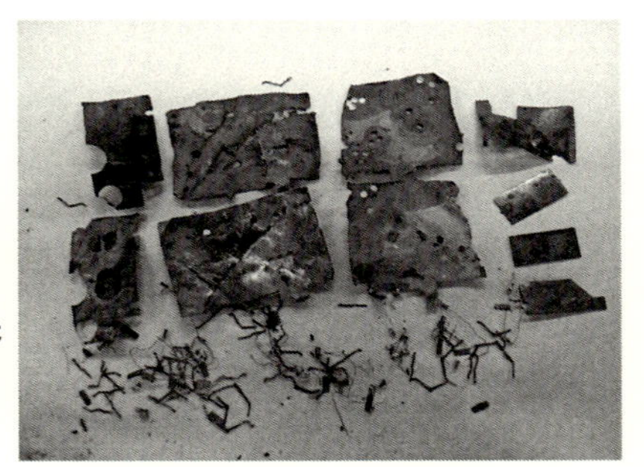

エポキシ製電子基板　　回収された金属
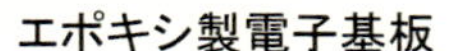

図10　水蒸気ガス化による金属回収

方，炭酸ナトリウムと炭酸カリウムの２成分系では，水蒸気ガス化反応速度は炭酸塩の組成に対して極大値をもち，カリウム濃度と共に混合炭酸塩の融点が重要な因子であることがわかった[27]。

エポキシ樹脂の急速な熱分解で生成したチャーは溶融混合塩の表面に浮遊しており，固体のチャーと液状の混合炭酸塩およびガス状の水蒸気の三相の物理的な接触が重要である（図11）。粒子径の異なるフェノール樹脂を用いた実験から，ガス化反応速度は粒子径が大きい場合には縮小コアモデルで，粒子径が一定値以下では体積モデルでよく説明できることから，チャー内部へ溶融混合炭酸塩が含浸し，粒子径が十分小さい場合には外表面だけでなく内部でもガス化反応が起きていると考えられる（図12）[28]。

混合炭酸塩共存下では水蒸気ガス化反応は促進されるが，エポキシ基板の約60％を占めるガ

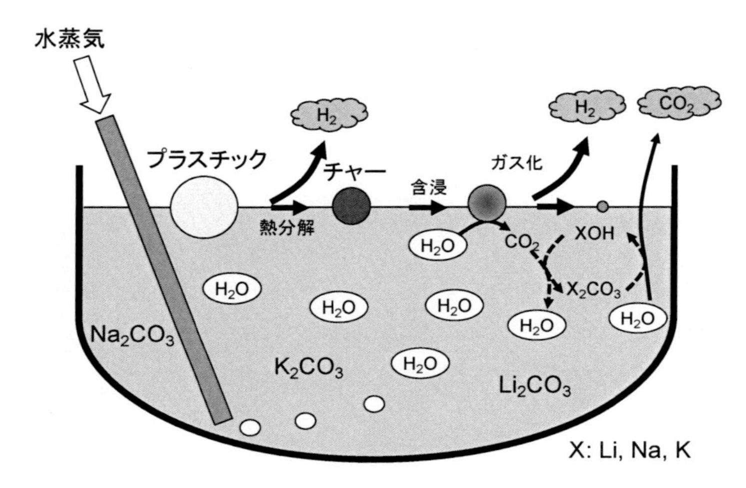

図11　混合炭酸塩共存下における水蒸気ガス化の反応機構

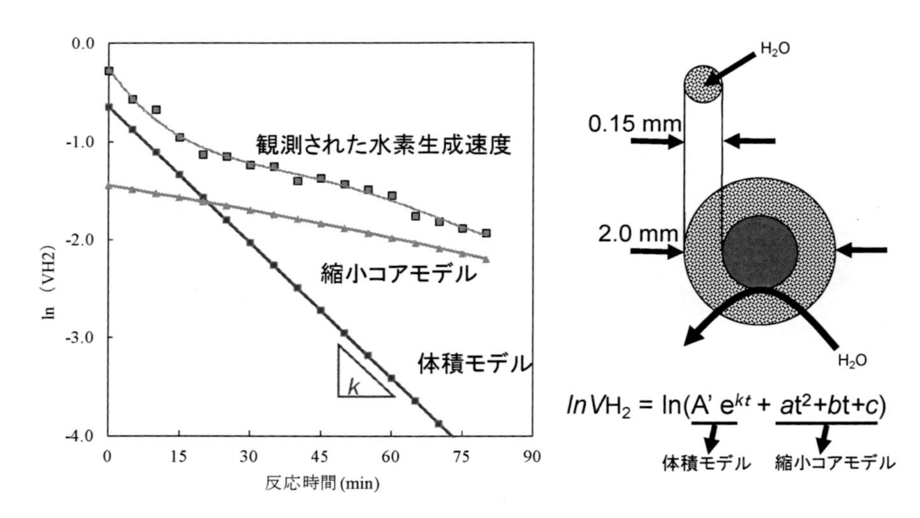

図12　水素生成速度に対する粒子径の影響

ラス繊維との反応で炭酸塩が消耗される。著者らは，使用済みのエポキシ基板に微量の混合炭酸塩を噴霧するだけでも，水蒸気ガス化が促進されてエポキシ樹脂のみが除去され，ガラス繊維や金属をほぼ完全に回収することに成功した。

4　おわりに

水素供与性溶媒や超臨界溶媒を用いるとエポキシ樹脂やフェノール樹脂等の熱硬化性樹脂でもほぼ完全に分解され，比較的高い収率でモノマーを得ることができる。しかし実際の電子基板には多くの添加剤が含まれており，その種類は製造した時期，会社，目的によって大きく異なり，使用済み電子基板から得られた液体生成物の組成は複雑である。水素供与性溶媒や超臨界溶媒を用いるには高価な高圧反応装置を使用しなければならず，また分解生成物から高純度の化学原料やモノマーを製造する精製工程も割高であるため，電子基板を化学原材料へ還元するリサイクルは実用化に至っていない。

エポキシ樹脂等の熱硬化性樹脂は，素材としての優れた性質を利用しているため，電子基板，電子素子，ボンド磁石，炭素繊維強化プラスチック等さまざまな工業製品に広く利用されている。これらの工業製品には金属類や炭素繊維等の有用資源が多く含まれており，使用済み工業製品中の熱硬化性樹脂を速やかに除去し，有用資源を劣化させず，また有害な副生物を発生させないで回収しリサイクルできる技術が必要とされている。

エステル交換反応を利用すると，比較的温和な200℃程度の常圧下で熱硬化性樹脂を可溶化して有用資源を回収することができる。このプロセスでは高価な高圧装置は不要で，溶媒を循環利用するために経済的で実用性が高い。また非常に温和な条件下で熱硬化性樹脂を除去できるので，回収した資源の品質劣化は抑制され，電子基板だけでなくボンド磁石，炭素繊維強化プラスチック，太陽電池からの資源回収に適応することも検討されている。各種の触媒や使用済み電子機器内に共存する金属を触媒として用いた[29]低温での水蒸気ガス化法はほぼ全ての有機物に適用可能で，回収資源の品質劣化は少なくクリーンな水素が製造できるので，物質循環とエネルギー回収を両立させる技術として期待されている。

文　献

1)　環境白書平成26年度版
2)　Sustainable Innovation and Technology Transfer Industrial Sector Studies, "RECYCLING-FROM E-WASTE TO RESOURCES", UNEP, July (2009)
3)　T. Shiratori, T. Nakamura, *Journal of MMIJ*, **123**, 171-178 (2007)

4) 財団法人家電製品協会ホームページ http://www.aeha.or.jp/
5) 経済産業省 使用済小型家電からのレアメタルの回収及び適正処理に関する研究会（第1回）－配付資料
6) 白波瀬朋子，貴田晶子，廃棄物資源循環学会誌，**20** (4), 217-230 (2009)
7) 環境省総合環境政策局環境計画課 環境統計集 http://www.env.go.jp/doc/toukei/contents/
8) 社団法人 電気通信事業者協会 http://www.mobile-recycle.net/result/index.html
9) D. Braun, W. von Gentzkow, A. P. Rudolf, *Poly. Deg. Stab.*, **74**, 25 (2001)
10) Y. Sato, Y. Kondo, K. Tsujita, N. Kawai, *Poly. Deg. Stab.*, **89**, 317 (2005)
11) Y. Sato, Y. Kodera, T. Kamo, *Energy Fuels*, **13**, 364 (1999)
12) 小寺洋一他，新エネルギー・産業技術総合開発機構 平成11年度研究報告「ケミカルリサイクルが容易な三次元架橋構造を有する高分子材料の設計と再生技術開発」
13) 岡島いづみ，佐古猛，マテリアルライフ学会誌，**14** (2), 69-73 (2002)
14) 後藤元信，高圧力の科学と技術，**20** (1), 19-25 (2010)
15) 後藤純也，ネットワークポリマー，**30** (3), 172-178 (2009)
16) 前川一誠，柴田勝司，岩井満，遠藤顕，日立化成テクニカルレポート，**42** (1), 21-24 (2004)
17) 堀内猛，清水浩，柴田勝司，日立化成テクニカルレポート，**36**, 33 (2001)
18) T. Kamo, N. Akaishi, B. Wu, M. Adachi, H. Yasuda, H. Nakagome, Proceeding of the 4th International Symposium on Feedstock Recycling of Plastics, 159-163 (2007)
19) 夫世道，白石信夫，木材学会誌，**39** (4), 446-452 (1993)
20) 加茂 徹，劉宇峰，赤石直也，足立真理子，安田 肇，中込秀樹，Proceeding of the 5th International Symposium on Feedstock and Mechanical Recycling of Polymeric Materials, 186-192 (2009)
21) N. C. Nahas, Exxon catalytic coal gasification process, *Fuel*, **62**, 239-241 (1983)
22) M. Kajita, T. Kimura, K. Norinaga, C. Z. Li, J. Hayashi, *Energy Fuels*, **24**, 108-116 (2010)
23) E. Kikuchi, H. Adachi, T. Momoki, M. Hirose, Y. Morita, *Fuel*, **62**, 226-230 (1983)
24) A. Karimi, M. R. Gray, *Fuel*, **90**, 120-125 (2011)
25) D. W. McKee, *Fuel*, **62**, 170-175 (1983)
26) S. Zhang, K. Yoshikawa, H. Nakagome, T. Kamo, *J. Mater. Cycles Waste Manage.*, **14** (4), 294-300 (2012)
27) T. Kamo, B. Wu, Y. Egami, H. Yasuda, and H. Nakagome, *J. Mater. Cycles Waste Manag.*, **13** (1), 50-55 (2011)
28) S. Zhang, K. Yoshikawa, H. Nakagome, T. Kamo, *Appl. Energy*, **101**, 815-821 (2012)
29) J. A. Salbidegoitia, E. G. Fuentes-Ordóñez, M. P. González-Marcos, J. R. González-Velasco, T. Bhaskar, and T. Kamo, *Fuel Process. Technol.*, **133**, 69-74 (2015)

第21章　リサイクル技術

久保内昌敏*

1　はじめに

プラスチックあるいは高分子基複合材料の一般的なリサイクル方法は，マテリアルリサイクル，サーマルリサイクルおよびケミカルリサイクルに大別される。マテリアルリサイクルとしては，機械的に微粒子に粉砕して，新たな材料中へ充填するフィラー材料として再生利用する方法に代表される。新たな複合材料を形成することになるが，一般的にはどうしても物性が下がるので，より低品位の再生品へ適用することとなる。サーマルリサイクルは，燃焼した際のエネルギーを回収することで，わが国ではLCAも踏まえて減容化の観点から，プラスチック廃棄物に対してサーマルリサイクルが最も盛んである。最後のケミカルリサイクルは，化学反応によって各種の化学原料に変換する手法である。PETボトルリサイクルに代表されるモノマー化以外に，油化やガス化さらには，高炉・コークス炉の還元材として利用する方法があり，これらはサーマルリサイクルとケミカルリサイクルの中間的な技術となる。

ケミカルリサイクルによるモノマー化は，理想的に行われた場合再生品の品質の劣化は起こらない。さらに，この再生品から再び原料モノマーを同じ手法で取り出すことができるため，リサイクルの回数に制限がない。従って，プラスチックのリサイクル手法として非常に魅力的であるが，現実的には難しい面も多い。

半導体関連で多く用いられるエポキシ樹脂を含む熱硬化性樹脂は，熱可塑性樹脂とはリサイクルの考え方が異なる。三次元架橋した高分子であるために，不溶・不融の安定した化学構造である。製品を使用するには，この安定した構造が耐久性，信頼性を与えてくれるが，リサイクルに当たってはその分解を難しくしている。

熱可塑性樹脂の場合，熱溶融あるいは溶媒によって溶解することにより，いったん分子をほぐしてこれを再度成形することで，理想的にはリサイクル前の樹脂と全く同じ製品が得られる。熱を加えるとわずかながらも分解するので，なかなか全く同じとは行かないが，新規樹脂に混ぜ込んで用いることも可能である。しかしながら，熱硬化性樹脂は化学的に分子内の切断を反応により行い，低分子量化させてモノマーあるいは何らかの化学品にすることが要求されるので，その結果マテリアルリサイクルやサーマルリサイクルが中心となる[1)]。なお，熱硬化性樹脂の中でも不飽和ポリエステル樹脂やポリウレタンでは，エステル結合，ウレタン結合といった，加水分解を生じやすい結合が含まれているため，この分解反応を利用したリサイクル手法が検討されてい

*　Masatoshi Kubouchi　東京工業大学　大学院理工学研究科　化学工学専攻　教授

る[2]。以下では半導体実装関連材料で多く用いられるエポキシ樹脂のケミカルリサイクルを中心に取りあげることとする[3]。

2 エポキシ樹脂ケミカルリサイクルの事情

エポキシ樹脂からエポキシ樹脂への純粋な循環再生を実現するケミカルリサイクルは未だ基礎研究レベルであり実用化の例はない。これはエポキシ樹脂の特徴に由来する。すなわち，硬化したエポキシ樹脂は，エポキシ基を複数有するエポキシ主鎖と，架橋を担う硬化剤により構成される。両者とも多くの種類，たとえば主鎖であればビスフェノールA型，クレゾールノボラック型や脂環式等，硬化剤であればアミン系，酸無水物系，イミダゾール等があり，その組み合わせによってさまざまな物性が得られることが特徴でもある[4,5]。しかし，同時に前述した組み合わせの数だけ化学構造の異なる硬化物があるので，分解手法も一律に同じにできず，分解した際の生成物も同様に多数生じることなどがケミカルリサイクルの大きな障害となる。さらに，複数の樹脂あるいは硬化剤を併用して使用する場合があり，複合材料として強化繊維や粒子（フィラー）といった副資材が混在していることも，この問題をさらに複雑かつ困難にする。リサイクルのためには分解物の分離技術が要求される。しかし，一般的にこの分離作業は高コストであり，さらに回収費用も考慮しなくてはならない。そこで，工場成形品，加工時の端材，廃材として排出されるものは材質が均一でかつ既知であるので対象としやすい。また，いわゆる家電リサイクル法により規制されている製品の中の電気・電子部品であれば，輸送コストは無視できるし，ある程度同じものを対象とすることもできる。これらが，現在の研究対象となっている。

3 エポキシ樹脂のリサイクルを目指した解重合と分解

エポキシ樹脂のケミカルリサイクルにあたっては，まず解重合あるいは化学的分解が必要となる。これには，分解反応を受けやすい構造をもった樹脂あるいは硬化剤を用いれば容易なものと期待できる。たとえば，Buchwalter[6]らは脂環式エポキシ樹脂を酸無水物硬化したものについて，酸条件下でのアセタール開裂による分解を報告している。また著者らもエステル結合を主鎖構造内にもつ酸無水物硬化脂環式エポキシが，比較的低濃度のアルカリ環境でも容易に分解する結果を得ている（図1）。

しかし，すでに市場にある機器に用いられている樹脂にはこれらの構造が組み込まれているわけではないので，この方法では根本的に解決することはできない。さらに，これらの樹脂は実用上の信頼性に問題があり一般的に使えるとは言い難いので，近い将来に代替していくにはまだ現実的でない。

市場で使われているエポキシのほとんどは，ビスフェノール型またはノボラック型である。これらを骨格が残るように分解すると，フェノールの誘導体となる。そこで，フェノール誘導体と

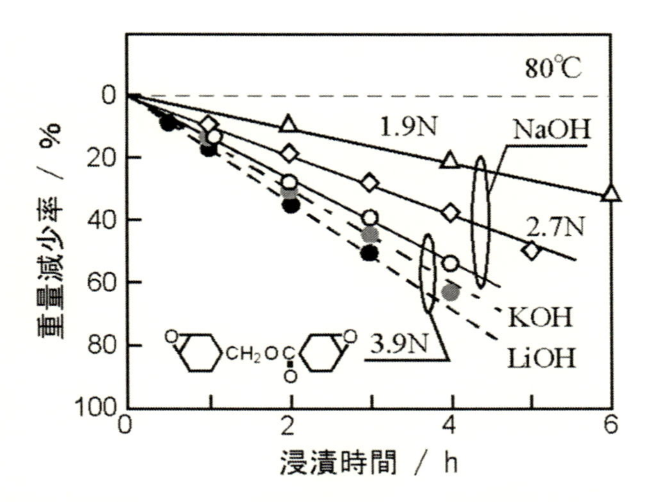

図1　主鎖構造にエステル構造を有するエポキシ樹脂の耐アルカリ性

して利用するか，分解して得たフェノールにエピクロルヒドリンを利用してエポキシに再合成することが考えられる。このようなケミカルリサイクルを目的としたエポキシ樹脂の分解法は，大別して次に挙げる三つのアプローチから研究が行われている。

(1)　熱分解により利用可能な生成物を得る方法

400℃程度の高温熱分解，あるいは超臨界水等の条件で，ネットワークを形成する樹脂の架橋部あるいは主鎖の一部を分解し，分解生成物として有用な化学種（フェノール誘導体など）を得る方法が挙げられる。できるだけ炭化を防ぐことと，熱分解のためのエネルギーコストを抑えることが問題となる。分解がモノマーの骨格を残さないところまで進むと，いわゆる油化，ガス化となる。

(2)　樹脂を溶媒で膨潤しつつ分解して，溶媒に可溶化する方法

樹脂骨格の一部，あるいは架橋部のみを分解して得た分解物を新しい樹脂の成分として利用する。元の樹脂骨格や官能基を残した分解物を得ることがポイント。モノマーができる限り近い分解物を得て，これを出発原料に化学的にモノマーまでたどり着く可能性もあるが，分解物から出発原料を得るための分離技術とコストが問題となる。

(3)　元の硬化樹脂の成分以外の有用化学物質を目指す方法

分解生成物がエポキシのモノマーとはだいぶ異なる化合物として得られる場合に，これを別の化学物質として利用する方法で，たとえば，炭化させて活性炭などの高機能性炭素材料として利用する方法。

4　ケミカルリサイクルの研究動向

エポキシ樹脂をターゲットとするケミカルリサイクルについては，前述のように未だコストを含めた問題点が多く，研究報告例は少ない。現状では溶媒可溶なところまで分解して，得られる分解物の分析同定を行うまでの研究が多く，これをモノマーにまで誘導した上で再度樹脂として硬化体を得て，その物性を評価するところまで至っているものはわずかである。最近，CFRPの需要が増えてきたことに伴って，価値の高いカーボンファイバーの回収を目的としたエポキシ樹脂の分解が着目されているが，この場合にも樹脂側のリサイクル品の成形まで至っているものは少ない。以下に，報告されている研究例について紹介する。

4.1 超臨界・亜臨界流体を利用した分解

超臨界・亜臨界を利用した熱分解は，PET[7,8]や架橋PE[9]，多層フィルム[10]あるいは不飽和ポリエステル樹脂をマトリックスとしたFRP[11]など，熱可塑，熱硬化を問わず，多くの樹脂の分解に適用が検討されている。

超臨界物質は，気体と同じ高い運動エネルギーと液体と同じ高い分子密度が両立した状態にあるため，気・液の両方の性質を有する高い反応場となりうる溶媒として注目されている。なかでも，水（臨界条件；374℃，22.1 MPa）やメタノール（臨界条件；239℃，8.09 MPa）は安価で取り扱いやすく，かつ環境負荷が少ない。超臨界水では，一般的な性質に加えて，誘電率（溶媒の極性を示す尺度となる）とイオン積という反応場に重要な因子を大幅にかつ連続的に制御できる特徴を有する。このため，室温・大気圧下では溶解しない炭化水素を溶かすことができ，さらに水の解離で生じる酸・アルカリが触媒となって加水分解を促進することもできる[12,13]。

後藤らは，ノボラックフェノール，アミン，酸無水物の硬化剤を用いたビスフェノールA型エポキシ樹脂について400℃，35 MPaの超臨界水10分で処理した結果，アミン硬化，酸無水物硬化物はほぼすべてが分解したが，ノボラック硬化では50％程度の分解しか得られず，反応場には高温とともに水の密度が高いことが必要であると報告している[14]。

岡島らは，酸無水物硬化系のビスフェノールA型エポキシ樹脂について超臨界水による分解を試みている[15]。圧力25 MPa，反応時間30分では300℃で完全に分解し，温度を上げるとメタノールへ可溶なベンゼン環1個程度の低分子量成分が増すが，450℃に至るとガス成分や残渣が増して可溶分の収率は下がる。5 MPa～30 MPa以上に至る高圧において，臨界温度より下の250℃～300℃の温度領域では密度の高い水相，すなわち高いイオン積の条件となりイオン反応である加水分解が優先する。しかし，さらに高温にするとガス的になってイオン積が急激に減少するのでラジカル反応が優先するようになり，熱分解あるいは熱分解後の再結合が起きてガス成分と残渣が増えてしまう。従って，むしろ亜臨界～超臨界の境界付近の条件がエポキシ樹脂の低分子量化に向いているとしている。彼らは，同時にアミン硬化系のエポキシ樹脂をマトリックスとする炭素繊維強化複合材料についても検討を行っており，320℃以上で有価な炭素繊維の回収ができることを示している。

配線基板等に用いられるガラス繊維で強化したエポキシ樹脂板は，難燃剤として臭素が含有されており，焼却すると臭素系ダイオキシン類が発生する恐れがあるため，熱回収さえ難しい材料

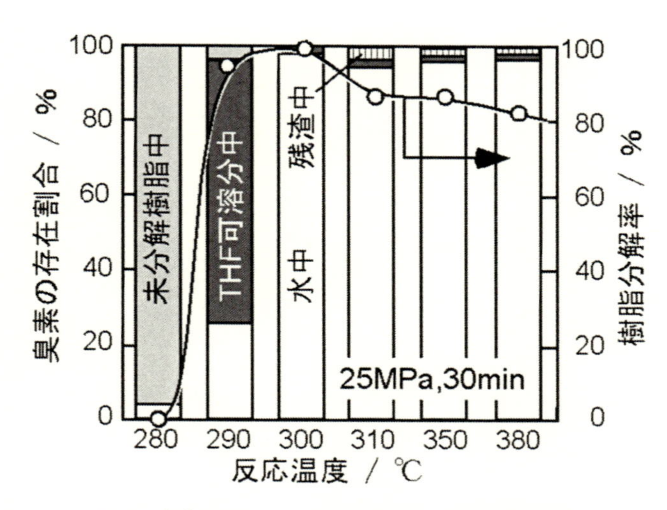

図2　含臭素エポキシ樹脂の分解率と臭素存在割合

である。岡島らは亜臨界～超臨界水で処理することにより，本材料についても分解・脱臭素を報告している[16)]。圧力25 MPa，反応時間30分の条件で，温度を変えて分解した結果を図2に示す。280℃ではほとんど分解しないが，290℃になるとほとんどが分解し，樹脂中の臭素の70％がTHF可溶成分中に25％が水相中に存在し，300℃では樹脂は全て分解され，臭素の98％が水相中に移行した。さらに温度を上げると，炭化物ができたりしてTHF可溶成分は減り，全体としてガス中には臭化水素は検出されない。以上の様に，300℃，25 MPaの亜臨界水で臭素を外界に放出せずにエポキシ樹脂を分解することに成功している。

4.2　加溶媒分解

単純に溶媒中に熱硬化性樹脂を入れても，3次元的に共有結合で結びついているため簡単に分解しない。加溶媒分解は，溶媒が分解物と結合する形で分解を起こすもので，グリコール類を用いたグリコリシスが代表的であり，特にポリエステル類の分解に対する検討が多い[17,18)]。しかしながら，エポキシ樹脂をグリコリシスにより分解してケミカルリサイクルに適用する例もいくつか報告されている。アミン（TETA）で硬化したビスフェノールA型エポキシ樹脂は，従来の加溶媒分解に比べると比較的低い温度，すなわちジエチレングリコール（DEG）の沸点（245℃）程度で還流することで分解ができる[19)]。さらに酸無水物（HHPA）硬化のビスフェノールエポキシでも同様にDEGで分解することに成功している[20)]。

4.3　水素供与性溶媒を利用した分解

テトラリン，ジヒドロアントラセン，インドリン等の水素供与性の溶媒中で，エポキシ硬化物を分解する方法がBraunら[21)]，寺田ら[22)]によって報告されている。エポキシ樹脂を含む熱硬化性樹脂は，分解時に発生する炭素ラジカルが再結合を含む結合反応を起こして最終的に炭化が起き

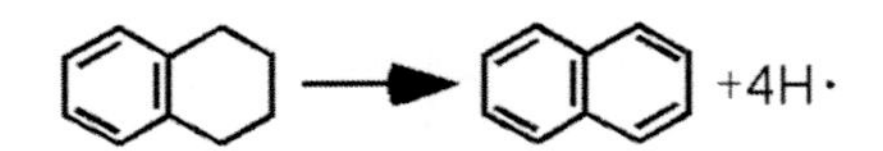

図３　テトラリンにおける水素ラジカルの発生

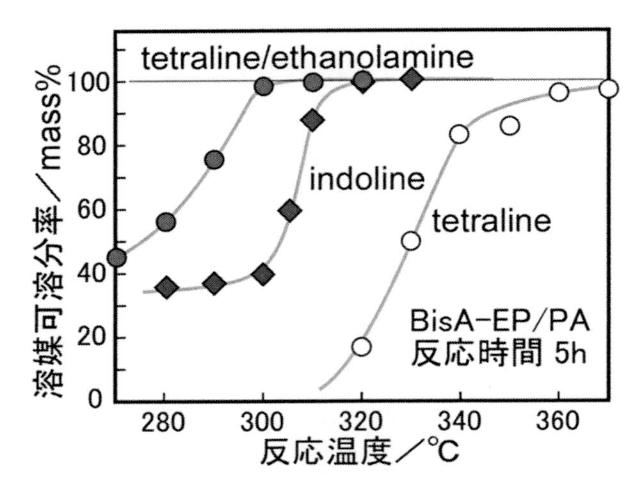

図４　水素供与性溶媒による酸無水物硬化エポキシ樹脂の分解率

る。たとえばテトラリンでは図３のようにナフタリンになる際に４つの水素ラジカルを発生するため，この炭化を抑えることができる。

ビスフェノールＡ型エポキシ樹脂をイソシアネートおよびジシアノジアミドで硬化させ，300℃のテトラリン中で３時間加熱すると，ほぼ全量が崩壊しTHFに可溶となる。熱分解温度は約350℃であるから，単なる熱媒としてではなく加溶剤分解あるいは触媒として働いて，低温での迅速な分解に寄与している。彼らはさらにボンド磁石（希土類などの合金粉末にエポキシをバインダとして結合した成形磁石）にこの分解を応用している。テトラリンの還元性のため，酸化しやすい希土類を空気雰囲気で300℃に晒したにもかかわらずリサイクル品は70%の保磁力を有していた。一方同じビスフェノール骨格を有するポリカーボネートで検討すると，触媒なしでは分解は困難で，両方に効果的な触媒として$CaCO_3$を提案している[23]。

Braunら[21]は，テトラリンとインドリンを無水フタル酸硬化ビスフェノールＡ型エポキシの分解で比較し，図４に示すような大きな差があることを示している。さらには，テトラリン単独では300℃以下ではほとんど反応しないが，テトラリンにエタノールアミンを50%加えた系では200℃くらいから反応が始まりより低温で分解することから，インドリン中のアミノ基が効果的に働いていることを実験的に示している。

4.4　有機アルカリによる方法

常圧の比較的低温の環境でエポキシ樹脂を分解する手法として，アルカリ系の有機溶媒が検討されている。例えばタイら[24]は，無水フタル酸硬化ビスフェノールA型エポキシ樹脂に対して，アミン化合物の高い分解性を利用したケミカルリサイクルを提案している。キシリレンジアミン（XDA）により200℃で加熱還流すると1時間弱で水飴状になり，分析すると架橋点のエステル結合部が分解されて硬化剤骨格のジアミンとエポキシ主鎖骨格のジオール化合物が認められた。これらはともにエポキシの硬化剤として反応できるばかりでなく，溶媒兼分解薬液として使用し分解物の中に残存するキシリレンジアミンもまた硬化剤として反応するため，これを分離することなく新たなエポキシ硬化剤として利用できるという大きな特徴をもつ[25]。図5に示すように，分解物でもXDAで硬化したものと同等の硬化物が得られている。同様にポリウレタンをジエタノールアミンで分解した分解生成物をエポキシ硬化剤に展開している[26]。

熊田ら[27]は，アルミナフィラーを50 wt%含有する酸無水物硬化エポキシ樹脂について，無機アルカリおよび4級アンモニウムヒドロキシド塩類で分解できることを示した。彼らは，樹脂のリサイクルというよりモールド品の埋め込み金属の回収を主目的としているが，高濃度のNaOHでは分解性が低下するのに対し，テトラメチルアンモニウムヒドロキシド（TMAH）水溶液は濃度が高くても分解性を維持し，上述のキシリレンジアミンより高い分解性を得ている。

4.5　有機溶媒とアルカリを組み合わせる方法

前にも述べたように，臭素化エポキシを含有するプリント配線基板は焼却以外の手法が望まれる。堀内ら[28]はこの分解方法として，無機アルカリと有機溶媒の組み合わせを検討している。臭素化エポキシをフェノールノボラックまたはジシアンジアミドで硬化させたガラスエポキシ基板をKOHと*N*−メチル−2−ピロリドン（NMP）で100℃，1時間の処理を行うと，図6に示すように単独ではほとんど溶解しないものが，場合によって94%の溶解率を示す。この場合，臭素化率の高いものほど分解速度が高いのが特徴である。

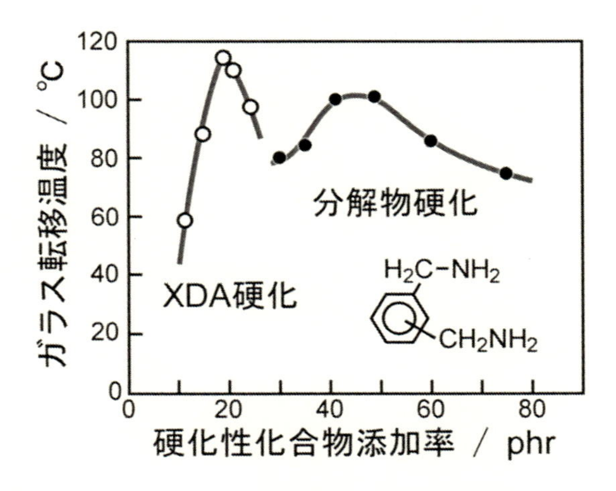

図5　キシレンジアミンおよび分解物で硬化したビスフェノールA型エポキシ樹脂のガラス転移点

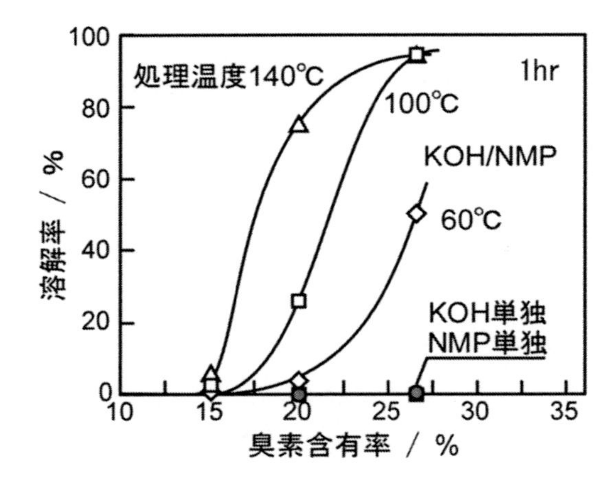

図6　主鎖構造にエステルを有するエポキシ樹脂の耐アルカリ性

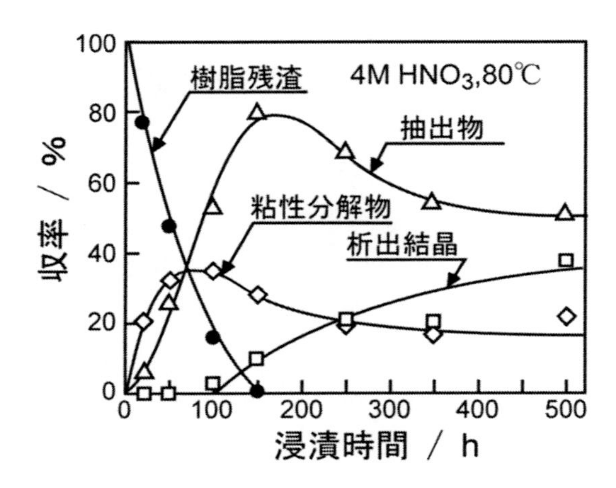

図7　4M 硝酸による BisA-EP/ メンタンジアミンの分解挙動

5　硝酸を用いたエポキシ樹脂のケミカルリサイクル

5. 1　アミン硬化エポキシ樹脂の硝酸による分解

著者らは FRP や耐食用途の熱硬化性樹脂における耐久性・耐食性の研究一環として，エポキシ樹脂の耐酸性について検討し[29]，高温高濃度の硝酸水溶液中で激しく分解される現象を利用したケミカルリサイクル法を検討している[30]。

1, 8-p-メンタンジアミンで硬化させたビスフェノール A 型エポキシ樹脂を検討したところ，硝酸 4 M，80℃において図 7 に示すように，樹脂は 150 時間で全て溶解し，粘性の高い分解物，針状の析出結晶とともに，硝酸水溶液中から有機溶媒で抽出して得られる成分が元の樹脂重量基準で最大 80％も回収される。析出結晶は分解とニトロ化が進んだピクリン酸である[31]。常圧で温度 80℃といった温和な条件で，初期の樹脂骨格を残した化合物が高収率で得られる。

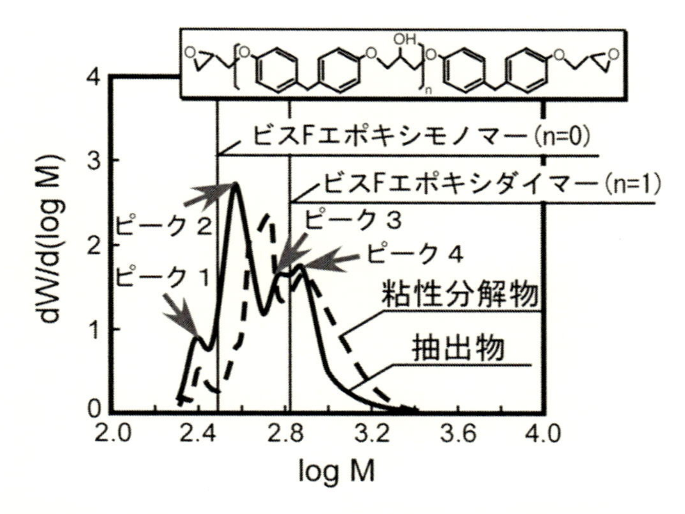

図8　4M硝酸によるBis-Fエポキシ樹脂/MDA硬化物の分解生成物の分子量分布

汎用的な硬化剤のジアミノジフェニルメタン（DDM）で同じ実験を行ったところ，速度は遅くなるが分解は可能であった。エポキシ主剤をテトラグリシジルジアミノジフェニルメタン（TGDDM）とすれば，主鎖と架橋の両方の骨格化学構造が同じとなり，分解物が限定された効率的な化合物回収となることが期待される[32, 33]。

ピクリン酸の生成を抑えて目的とする抽出物を得るために，ビスフェノール骨格の切断を抑止したい。そこでビスフェノールF型を採用し，メンタンジアミンで硬化させた樹脂を80℃の4M硝酸100時間浸せき後の抽出物および粘性分解物の分子量分布を測定した。図8に示すように抽出物は，粘性分解物の分子量分布の形を保ちながら低分子量側にシフトした4つの大きなピークをもった混合物であることがわかる。粘性分解物は分解過程において生じた分子量の大きい中間生成物であると考えられる。これらのピークは図中に示したビスフェノールF型エポキシ樹脂のモノマーおよびダイマー程度のところに分布している。これまでの分析により，主鎖骨格を残した1量体および2量体程度のニトロ化した化合物が混合していると考えられる。

5.2　リサイクル成形品の作製と評価

ビスフェノールF型エポキシ樹脂を6M硝酸で分解して得た抽出物を，酸無水物硬化のエポキシ樹脂中に混合してリサイクル樹脂硬化物を作製したところ，図9に示すように，抽出物を加えるほど強度が上昇するという驚くべき結果を得た。DSC測定を行ったところ，未添加材ではTgが約104℃であるのに対し，抽出物を25%加えたものは122℃に上昇しており耐熱性も向上した。酸無水物では硬化の反応速度が遅いので，3級アミンなどの硬化促進剤を添加することがあるが，抽出物中にその働きをする成分が含まれているものと推定される[34]。実際，促進剤を加えて充分に硬化をさせた樹脂の強度は，抽出物添加して硬化させたものより高い値となった。

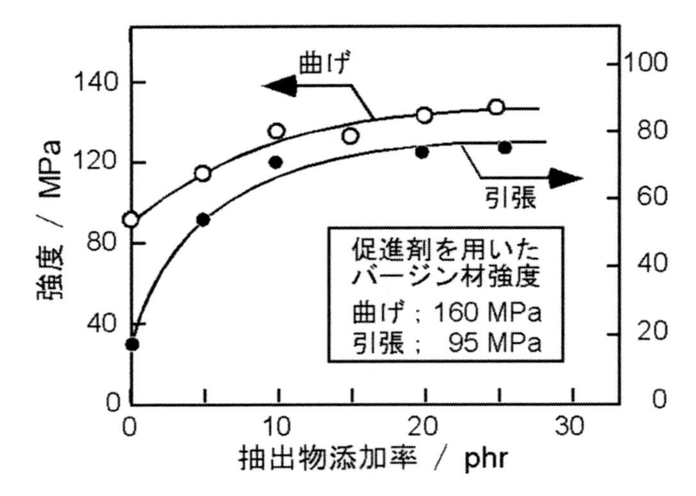

図9 リサイクル硬化物の曲げ，引張強度

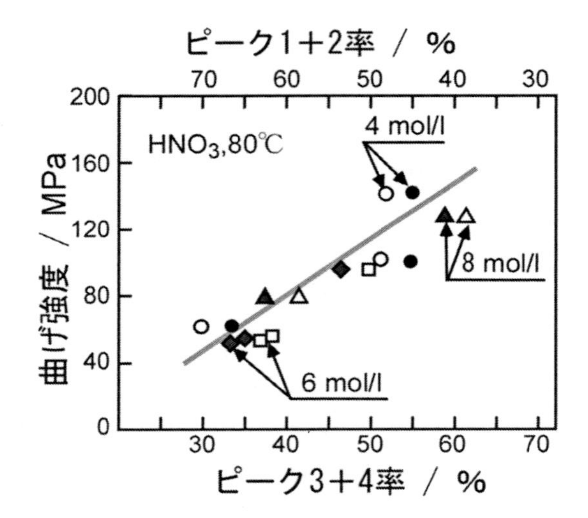

図10 抽出物ピーク率に対する曲げ強度
○，△，□；ピーク3+4，●，▲，◆；ピーク1+2

前述の図8では抽出物に4つのピークが存在した。これらをピークごとに液体クロマトグラフにより分取して，ピークごとのリサイクル品を作製したところ[35]，コントロールに比べて，ピーク3およびピーク4では高い機械的物性が得られるが，ピーク2ではむしろ悪くなる。よって，ピーク2は分解が過度に進んだ化合物を多く含むものと推定される。いろいろな条件で分解して得た抽出物から，各ピークの割合を得て曲げ強度を調べた結果を図10に示す。ピーク1+2が少なくピーク3+4が多いほど，機械物性は高くなるので，現在この観点から分解条件の最適化を検討している。

6 おわりに

エポキシ樹脂などの熱硬化性樹脂は，リサイクル，特にケミカルリサイクルはさまざまな問題があり，実用化のレベルまでには至っていない。しかし，ヨーロッパでは2005年よりWEEE（Waste Electrical and Electronic Equipment）指令により全ての電子・電気機器の容易なリサイクルが求められている[36)]。つまり，リサイクル手段をもたない材料の使用はできない時代が来ているといっても過言ではない。従って，さまざまな方面から根気よくリサイクルに関する研究を行う必要があろう。

文　　献

1) 高橋儀徳，強化プラスチックス，**52**, 473 (2006)
2) 前川誠一，強化プラスチックス，**52**, 251 (2006)
3) 松井泰雄，総説エポキシ樹脂，第2巻，エポキシ樹脂技術協会編，エポキシ樹脂技術協会，146 (2003)
4) 端直明ほか，工業材料，**28**, 23 (1996)
5) 高橋勝治ほか，工業材料，**28**, 28 (1996)
6) S. L. Buchwalter *et al., Journal of Polymer Science, Part A. Polymer and Chemistry*, **34**, 249 (1996)
7) 阿尻雅文ほか，化学工学論文集，**23**, 505 (1997)
8) T. Sako *et al., Polymer Journal*, **31**, 714 (2000)
9) 後藤敏晴ほか，高分子論文集，**58**, 703 (2001)
10) 佐古猛ほか，高分子論文集，**56**, 24 (1999)
11) 中川尚治ほか，強化プラスチックス，**52**, 478 (2006)
12) S. H. Townsend *et al., Industrial and Engineering. Chemistry Research.*, **27**, 143 (1988)
13) 岡島いづみほか，日本ゴム協会誌，**77**, 353 (2004)
14) 後藤純也ほか，第46回ネットワークポリマー講演討論会講演要旨集，29，(1996)
15) 岡島いづみほか，化学工学論文集，**28**, 553 (2002)
16) 岡島いづみほか，高分子論文集，**58**, 692 (2001)
17) S. Aslan *et al., Journal of Material Science*, **32**, 2329 (1997)
18) K. H. Yoon *et al., Polymer*, **38**, 2281 (1997)
19) K. E. Gersifi *et al., Polymer*, **44**, 3795 (2003)
20) K. E. Gersifi *et al., Polymer Degradation and Stability*, **91**, 690 (2006)
21) D. Braun *et al., Polymer Degradation and Stability*, **74**, 25 (2001)
22) 寺田貴彦ほか，日本金属学会誌，**56**, 627 (2001)
23) Y. Sato *et al., Polymer Degradation and Stability*, **89**, 317 (2005)

24) カオミンタイほか，エコデザイン'99 ジャパンシンポジウム論文集，242 (1999)
25) C. M. Tai *et al.*, 39th Annual Conference. Metallurgists of CIM, Environment Conscious Materials ; Ecomaterials, 237 (2000)
26) カオミンタイ，日本化学会第 79 回春季年会講演予稿集Ⅱ，830 (2001)
27) 熊田輝彦ほか，第 33 回 FRP シンポジウム講演論文集，111 (2005)
28) 堀内猛，清水浩，柴田勝司，日立化成テクニカルレポート，**36**, 33 (2001)
29) H. Sembokuya *et al.*, *Material. Science and Technology.*, **39**, 121 (2002)
30) M. Kubouchi *et al.*, *Advanced. Composites Letter.*, **4**, 13 (1995)
31) 久保内昌敏ほか，材料，**49**, 488 (2000)
32) 仙北谷英貴ほか，ネットワークポリマー，**23**, 178 (2002)
33) W. Dang *et al.*, *Polymer*, **46**, 1905 (2005)
34) W. Dang *et al.*, *Polymer*, **43**, 2953 (2002)
35) 久保内昌敏ほか，ネットワークポリマー，**25**, 146 (2004)
36) L. Darby *et al.*, *Resources Conservation & Recycling*, **44**, 17 (2005)

第22章　分解・リサイクル性材料の開発

山口綾香[*1]，橋本　保[*2]

1　はじめに

エポキシ樹脂は代表的な熱硬化性樹脂であり，架橋反応を起こすことによって3次元網目構造を形成する。その安定した化学構造により優れた耐熱性や機械的特性，耐薬品性を得ることができ，接着剤，電気絶縁材料，複合材料などあらゆる分野で用いられている[1)]。しかしながら，硬化したエポキシ樹脂は不溶・不融となり，製品の使用後に剥離除去することが容易ではなく，使われた部品の再利用（リサイクル）の妨げとなっている[2)]。このような観点から，分解してリサイクルすることを前提とした熱硬化性樹脂の研究が進められており[3)]，さまざまな分解性基を有するエポキシ樹脂が報告されてきた[4~15)]。

われわれは，アセタール結合を導入したエポキシ樹脂を合成し，従来の硬化剤を用いて熱架橋させることにより，分解性を有する硬化エポキシ樹脂を開発した[4)]。また，その樹脂を用いた炭素繊維強化プラスチック（CFRP）への応用を検討し，その物性について評価した。

本稿では，さまざまな条件下で分解可能なエポキシ樹脂を概説し，われわれが開発したアセタール結合含有エポキシ樹脂とその応用について述べる。

2　分解性エポキシ樹脂

分解性を前提としたエポキシ樹脂は，熱または特定の条件（加水分解・酸分解・アルカリ分解など）によって切断されやすい結合をエポキシ樹脂の主鎖骨格や架橋部にとりいれることによって合成されている[5,6)]。その中のいくつかの例を紹介する。

化学試薬により分解するエポキシ樹脂の例として，TesoroとSastriらは，硬化剤にS–S結合を取り入れた芳香族アミンを用いて，従来のエポキシ樹脂と架橋させ，硬化後のエポキシ樹脂内のS–S結合の還元反応により可溶化できるエポキシ樹脂硬化物を合成した[7,8)]。エポキシ樹脂として従来のビスフェノールA型エポキシ樹脂を使用し，硬化剤としてS–S結合含有の芳香族アミンである4,4'–ジチオジアニリン（DTDA）を用いて熱硬化させ，同様の分子構造でS–S結合が含まれていないメチレンジアニリン（MDA）を用いて熱硬化させた樹脂と物性を比較した。DTDA硬化物のガラス転移温度はMDA硬化物とほぼ差がなかったが，熱分解温度はDTDA硬

＊1　Ayaka Yamaguchi　福井大学　工学部技術部　技術職員
＊2　Tamotsu Hashimoto　福井大学　大学院工学研究科　材料開発工学専攻　教授

化物の方がMDA硬化物よりも低い値を示した。これは，熱的に不安定なS-S結合に由来すると考えられる。DTDA硬化物の還元反応では，S-S結合が開裂して－SH基が生成することにより可溶化される。架橋密度が高い硬化物に対しては，還元剤が硬化物の強固に架橋したネットワークに浸透しにくく可溶化が難しいが，架橋密度が比較的低い硬化物は可溶化され，架橋密度が低くなるにつれて可溶化するまでの時間も短くなったという結果が報告されている。

また，BuchwalterとKosbarらは，ケタール，アセタール，そしてホルマール結合を有する環状脂肪族型エポキシ樹脂A～Cを合成し，酸の作用により有機溶媒に可溶となるエポキシ樹脂硬化物を開発した（図1）[9]。各エポキシ樹脂を硬化剤としてヘキサヒドロフタル酸無水物を用い，少量のエチレングリコールと第三級アミンであるベンジルジメチルアミンを混ぜて，熱硬化によりエポキシ樹脂硬化物を得た。分解反応では，さまざまな酸や溶媒を用いて検討しており，たとえば，酢酸を含むエタノールと水の混合溶媒中，80℃において，ケタール結合含有エポキシ硬化物(A)は2～3分で溶解し，アセタール結合含有エポキシ樹脂(B)は60分である程度溶解した。ホルマール結合および従来のエポキシ樹脂（CおよびD）は，溶解することなく樹脂の外観に変化がみられなかった。結合の種類によって分解性は違っており，これらの化合物の中では，ケタール結合含有エポキシ樹脂が最も分解性が高い。しかし，酸や溶媒の種類を変えることにより，一番分解性が低いホルマール結合含有エポキシ樹脂についても，メタンスルホン酸を含むエタノールの混合溶媒中においては溶解したという結果が得られている。

熱分解型エポキシ樹脂の研究に関しても多数報告されている[10～13]。たとえばYangらは，第二級そして第三級エステル結合をそれぞれ導入した環状脂肪族型エポキシ樹脂E～H（図1）を合成し，それらの熱分解性についての研究を行った[10]。合成したエポキシ樹脂を，硬化剤としてヘキサヒドロ－4－メチルフタル酸無水物またはシクロヘキサンジカルボン酸無水物を用い，エチレングリコールとベンジルジメチルアミンを混ぜて，熱硬化によりエポキシ樹脂硬化物を得た。

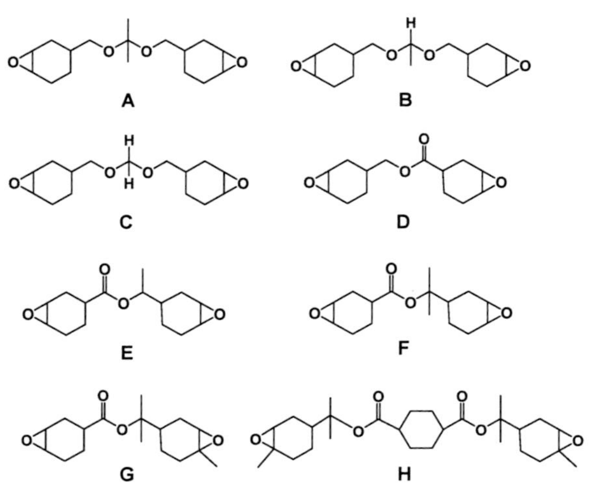

図1　分解性エポキシ樹脂構造

熱分解では，第三級エステル結合を有する硬化物F，G，Hは，約220℃で分解し始め，第二級エステル結合を有する硬化物Eおよび従来のエポキシ樹脂硬化物Dは，約320℃および約340℃で分解し始めた。第三級エステル結合エネルギーは，第一級および第二級エステル結合エネルギーに比べて低いためより低い温度にて熱分解を起こした。また，ネットワーク内のエステル結合の濃度によっても，熱分解挙動が大きく影響されると報告している。

その他にも，たとえばWangらは，カルバメートやカルボネートを有する熱分解型エポキシ樹脂を合成した[14,15]。合成したエポキシ樹脂硬化物の熱分解開始温度は，カルバメート含有エポキシ樹脂が200～300℃，カルボネート含有エポキシ樹脂が約220℃であり，従来のエポキシ樹脂硬化物の熱分解温度（約350℃）と比べて低い値を示していることが報告されている。特に，カルボネート含有のエポキシ樹脂については，従来のエポキシ樹脂と比較して，同等のガラス転移温度や熱膨張係数，貯蔵弾性率を有し，熱分解が可能なアンダーフィルへの応用が期待できる。

3　アセタール結合含有エポキシ樹脂の合成と性質

われわれは，エポキシ樹脂の原料の代表的なタイプとして挙げられるビスフェノールA（BA）とクレゾールノボラック型フェノール樹脂（CN）のフェノール性ヒドロキシ基とグリシジル基を有する2種類のビニルエーテル（4－ビニロキシブチルグリシジルエーテル（VBGE）とシクロヘキサンジメタノールビニルグリシジルエーテル（CHDMVG））のビニルエーテル部位を付加反応させることによって，アセタール結合［-O-CH(CH_3)-O-］を有する4種類のエポキシ樹脂を合成した（図2）。アセタール［R"-O-C(R)(R')-O-R"'］は有機化学において，アルデヒドやケトンの保護基として利用され，塩基，還元剤，求核剤に対しては安定であるが，酸の作用

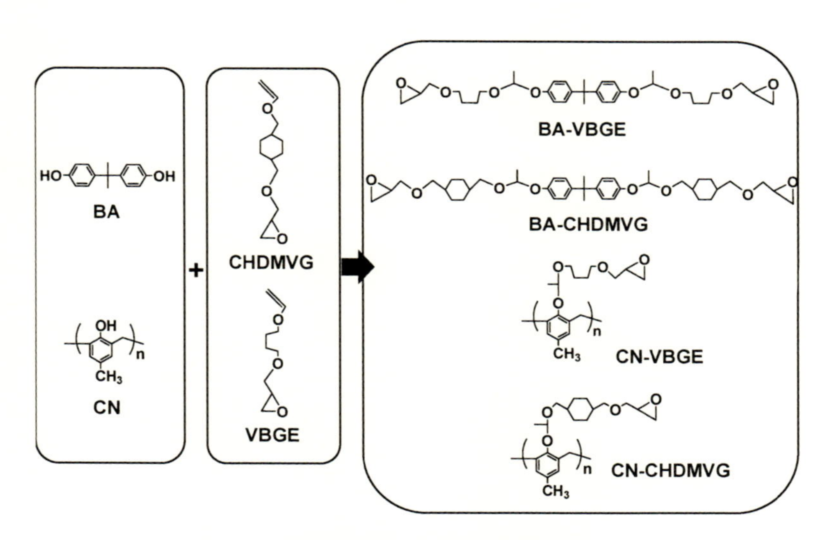

図2　アセタール結合含有エポキシ樹脂の合成スキーム

により容易に加水分解し，対応するカルボニル化合物［O＝C(R)(R')］とアルコール［R"-OH と R"'-OH］に変換される。一般的なアセタールの合成は，アルコールとアルデヒドの縮合反応が用いられているが，アルコールとビニルエーテルの酸触媒による付加反応によるアセタールの生成は，水などの副生成物がないことから工業的な利用に適している[16,17]。

得られた4種類のエポキシ樹脂をアミン硬化剤としてテトラエチレンペンタミン（TEPA）を用いて熱硬化させた。硬化させたエポキシ樹脂に対する示差走査熱量測定（DSC）によるガラス転移温度（T_g）および熱重量測定（TG-DTA）による熱分解温度（T_d）（サンプル重量5％減少時）を表1に示す。観測されたガラス転移点は，ポリマーの骨格（BA または CN）とグリシジルエーテル鎖（VBGE または CHDMVG）に依存し，今回合成した4種類のエポキシ樹脂の中で最も剛直な骨格を有する CN-CHDMVG-TEPA が最も高いガラス転移温度を有していることがわかる。一方，熱分解温度ではアセタール結合を有するエポキシ樹脂硬化物の T_d は 225～273℃であり，従来のビスフェノール A 型エポキシ樹脂硬化物（T_d＝332℃）と比べると低い値を示した。おそらくフェノール性のヒドロキシ基に基づくアセタール結合は，225～273℃付近まで温度を上昇させると熱で開裂を起こすため，従来のエポキシ樹脂に比べ低い温度で分解したと考えられる。

それぞれの熱硬化したエポキシ樹脂を，塩化水素を含む THF/ 水の混合溶液で，室温で処理することにより硬化エポキシ樹脂の分解性を検討した。反応処理後，全ての硬化エポキシ樹脂は分解し，反応生成物として原料である BA と CN，そしてアミン架橋鎖を回収することができた。図3に BA-VBGE-TEPA および CN-VBGE-TEPA より回収した分解生成物の ^{1}HNMR スペクトルを示す。これらの ^{1}HNMR スペクトルより，分解生成物は BA および CN であることがわかった。また，ゲルパーミエーションクロマトグラフィー（GPC）測定により CN の M_n と M_w/M_n は 821 と 1.09 であり，CN-VBGE の合成に使用した元々の CN（M_n＝780，M_w/M_n＝1.07）とほぼ同じ値を示していることがわかった。BA-CHDMVG-TEPA および CN-CHDMVG-TEPA の場合についても，同様な分解反応により BA と CN をそれぞれ回収することができた。回収した BA および CN の収率は，BA-VBGE-TEPA が 96％，BA-CHDMVG-TEPA が 71％，CN-VBGE-TEPA が 94％，CN-CHDMVG-TEPA が 83％であり，高収率，高純度で原料の BA および CN を回収できることを見いだした。

表1　アセタール結合含有エポキシ樹脂硬化物の
ガラス転移温度と熱分解温度

	T_g[a)] (℃)	T_d[b)] (℃)
BA-VBGE-TEPA	21	245
BA-CHDMVG-TEPA	41	273
CN-VBGE-TEPA	62	225
CN-CHDMVG-TEPA	91	258

a) T_g：ガラス転移温度
b) T_d：熱分解温度

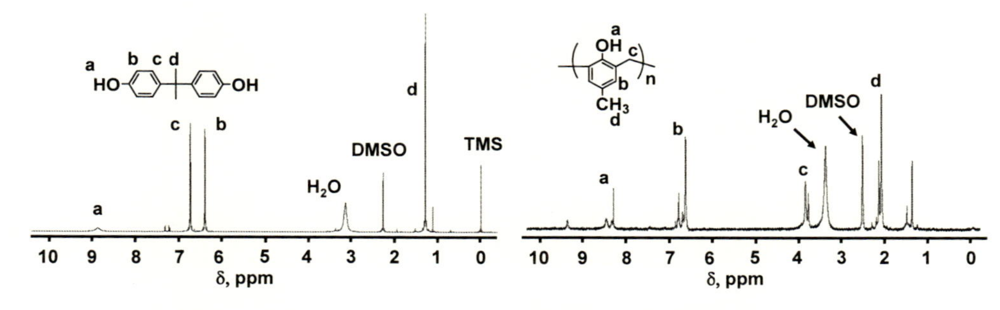

図３　BA-VBGE-TEPA および CN-VBGE-TEPA の分解反応により回収された BA および CN の ^{1}HNMR スペクトル

4　アセタール結合含有エポキシ樹脂を用いた炭素繊維強化プラスチックへの応用

炭素繊維強化プラスチック（CFRP）は，強化材として炭素繊維，母材として樹脂を用いた複合材料である。CFRP の母材として一般的に利用されているのがエポキシ樹脂であり，CFRP は優れた比強度・比弾性率を有し，宇宙機器，航空機の構造材，産業用途，スポーツ用品など幅広い分野で活躍しており，近年では医療機器にも用途が拡大している[18]。しかしながら，炭素繊維は，その製造の焼成，および炭化の過程で高いエネルギーを要し，高価であるという欠点も有する。炭素繊維の需要が拡大していく中で使用済みの CFRP のほとんどが，焼却または埋め立てによって処理されており[19]，今後 CFRP のさらなる量的拡大を図るためには，環境負荷低減，および炭素繊維の生産コストの削減の面から CFRP のリサイクル技術の確立は必須となってくる。

そこで，われわれは，開発したアセタール結合含有エポキシ樹脂を用いて CFRP を作製した。ここでは，作製した CFRP の物性評価や分解性，回収した炭素繊維の再利用性について述べる。

上述で合成した４種類のエポキシ樹脂のうち，比較的高いガラス転移温度を有する硬化物を与えた CN-VBGE および CN-CHDMVG を用いて，CFRP の作製および物性評価を行った。CFRP の作製にあたっては，硬化剤としてジシアンジアミド（DICY），硬化促進剤として３級アミンである 3-（3, 4－ジクロロフェニル）－1, 1－ジメチルウレア（DCMU）を使用した。DICY は，代表的な潜在性硬化剤であり，ポットライフが非常に長い[20]。また，硬化物の接着性もよく，着色も少ないことからプリプレグによく使用されている。

まず，福井県工業技術センターの協力の下，DICY と DCMU が含まれているエポキシ樹脂により離型紙の上にマルチコーターを用いて樹脂シートを作製した。次に，福井工業技術センターが開発した空気開繊機構および縦振動付与機構を取り入れた薄層プリプレグ製造装置を用いてプリプレグシートを作製した[21]。作製したプリプレグシートを $[0/90]_{12s}$（図４）および一方向の構成で積層し（図４），オートクレーブを用いて樹脂を硬化させて CFRP 積層板を得た。得られた積層板の繊維体積含有率および積層板厚は，表２および表３に示す。硬化は，CN-CHDMVG に対して 150℃，２時間，そして CN-VBGE に対して 140℃，２時間の条件で行った。また，樹脂

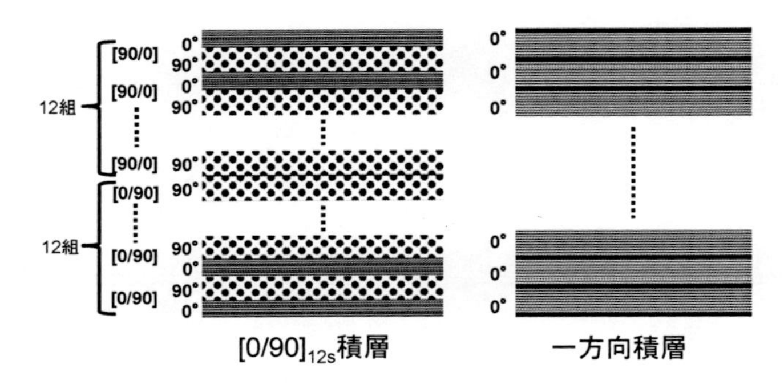

図4　CFRP 積層構成（[0/90]$_{12s}$ および一方向）

表2　CFRP（[0/90]$_{12s}$）の繊維体積含有率および積層板厚

CFRP [0/90]$_{12s}$	繊維体積含有率（%）	積層板厚（mm）
BA	56.9	約 1.75
CN-CHDMVG	61.5	約 1.60
CN-VBGE	61.9	約 1.64

表3　CFRP（一方向）の繊維体積含有率および積層板厚

CFRP 一方向	積層枚数	繊維体積含有率（%）	積層板厚（mm）
BA	55	62.4	約 1.96
CN-CHDMVG	60	51.5	約 2.16
CN-VBGE	54	55.5	約 2.04

単体での物性評価も行うために同様の温度条件にて樹脂板を作製した。

作製した樹脂板および CFRP 積層板を引張試験およびシャルピー衝撃試験にて力学的評価を行った。ここでは，力学的評価の比較材料として，汎用的なエポキシ樹脂であるビスフェノール A 型エポキシ樹脂（BA）を用いて，同様に CFRP 積層板およびエポキシ樹脂板を作製した。硬化は，130℃，2 時間で行った。

樹脂板の引張試験は，JIS K 7162 に基づき測定した（図 5）。それぞれの樹脂板の最大応力と破断歪みの平均値は，CN-CHDMVG 樹脂板が 65.44 MPa と 3.69%，CN-VBGE 樹脂板が 52.48 MPa と 8.49%であった。この結果より，CN-CHDMVG 樹脂板は CN-VBGE 樹脂板より高い引張強度を示し，一方 CN-VBGE 樹脂板は大きな歪みを示していることがわかる。CN-CHDMVG は側鎖にシクロヘキサンジメチレン鎖を有する剛直な分子骨格であり，一方 CN-VBGE は側鎖にメチレン鎖を有する柔軟な分子骨格である。両者の分子骨格の違いがこの引張物性に顕著に表れていることがわかる。樹脂板のシャルピー衝撃試験は，JIS K 7111-1 に基づいて測定した（図 6）。CN-CHDMVG 樹脂板と CN-VBGE 樹脂板のシャルピー衝撃値は，ほぼ同等であり，従来の BA 樹脂板に比べると低い靭性であることがわかった。靭性の大きさは一般に，応力－歪み曲線の面積に相当するので[22]，図 5 に示した樹脂板の応力－歪み曲線の面積に基づいても，図 6 に示したシャルピー衝撃値の違いは妥当だと考えられる。

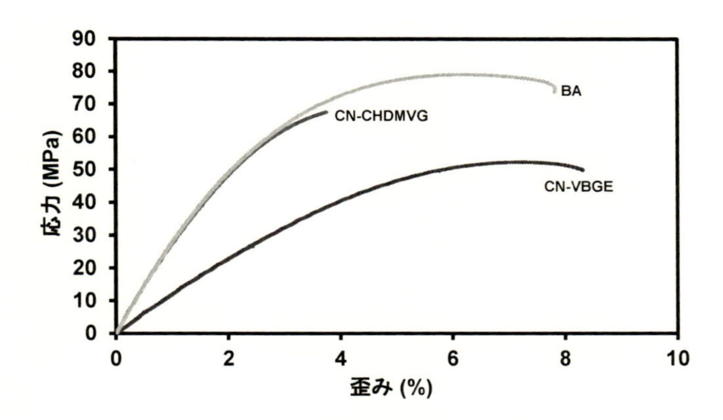

図５　エポキシ樹脂板の引張特性

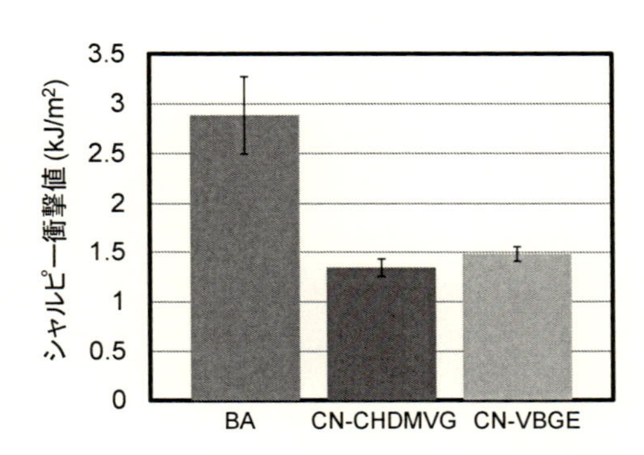

図６　エポキシ樹脂板のシャルピー衝撃試験結果

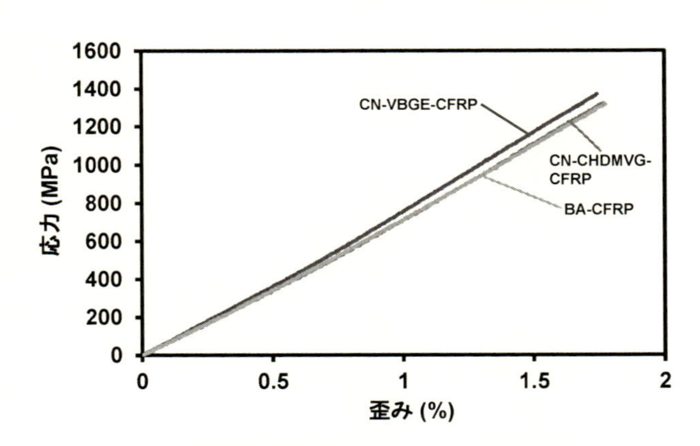

図７　CFRP積層板（$[0/90]_{12s}$）の引張特性

$[0/90]_{12s}$構成のCFRP積層板の引張試験は，JIS K 7164に準拠して測定した（図７）。CFRP積層板の最大応力と弾性率の平均値は，CN-CHDMVG-CFRP（$[0/90]_{12s}$）が1343 MPaと66.83 GPa，CN-VBGE-CFRP（$[0/90]_{12s}$）が1375 MPaと73.86 GPaであり，両者のCFRP積層板が同等の力学的物性を有していることがわかった。また，同様に一方向積層で作製したCFRP

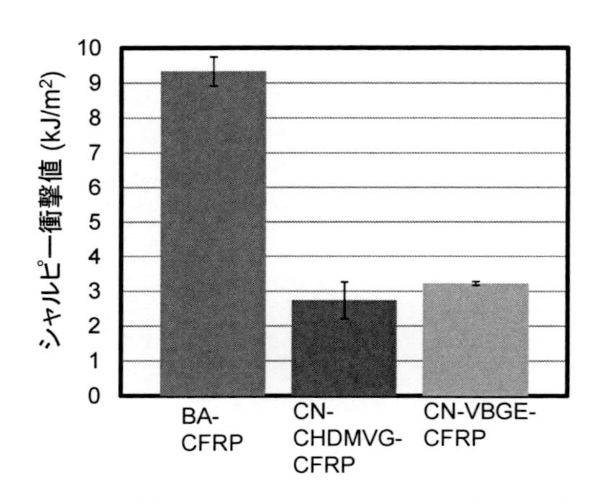

図8　CFRP 積層板（一方向）のシャルピー衝撃試験結果

のシャルピー衝撃試験を行った。一方向の積層構成で作製されたCFRPのシャルピー衝撃試験を，繊維方向に対して平行に破壊するよう行うことにより，樹脂の耐衝撃特性および繊維と樹脂の界面特性の違いがより現れやすいと期待した。図8に示すように，CFRPのシャルピー衝撃値は，炭素繊維が含まれている関係で，樹脂板でのシャルピー衝撃値より全体的に高い値を示していることがわかる。CN-CHDMVG-CFRPとCN-VBGE-CFRPのシャルピー衝撃値の違いは，樹脂板のシャルピー衝撃値の違いと相対的に一致しているが，BA-CFRPと比較すると，樹脂板ではBAのシャルピー衝撃値はアセタール結合含有エポキシ樹脂CN-CHDMVGとCN-VBGEと比べて2倍程度の値であったが，CFRPでは3倍近くの値を有していた。表3に示すそれぞれの一方向CFRP積層板に対する繊維体積含有率を比較すると，今回作製したCN-CHDMVG-CFRPおよびCN-VBGE-CFRPは，BA-CFRPに比べて低いことがわかる。そこで，すべての一方向CFRPに対して繊維体積含有率を60%に規格化し，それぞれのシャルピー衝撃値を計算したところ，BA-CFRPのシャルピー衝撃値は，アセタール結合含有エポキシ樹脂により作製されたCN-CHDMVG-CFRPとCN-VBGE-CFRPのシャルピー衝撃値と比べて約2.8倍の値となり，やはり樹脂板での違いより大きかった。したがって，CFRPのシャルピー衝撃値に及ぼすエポキシ樹脂の種類の影響は，エポキシ樹脂自体の物性だけではなく，たとえば，繊維と樹脂の界面での剥離や繊維の破壊，繊維の引き抜きといった要因が含まれると考えられる[23]。それぞれの樹脂の繊維に対する界面特性の違いが，CFRPのシャルピー衝撃強さに影響したために，樹脂のシャルピー衝撃値の違い（図6）とCFRPのシャルピー衝撃値の違い（図8）の程度が異なると思われる。それらの要因について今後詳細に検討していく予定である。

それぞれのCFRP積層板を，塩化水素を含むTHF/水の混合溶液中，室温で24時間処理して，樹脂中のアセタール結合の加水分解反応により，炭素繊維の再生と回収を検討した（図9）。アセタール結合を含むCN-CHDMVG-CFRPとCN-VBGE-CFRPは，反応後樹脂が分解し炭素繊維を回収することができたが，従来のBA-CFRPは樹脂の分解が起こらずその外観に全く変化

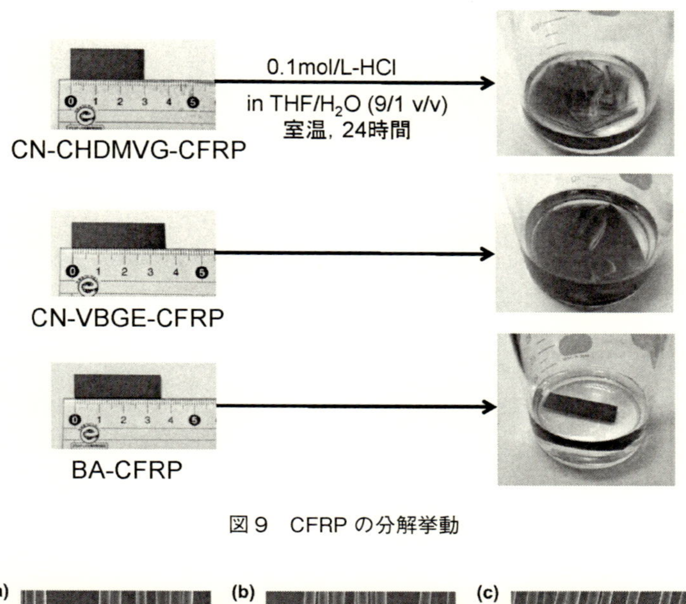

図9　CFRP の分解挙動

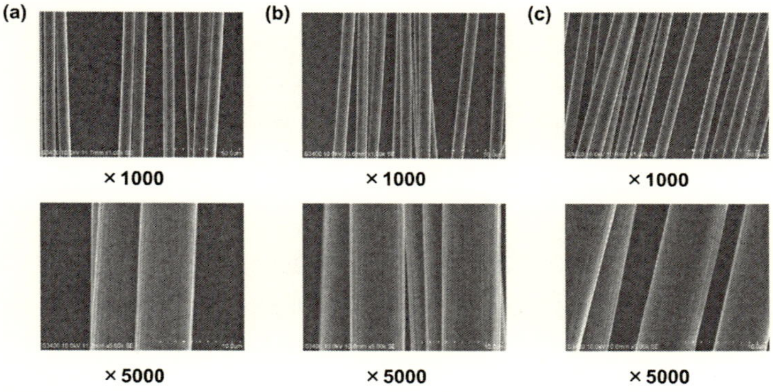

図10　炭素繊維表面の SEM 画像(a)回収炭素繊維（CN-CHDMVG-CFRP），(b)回収炭素繊維（CN-VBGE-CFRP），(c)サイズ剤除去後の未使用炭素繊維

がなかった。このことから，アセタール結合含有エポキシで作製したCFRPでは，温和な条件下で容易に炭素繊維を分離そして回収ができることがわかった。

それぞれのCFRPより回収した炭素繊維およびサイズ剤を取り除いた未使用炭素繊維[24]の表面状態の走査型電子顕微鏡（SEM）像を図10に示す。未使用炭素繊維の表面と比較することからわかるように，回収した炭素繊維の表面には，樹脂および樹脂の分解生成物の付着はみられず，炭素繊維に接着していた樹脂を完全に取り除けたことがわかる。また，回収した炭素繊維の引張強度をJIS R 7606に準拠して測定した。それぞれのCFRP積層板から回収炭素繊維の引張強度は，136.8〜136.9 mNであり，未使用炭素繊維の引張強度（131.5 mN）とほぼ同じであり，再利用するのに十分な強度を有していることがわかった。さらに，CN-CHDMVG-CFRPより回収した炭素繊維，未使用炭素繊維，そしてサイズ剤を取り除いた未使用炭素繊維[24]の表面化学状態を

表4　炭素繊維表面の結合構成比

	C-C［%］	C-O［%］
回収炭素繊維[a]	69.05	30.95
未使用炭素繊維	51.87	48.13
未使用炭素繊維（サイズ剤除去後）	66.66	34.34

a）CN-CHDMVG-CFRP 回収炭素繊維

X 光電子分光分析（XPS）によって測定した。表4に示すように，すべての C 1s スペクトルから C-C と C-O 由来のピークがみられ，回収炭素繊維の結合構成比は，サイズ剤を除去した未使用炭素繊維と同等であった。このことから，CFRP の分解過程において，炭素繊維の表面化学状態への影響はなかったことがわかる。これらの結果より，アセタール結合含有エポキシ樹脂により作製された CFRP は，温和な条件で分解反応を行っても樹脂を完全に分解させることができ，また，回収した炭素繊維の表面にダメージがないことがわかった。以上のことから，回収した炭素繊維は再利用できる可能性を十分にもっていることがわかる。

5　おわりに

本稿では，熱の作用や特定の化学条件下にて分解が可能なエポキシ樹脂を紹介し，われわれが開発した酸の作用によって加水分解可能なアセタール結合を導入したエポキシ樹脂の合成と炭素繊維強化プラスチック（CFRP）への応用について述べた。アセタール結合含有エポキシ樹脂を用いて硬化させた樹脂板および CFRP は，室温という温和な条件で容易に分解させることができ，エポキシ樹脂原料の再生や炭素繊維のリサイクルができる可能性が十分にあることが示唆された。アセタール結合含有エポキシ樹脂は，一般には中性とアルカリ性条件下での使用に限られるが，たとえば室内で使用する用途への応用が可能となれば，ケミカルリサイクルが容易となり，環境負荷の低減にもつなげることができる。

文　　献

1）実用プラスチック辞典，第2編熱硬化性樹脂，第1章エポキシ樹脂，pp. 211-225，実用プラスチック辞典編集委員会編集，産業調査会（1993）
2）総説エポキシ樹脂最近の進歩Ⅰ，第6章リサイクル・環境，pp. 193-218，エポキシ樹脂技術協会（2009）
3）橋本　保，高分子，**57**（5），350（2008）
4）T. Hashimoto, H. Meiji, M. Urushisaki, T. Sakaguchi, K. Kawabe, C. Tsuchida, K. Kondo, *J. Polym. Sci., Part A : Polym. Chem.*, **50**, 3674（2012）

5) M. Shirai, *Prog. Org. Coat.*, **58**, 158 (2007)
6) 白井正光，高分子論文集，**65** (2), 113 (2008)
7) G. C. Tesoro, V. Sastri, *J. Appl. Polym. Sci.*, **39**, 1425 (1990)
8) V. Sastri, G.C. Tesoro, *J. Appl. Polym. Sci.*, **39**, 1439 (1990)
9) S. L. Buchwalter, L. L. Kosbar, *J. Polym. Sci., Part A : Polym. Chem.*, **34**, 249 (1996)
10) S. Yang, J.-S. Chen, H. Korner, T. Breiner, C.K. Ober, M.D. Poliks, *Chem. Mater.*, **10** (6), 1475 (1998)
11) J.-S. Chen, C. K. Ober, M. D. Poliks, *Polymer*, **43**, 131 (2002)
12) Z. Wang, M. Xie, Y. Zhao, Y. Yu, S. Fang, *Polymer*, **44**, 923 (2003)
13) J.-S. Chen, C. K. Ober, M. D. Poliks, Y. Zhang, U. Wiesner, C. Cohen, *Polymer*, **45**, 1939 (2004)
14) L. Wang, C. P. Wong, *J. Polym. Sci., Part A : Polym. Chem.*, **37**, 2991 (1999)
15) L. Wang, H. Li, C. P. Wong, *J. Polym. Sci., Part A : Polym. Chem.*, **38**, 3771 (2000)
16) T. Hashimoto, K. Ishizuka, A. Umehara, T. Kodaira, *J. Polym. Sci., Part A : Polym. Chem.*, **40**, 4053 (2002)
17) 橋本　保，リサイクル性ポリウレタンおよびその製造法，特開2005-307083
18) 実用プラスチック辞典，第4編先端高分子材料，第3章先端複合材料，pp. 585-608，実用プラスチック辞典編集委員会編集，産業調査会（1993）
19) C. Morin, A. Loppinet-Serani, F. Cansell, C. Aymonier, *J. Supercrit. Fluids*, **66**, 232 (2012)
20) スリーボンド・テクニカルニュース 32, 1990年12月20日発行
21) 川邊和正，繊維学会誌，**64** (8), 262 (2008)
22) C. R. バレット，W. D. ニックス，A. S. テテルマン共著，岡村弘之，井形直弘，堂山昌男共訳，材料科学2－材料の強度特性，第6－3章 単軸荷重荷の応力－ひずみ関係，pp. 11-20, 培風館（1980）
23) D. ハル，T. W. クライン共著，宮入裕夫，池上皓三，金原　勲　共訳，複合材料入門 改訂版，第9章 複合材料の靭性，pp. 177-204，培風館（2003）
24) G. Jiang, S. J. Pickering, E. H. Lester, T. A. Turner, K. H. Wong, N. A. Warrior, *Composites Sci. Technol.*, **69**, 192 (2009)

第23章　分解性電気絶縁材料

三村研史*

1　はじめに

エポキシ樹脂やフェノール樹脂などの熱硬化性樹脂は，優れた電気絶縁性，機械特性，熱・化学安定性などの特性を活かして，高電圧電気機器から半導体電子機器に至る多くの電気・電子製品に用いられている。しかし，このような熱硬化性樹脂はいったん硬化させると3次元架橋構造を形成するために加熱しても溶融することがなく，多くの溶剤に不溶であるために製品廃棄時の処理が困難である。これら熱硬化性樹脂製品の大部分は再利用されることなく，焼却あるいは埋め立て処分されているのが現状である。そこで資源の有効利用や廃棄量削減による環境負荷を軽減させるために，実用的な再資源化技術の開発が強く望まれている[1~14]。

材料リサイクルの観点からすると，電気・電子製品の熱硬化性樹脂部分は充填剤含有量が多く，樹脂分としての再利用価値は少ない。しかし，電気・電子製品の多くには，高価な有価金属物などが熱硬化性樹脂によって埋封されている。これら有価金属を回収し，再利用するには，熱硬化性樹脂を取り除かなくてはならない。

近年，エポキシ樹脂など熱硬化性樹脂を特定の条件で処理することにより分解，可溶化させる研究が行われている。エポキシ樹脂を4,4'−ジチオジアニリンなどの−S−S−結合を有する硬化剤で硬化すると，その硬化物は塩酸酸性下でトリブチルホスフィンを用いて還元することによって溶剤に可溶になる研究[1,2]や，また，分解性基としてアセタール結合[3~5]やヘミアセタールエステル結合[6]を有するエポキシ樹脂を合成し，それぞれ硬化剤で硬化した後，酸などで処理すると分解する研究などがある。このようにエポキシ樹脂など熱硬化性樹脂が使用された後に特定の条件下で分解，可溶化できれば，使われた部品の回収，再利用に役立つ。

2　ポリマーアロイ化技術の適用による硬化物の分解

2.1　モルホロジーの制御

著者等も有機溶剤処理によって容易に分解する易分解型熱硬化性樹脂を検討している[13,14]。熱硬化性樹脂に熱的，機械的特性を向上する目的でエンジニアリングプラスチック（エンプラ）などの熱可塑性ポリマーを添加することはよく知られている[15~25]。その際，熱硬化性樹脂と熱可塑

＊　Kenji Mimura　三菱電機㈱　先端技術総合研究所
パワーモジュール開発プロジェクトグループ　主席研究員

性ポリマーから形成されるモルホロジーによって硬化物の特性が大きく異なる。したがって，ポリマーブレンドにおいて硬化物のモルホロジーを制御することは，必要特性を発現するために重要となる。そこでこのモルホロジーを制御する技術を易分解型熱硬化性樹脂の検討に適用した。図1にそのコンセプトを示す。不溶不融な熱硬化性樹脂に有機溶剤や熱に可溶な熱可塑性ポリマーを少量ブレンドし，その相構造が熱可塑性ポリマーの連続相を形成するように制御する。廃棄時には，有機溶剤処理によって熱可塑性ポリマー部分を溶解して熱硬化性樹脂を容易に分解し，埋封された有価金属物を回収／再利用しようとした。今回，このコンセプトで示した易分解型熱硬化性樹脂を検証するために熱硬化性樹脂にフェノール樹脂硬化のエポキシ樹脂，熱可塑性ポリマーにエンプラであるポリエーテルスルホン（PES）を用いた。ここで用いたエポキシ樹脂／PES混合組成は，図2に示すような下限臨界共溶温度（LCST）型相図を示す[20, 21]。LCST型相

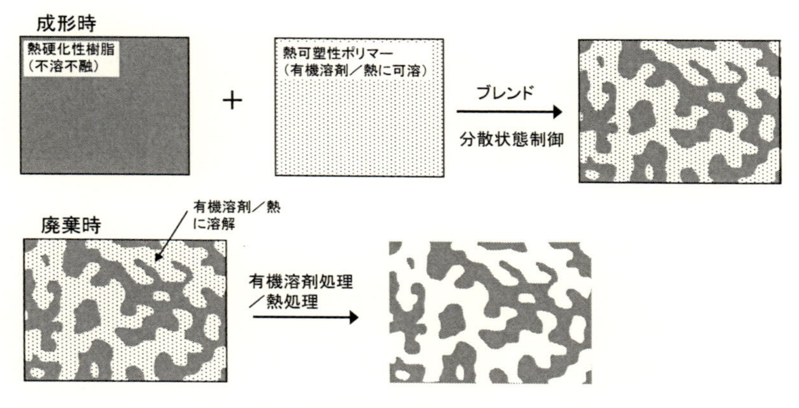

図1　易分解型熱硬化性樹脂のコンセプト

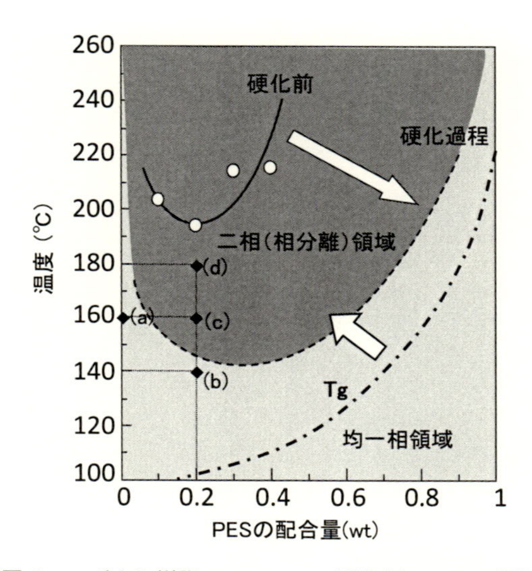

図2　エポキシ樹脂／フェノール硬化剤／PESの相図

図を示すブレンド系では，硬化前混合物は相溶しているが，エポキシ樹脂の硬化に伴う分子量の増大に伴って相分離領域が低温側に移動してくる。したがってPES配合量が一定であれば，より高温で成形するほどPESの相分離が進行する。そこで，成形温度を変えることで硬化物のモルホロジーを制御した。図3にPESで変性した硬化物の相構造の電子顕微鏡（SEM）写真を示した。SEM観察の前にあらかじめ表面を塩化メチレンでエッチングし，PES相を取り除いている。未変性硬化物は，均一な硬化物を示した（図3(a))。PESで変性した樹脂を140℃で成形すると（図3(b))，硬化物は未変性硬化物と同様に均一な相構造を示した。160℃成形では（図3(c))，球状のエポキシドメインが互いに連なってマトリクスを形成し，その中に直径約0.3 μmのPES相が分散した海島構造の硬化物を形成した。さらに，180℃の高温で成形すると（図3(d))，連続的なエポキシドメインとともに，除去されたPESも連続的に連なったドメインを形成しているのがわかる。これより180℃で成形した硬化物は，エポキシ樹脂とPESの共連続相構造であることが確認された。このように成形温度を変化させて硬化物の相構造を制御し，目的とする熱可塑性ポリマーが連続相を形成した硬化物を得ることができた。140℃成形して均一相を形成した硬化物を透過型電子顕微鏡（TEM）で観察した結果を図4に示した。これらのサンプルは，四酸化ルテニウム（RuO_4）で染色しているためにエポキシマトリクスは，未変性硬化物（図4(a))に示すように黒く染色される。140℃で成形した硬化物では（図4(b))，エポキシマトリクス全体にPESがナノオーダで分散しているのがわかる。

図5にこれら硬化物の動的粘弾性測定（DMA）した結果を示す。未変性硬化物は150℃にエポキシ樹脂のガラス転移温度（Tg）に基づく単一なTan δピークを示す。エポキシ樹脂とPESが共連続相を形成した硬化物のTan δは，2つのピークを示した。1つは160℃にあるエポキシ樹脂のTgに基づくピークともう1つは205℃にあるPESのTgのピークである。これより粘弾

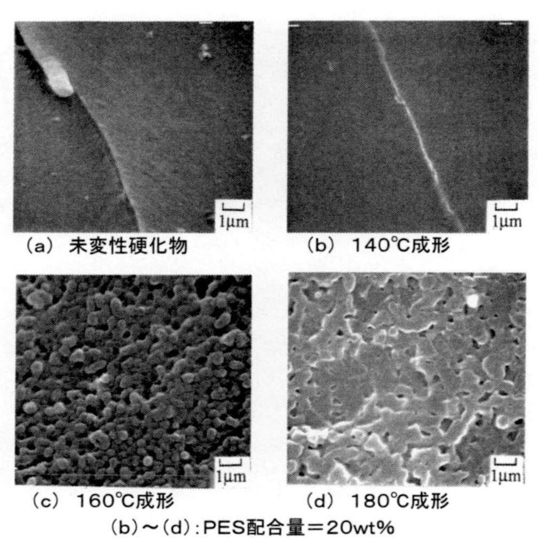

(a) 未変性硬化物　(b) 140℃成形
(c) 160℃成形　(d) 180℃成形
(b)～(d)：PES配合量＝20wt%

図3　硬化物断面のSEM写真

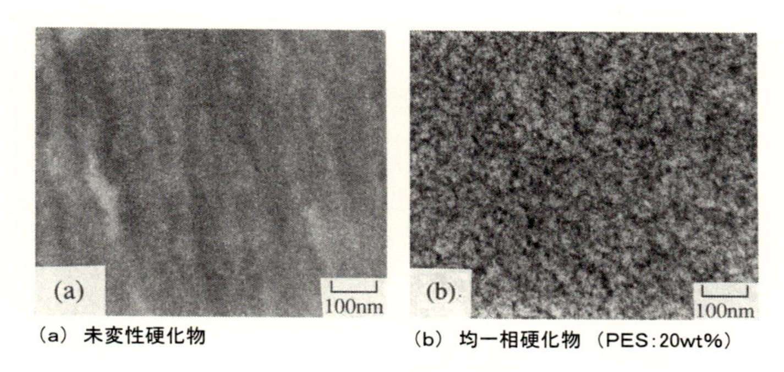

（a）未変性硬化物　　（b）均一相硬化物（PES：20wt%）

図4　硬化物断面の TEM 写真

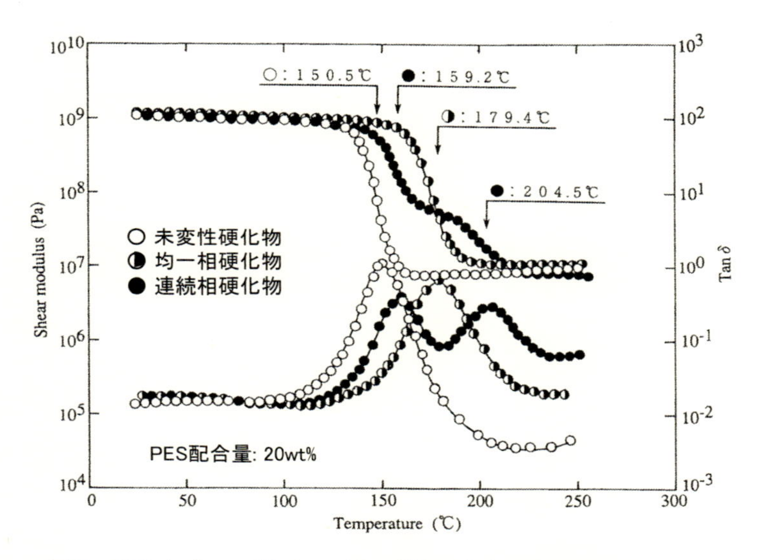

図5　PES をブレンドしたエポキシ樹脂硬化物の動的粘弾性測定結果

性測定からもこの系は，相分離していることが確認された。これに対して，均一相硬化物では，エポキシ樹脂と PES のピークの中間あたりに単一な Tan δ ピークを示した。この結果から均一相硬化物では，長鎖の PES がエポキシ樹脂網目に物理的に絡まった semi-IPN 構造を形成しているものと考えられる。

2.2　モルホロジーが硬化物特性に及ぼす影響

前項で示したように，エポキシ樹脂にエンプラである PES を配合して成形時の成形温度を変化させることで硬化物中の PES の分散状態をナノオーダからミクロ相分離，更には共連続相に至るまでモルホロジーを制御することができた。これらモルホロジーの異なる硬化物の熱および機械特性を表1に示した。PES を配合した硬化物の曲げ強度および弾性率は，そのモルホロジーとは関係なく未変性硬化物と同等の値を示した。しかし，破断伸び，破壊靱性値およびガラス転

表１ PES で変性した硬化物の熱・機械特性

	ガラス転移温度	曲げ強度			破壊靭性値
	Tg	強度	歪み	弾性率	Kc
	(℃)	(MPa)	(%)	(Gpa)	$(MN/m^{3/2})$
未変性硬化物	151	123	6.5	2.7	0.8
均一相硬化物（PES：20 wt%）	179	121	9.2	2.7	1.2
連続相硬化物（PES：20 wt%）	159	127	7.1	2.9	1.6

表２ PES で変性した硬化物の電気特性

	誘電特性（1 kHz）		体積抵抗率
	誘電率	誘電正接	(Ω/cm)
未変性硬化物	4.6	4.3×10^{-3}	6.4×10^{15}
均一相硬化物（PES：20 wt%）	4.5	3.9×10^{-3}	2.6×10^{16}
連続相硬化物（PES：20 wt%）	4.5	4.1×10^{-3}	2.6×10^{16}

移温度（Tg）は，形成するモルホロジーにより異なる値を示した。連続相を形成した硬化物の破断伸びは未変性硬化物と同等であるが，PES が均一に相溶した硬化物の破断伸びは未変性硬化物に比べて約 1.2 倍向上した。破壊靭性値については，均一相硬化物では未変性硬化物に比べて約 1.5 倍の値を示し，連続相硬化物では，約 1.9 倍の値を示した。これら均一相硬化物と連続相硬化物とでは破壊メカニズムが異なった[21]。均一相硬化物では semi-IPN 構造の形成により PES のナノオーダの分散が可能となった。これによりマトリクスの塑性変形が誘発され亀裂先端部での応力が緩和し，靭性が向上したものと考えられる。均一系では，PES 添加量が 10 wt% の系で靭性の大きな向上（未変性硬化物の約 1.6 倍）が得られた。一方，分散相硬化物では，亀裂の先端部で亀裂の枝分かれが観察された。これは，PES の分散相や連続相により亀裂の成長が抑えられたため靭性が向上したものと考えられる。この相分離系では PES を 20 wt%添加し，強靭な PES が連続相を形成すると靭性値は大きく向上する。しかし，PES の添加量が多くなると混合樹脂が急激に増粘し，ハンドリング性の低下を招く。従って，今後は熱可塑性ポリマー配合時の低粘度化技術の開発が望まれる[25]。また，熱特性については，図５に示したように semi-IPN 構造を形成した均一相硬化物で Tg が 179℃と未変性硬化物に比べて約 20℃向上した。連続相硬化物でも Tg は 159℃と未変性硬化物より約 8℃上昇した。このように PES をエポキシ樹脂に配合すると熱および機械特性が向上することがわかった。

また，表２にはこれら硬化物の誘電特性や体積抵抗率など電気特性を示した。PES を配合した硬化物の電気特性は，そのモルホロジーとは関係なく未変性硬化物とほぼ同等の値を示した。これら硬化物の誘電率は 4.5 であり，体積抵抗率はいずれも 10^{15} Ω･cm 以上を示し，電気絶縁性に優れることがわかる。

2.3 分解性の検証

エポキシ樹脂と PES から成るブレンド物の硬化物のモルホロジーを制御し，先のコンセプトに示した易分解型熱硬化性樹脂の相構造を形成することができた。そこでこれら硬化物の有機溶剤で処理した際の分解性について検証を行った。

ここで用いたPESは，ジメチルホルムアミド（DMF）などの有機溶剤に溶解する。そこでモルホロジーの異なる硬化物を有機溶剤DMFで処理し，その分解性を評価した。分解性評価は，図6の写真で示すように樹脂部分（10×15×5 mm）にFe-Ni42アロイ金属板（5×20×0.5 mm）を5 mmそれぞれ埋め込んだ引き抜き接着試験片を用いた。

未変性硬化物は，室温（23℃）で有機溶剤DMFを用いて浸漬処理してもあまり分解は進まない。5日間処理しても樹脂外観の変化はみられない。処理開始から10日間経過すると樹脂部の外側が欠け始めるが，金属被着体は樹脂部に埋封されたままであった。未変性硬化物から金属被着体を回収するには，ほぼ1ヶ月の長時間必要であった。図6にPESが連続相を形成した硬化物の接着試験片の溶剤処理による変化を示した。連続相硬化物を有機溶剤DMFで処理すると，処理開始から数時間で樹脂部の外側から分解が始まり，処理開始から24時間経過すると樹脂部分の分解がかなり進んだ（図6(b)）。そして，処理開始から50時間で樹脂部分が細かく分解し，樹脂部分に埋め込まれた金属被着体が分離・回収できるようになった（図6(c)）。これに対して，PESが相溶して均一相を形成した硬化物では，未変性硬化物と同様にDMFによる分解速度は遅い。硬化物から金属被着体を回収するには約2週間かかった。このようにコンセプトで示した熱可塑性ポリマーを連続相にした硬化物は，有機溶剤処理によって容易に速やかに分解し，埋め込まれた有価金属を回収できることが確認できた。

図7には，これら硬化物の有機溶剤処理温度と引き抜き接着試験片から金属被着体を回収できるまでの時間を示した。有機溶剤による処理温度の上昇によって埋封金属被着体の樹脂部分から分離・回収できるまでの時間は短縮する。連続相硬化物では，処理温度が100℃になると僅か2時間で樹脂部分が分解して埋封金属被着体を分離・回収できた。連続相硬化物のPES連続相のドメイン幅は図3(d)のSEM写真で示したように約1 μmであった。このため有機溶剤が比較的硬化物内部まで浸透し易く，低温でも速やかに分解するものと考えられる。これに対し，均一相硬化物の分解速度は，未変性硬化物と同等で，処理温度100℃でも被着体を分離・回収するには約10時間と長時間要した。このようにPESをマトリクス中にナノオーダで分散させると硬化物内部への溶剤の浸透が遅く，未変性硬化物と同等の耐溶剤性を示すことがわかった。

(a)　処理前

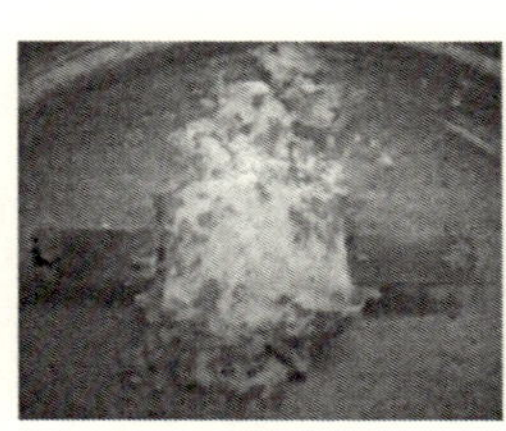
(b) 23℃／24時間処理

(c) 23℃／50時間処理

図6　連続相硬化物の有機溶剤（DMF）処理

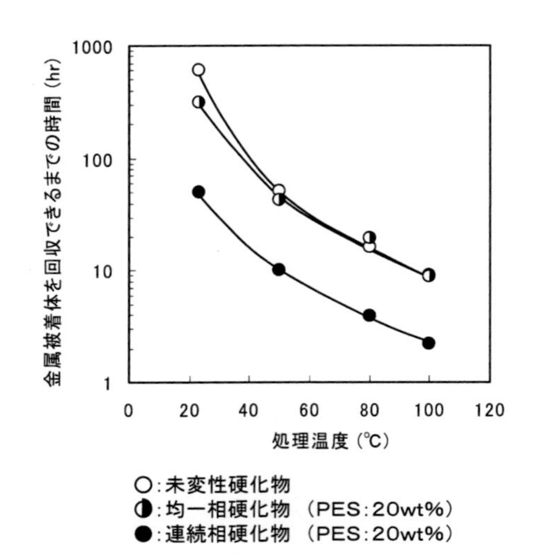

図７　有機溶剤（DMF）処理温度と金属被着体回収までの時間の関係

2. 4　相構造傾斜材料

これまで述べてきたように，熱硬化性樹脂中の熱可塑性ポリマーの分散状態（相構造）によって有機溶剤処理を施したときの分解性に大きな違いがある。熱可塑性ポリマーが連続相構造を形成すると有機溶剤により容易に速やかに分解が進むが，熱可塑性ポリマーが均一相構造を形成すると未変性硬化物と同等の耐溶剤性を有する。このモルホロジーの違いによる有機溶剤処理の分解性の違いを利用して樹脂硬化物の分解を制御した。成形時の金型に140～180℃の温度勾配を付けることによって図８に示すようにA部分では透明で，B部分は半透明，C部分は不透明な硬化物（厚み1 mm）を作製することができた。図８に示した硬化物のA～C部分をSEM観察した結果を図９に示した。A部分は，PESがエポキシ樹脂に相溶して均一相を形成しているのが観察された。B部分では，PESが相分離し始め，細かい球状の分散相を形成していることがわかる。C部分になるとPESが連続相を形成していることが確認された。これらの結果は，先の図３で示した各々の成形温度で成形したときのモルホロジーとよく一致する。このように１つの硬化物で連続的に相構造を変化させた相構造傾斜材料を作製することができた。また，この相構造傾斜材料のDMA測定より，A部分のTgは175℃を示し，B部分のTgは154℃，C部分になるとTgは149℃とTgもA～C部分にかけて連続的に25℃変化していることがわかった。

この相構造傾斜材料の分解性について評価した。図10には，傾斜材料を23℃で27時間溶剤処理したときの硬化物の外観変化を示した。連続相部分の樹脂は粉々に分解しているが，均一相部分は若干の樹脂の分解はあるもののほぼ元の形状・サイズを保持していることがわかる。このように相構造の傾斜材料を作製することで１つのサンプル上で耐溶剤性の優れる部分（均一相部分）と溶剤処理によって容易に分解する部分（連続相部分）を併せもつ材料を得ることができた。この相構造傾斜材料技術を製品に適用することにより使用時の耐薬品性と廃棄時の易分解性を実

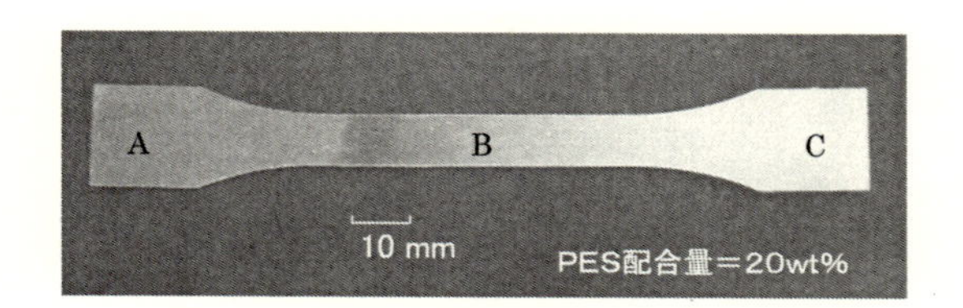

図８　相構造傾斜材料

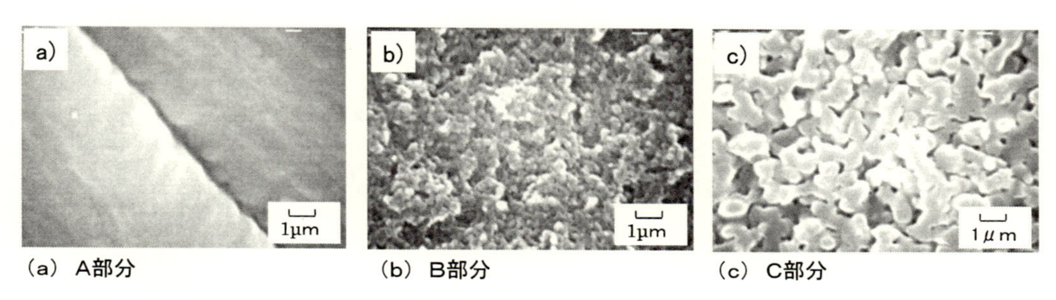

（a）A部分　（b）B部分　（c）C部分

図９　相構造傾斜材料の各部分のSEM写真

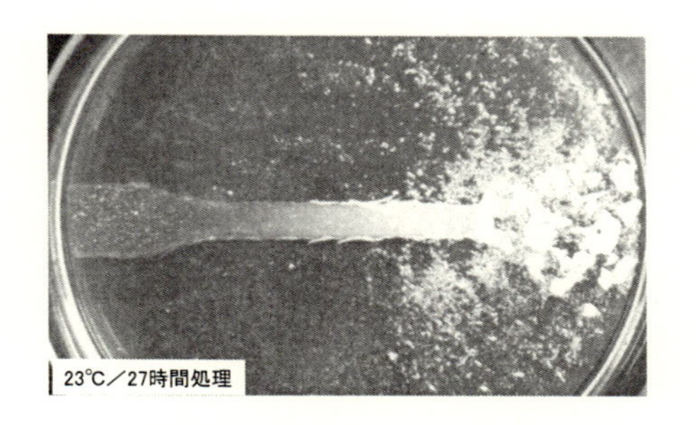

図10　相構造傾斜材料の有機溶剤（DMF）処理

現可能である。成形時に有価金属物など分離したい部分を熱可塑性ポリマーの連続相を，外気に曝される部分（耐薬品性や耐候性が必要な部分）には熱可塑性ポリマーが熱硬化性樹脂マトリクスに溶解して均一相を形成するように成形する。これにより製品使用時の耐薬品性は保持される。廃棄時には分離したい部分を溶剤処理により容易に分解でき，有機金属物などを回収できる。

3　おわりに

熱硬化性樹脂に溶剤に可溶な熱可塑性ポリマーを変性し，そのモルホロジーを熱可塑性ポリマーの連続相を形成するように制御すると溶剤によって容易に速やかに分解できる易分解型熱硬化性樹脂材料を得ることができた。さらに，部分的にモルホロジーを制御した相構造傾斜材料を用いると製品使用時の耐薬品性と廃棄時の易分解性を実現可能である。

文　　献

1) G. C. Tesoro, V. Saatri, *J. Appl. Polym. Sci.*, **39**, 1425 (1990)
2) V. Saatri, G. C. Tesoro, *J. Appl. Polym. Sci.*, **39**, 1439 (1990)
3) S. L. Buchwalter, *Polymer Preprints*, **37**, 186 (1996)
4) S. L. Buchwalter, L. L. Kosbar, *J. Polym. Sci. Part A: Polym. Chem.*, **34**, 249 (1996)
5) T. Hashimoto, H. Meiji, M. Urushisaki, T. Sakaguchi, K. Kawabe, C. Tsuchida and K. Kondo, *J. Polym. Sci., Part A: Polym. Chem.*, **50**, 3674 (2012)
6) 水口順子，橋本保，漆崎美智遠，阪口壽一，高分子論文集，**70** (10), 602 (2013)
7) K. Ogino, J. Chen, C. K. Ober, *Chem. Mater.*, **10**, 3833 (1998)
8) 木村純，材料と環境，**44**, 513 (1995)
9) 大西宏，山縣芳和，寺田貴彦，山下文敏，村野克裕，黒住誠治，回路実装学会誌，**12** (2), 110 (1997)
10) 寺田貴彦，大西宏，山縣芳和，高分子論文集，**54** (8), 491 (1997)
11) 大西宏，寺田貴彦，ニューセラミックス，**11** (12), 37 (1998)
12) 山縣芳和，化学工学，**62** (5), 249 (1998)
13) K. Mimura, H. Ito, *J. Appl. Polym. Sci.*, **89**, 527 (2003)
14) K. Mimura, H. Ito, *J. Appl. Polym. Sci.*, **101**, 1463 (2006)
15) J. L. Hedrick, I. Yilgor, G. L. Wilkes and J. E. McGrath, *Polymer Bull.*, **13**, 201 (1985)
16) K. Kubotera and A. F. Yee, *ANTEC '92*, 2610 (1992)
17) J. L. Hedrick, I. Yilgor, M. Jurek, J. C. Hedrick, G. L. Wilkes and J. E. McGrath, *Polymer*, **32**, 2020 (1991)
18) T. H. Yoon, S. C. Liptak, D. Priddy and J. E. McGrath, *ANTEC '93*, 3011 (1993)
19) K. Yamanaka and T. Inoue, *Polymer*, **30**, 662 (1989)
20) K. Mimura, H. Ito, H. Fujioka, *Polymer*, **41**, 4451 (2000)
21) C. B. Bucknall and A. H. Gilbert, *Polymer*, **30**, 213 (1989)
22) D. J. Hourston and J. M. Lane, *Polymer*, **33**, 1379 (1992)
23) J. B. Cho, J. W. Hwang, K. Cho, J. H. An and C. E. Park, *Polymer*, **34**, 4832 (1993)
24) N. Biolley, T. Pascal and B. Sillion, *Polymer*, **35**, 558 (1994)
25) K. Mimura, H. Ito, *Polymer*, **42**, 9223 (2001)

電子部品用エポキシ樹脂
—半導体実装材料の最先端技術—

2015年3月13日　第1刷発行

監　　修　　高橋昭雄　　(T0964)
発 行 者　　辻　賢司
発 行 所　　株式会社シーエムシー出版
東京都千代田区神田錦町1-17-1
電話 03(3293)7066
大阪市中央区内平野町1-3-12
電話 06(4794)8234
http://www.cmcbooks.co.jp/
編集担当　　慶野太一／櫻井　翔

〔印刷　倉敷印刷株式会社〕

ISBN978-4-7813-1059-6 C3043 ¥68000E